国家级职业教育规划教材

全国技工院校煤矿技术专业教材（中级技能层级）

综采运输机械

（第二版）

人力资源社会保障部教材办公室组织编写

郑书贤　主　编

陈　平　主　审

中国劳动社会保障出版社

简介

本教材为全国技工院校煤矿技术专业国家级规划教材，由人力资源社会保障部教材办公室组织编写。教材较为系统地阐述了可弯曲刮板输送机、桥式转载机、可伸缩带式输送机、限矩型液力偶合器、锤式破碎机的结构、工作原理、安装、调试和常见故障处理等内容，采用了“一体化”的编写模式，把理论教学和技能训练结合起来，具有较明显的技工教育特色。教材配有电子课件，可通过职业教育教学资源和数字学习中心（http：//zyjy. class. com. cn）下载。

本教材由郑书贤任主编，刘光铭、张芳芳、王媛媛、贾敬岐参加编写，陈平任主审。

图书在版编目（CIP）数据

综采运输机械/郑书贤主编. -- 2 版. -- 北京：中国劳动社会保障出版社，2018

全国技工院校煤矿技术专业教材. 中级技能层级

ISBN 978 - 7 - 5167 - 2920 - 5

Ⅰ.①综… Ⅱ.①郑… Ⅲ.①矿山运输-运输机械-中等专业学校-教材 Ⅳ.①TD5

中国版本图书馆 CIP 数据核字（2018）第 148702 号

中国劳动社会保障出版社出版发行

（北京市惠新东街 1 号 邮政编码：100029）

*

北京市艺辉印刷有限公司印刷装订 新华书店经销

787 毫米×1092 毫米 16 开本 11 印张 246 千字

2018 年 7 月第 2 版 2023 年12月第 5 次印刷

定价：22.00 元

营销中心电话：400-606-6496

出版社网址：http://www.class.com.cn

http://jg.class.com.cn

前　言

全国中等职业技术学校煤矿技术专业教材自出版以来，在学校的教学中发挥了重要作用。近年来，随着我国煤炭工业的发展，煤矿企业对从业人员的知识水平和职业能力提出了更高的要求。为了适应这些变化，满足学校的人才培养需求，我们组织了一批教学经验丰富、实践能力强的一线教师和行业、企业专家，在充分调研的基础上，对现有教材进行了修订。

在体系结构上，新版教材仍然按“综合机械化采煤”“综合机械化掘进”“煤矿电气设备维修”和“煤矿机械维修”四个专业方向设计，包括《采煤概论（第二版）》《矿井通风与安全（第二版）》《液压支架与泵站（第二版）》《煤矿电工学（第二版）》《综合机械化采煤工艺（第二版）》《采煤机（第二版）》《综采运输机械（第二版）》《掘进与支护（第二版）》《综合机械化掘进机械（第二版）》《综合机械化掘进工艺（第二版）》《煤矿供电（第二版）》《煤矿电气设备维修技能训练（第二版）》《煤矿机械（第二版）》和《煤矿固定设备维修技能训练（第二版）》。

在内容上，新版教材根据煤炭工业的现状和发展趋势，以及企业的岗位需求做了调整和更新，例如，在相关教材中增加了煤矿环境保护与治理的内容，以及来源于实际生产的案例、技能训练和例题，同时，严格执行国家最新技术标准，体现了行业的新知识、新技术、新工艺、新设备。

在表现形式上，新版教材充分考虑学生的认知规律，注重利用图表、实物照片和案例辅助讲解知识点和技能点，增加教材的亲和力，为学生营造生动、直观的学习环境，激发学生的学习兴趣。

本套教材的修订得到了河北、山西、江苏、山东、河南等省人力资源社会保障部门及有关院校的大力支持，在此，我们表示诚挚的谢意！同时，恳切希望广大读者对教材提出宝贵的意见和建议。

人力资源社会保障部教材办公室

目 录

绪 论

综采是综合机械化采煤的简称。综合机械化采煤是煤矿采煤的一种方法，即在采煤过程中将破煤、装煤、运煤、支护顶板等过程同时完成，大大加快了采煤的速度，使单位时间内采出的煤炭大幅增加。科学技术更促进了综合机械化采煤机械和设备的高速发展，使单个综合机械化采煤工作面产量达到500万吨/年或更高成为现实，出现了大型煤矿“一矿一面”的现象，极大地减少了用工数量和吨煤成本。综采运输机械也向着安全、高效、高强度、大功率、智能化方向发展，本书根据用途不同，将综采运输机械分为可弯曲刮板输送机、桥式转载机和带式输送机等几种，还附带介绍了液力偶合器和破碎机等辅助设备。

本书主要介绍综采运输机械的类型、使用范围、结构、工作原理、安装、调试、维修、常见故障及处理方法，并对一些典型型号的综采运输机械进行了技能训练。如图0—1所示为刮板输送机、带式输送机、桥式转载机的实物，如图0—2所示为综合机械化采煤工作面设备布置。

a) b) c)

图0—1 综采运输机械

a）刮板输送机 b）带式输送机 c）桥式转载机

一、刮板输送机

综合机械化采煤设备是综合机械化采煤技术的核心部分，工作面刮板输送机是关键的综合机械化采煤设备之一，刮板输送机在煤矿的发展过程，大致经历了三个阶段。

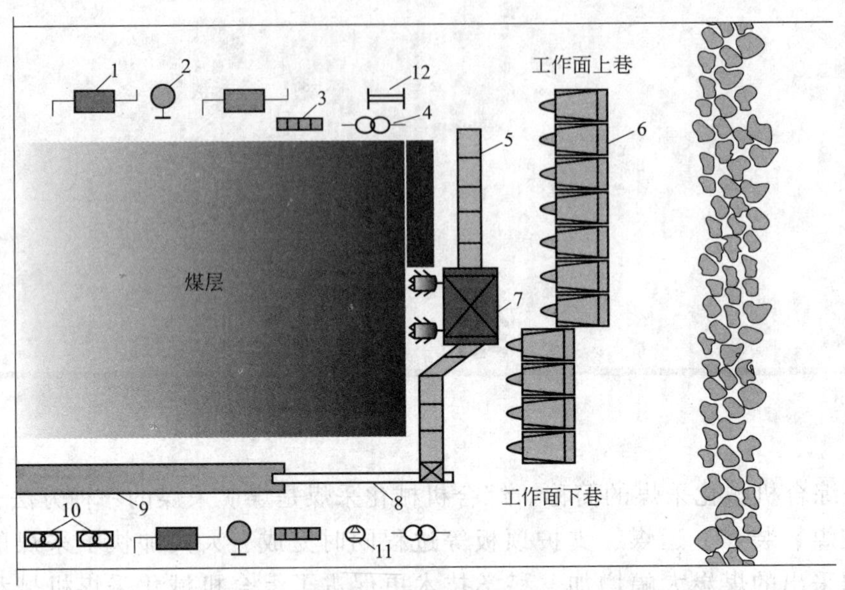

图 0—2　综合机械化采煤工作面设备布置

1—小绞车　2—小水泵　3—配电点　4—电钻照明变压器　5—工作面刮板输送机　6—液压支架
7—采煤机　8—转载机　9—带式输送机　10—移动变电站　11—乳化液泵站　12—回柱绞车

第一阶段在 20 世纪 30~40 年代，是可拆卸的刮板输送机，它在工作面内只能直线铺设，随工作面的推进，需人工拆卸、搬移、组装。刮板链是板式，多为单链，如 V 型、SGD-11 型、SGD-20 型等小功率轻型刮板输送机。第二阶段是 20 世纪 40 年代前期由德国制造的可弯曲刮板输送机，它与采煤机、金属支架配合实现了机械化采煤。这种刮板输送机适应底板凹凸不平和水平弯曲等工况，移动时不需拆卸，并且运煤量也有所增大，如 SGW-44 型刮板输送机就是这个阶段的代表产品。进入 20 世纪 60 年代后，由于液压支架的出现，为了适应综合机械化采煤的需要，刮板输送机发展到了第三阶段，研制出大功率铠装可弯曲重型刮板输送机，如 SGD-630/75 型和 SGD-630/180 型等就是属于这个阶段的产品。

随着采煤工作面生产能力的不断增大，刮板输送机主要发展趋势是：

1. 运输量更大。某些先进国家已经出现运输能力高达 1 500 t/h 的刮板输送机。

2. 运输距离更长。为了减少采区阶段煤柱的损失量，加大工作面的长度，刮板输送机的长度已经达到 335 m 以上。

3. 电动机功率更大。电动机的功率已发展到单速电动机达 525 kW，双速电动机 500/250 kW。

4. 使用寿命更长。由于使用大直径圆环链，增加了刮板链的强度，延长了刮板输送机的使用寿命，整机过煤量高达 600 万吨以上。

二、桥式转载机

转载机是综合机械化采煤系统中普遍采用的一种中间转载设备，也是关键的综合机械化采煤设备之一，实际上是一种纵向弯曲长度较小的重型刮板输送机。该设备呈桥形，故称为桥式转载机，它随着刮板输送机的发展也在高速发展着。

在工作时，桥式转载机一端与工作面的刮板输送机搭接，一端与带式输送机的机尾相连。它在大型综合机械化采煤工艺的三机配套中的作用，是把采掘面上由刮板输送机运出的煤炭，由巷道底板升高后，转送到带式输送机上。桥式转载机主要用于高产、高效综合机械化采煤工作面巷道转载输送煤炭，可与工作面刮板输送机、破碎机及带式输送机配套使用。使用时，将桥式转载机的小车搭接在带式输送机的导轨上，并能沿其作整体运动，从而使桥式转载机随工作面输送机的推移步距作整体调整，煤炭由工作面输送机经桥式转载机转载到可伸缩带式输送机上运走。

三、可伸缩带式输送机

可伸缩带式输送机是一种用于煤矿井下的伸缩运输设备，为综合机械化采煤工作面配套的带式输送机，也可以用于巷道的掘进运输或其他输送距离经常变化的场合进行物料运输，与可移动机尾配合作业。可伸缩带式输送机与普通带式输送机相比，增加了储带装置和卷带装置等，当游动小车向一端移动时，胶带进入储带装置内，机尾回缩，反之则机尾延伸，使输送机具有可伸缩的性能。高产高效矿井综合机械化采煤工作面的发展，要求采煤机生产能力和工作面产量大幅度提高，工作面快速推进，采区走向长度现已达 2 000~4 000 m，因此必然要求加大工作面运输巷道内带式输送机的运输能力、运距、驱动功率，以及输送带的带宽和带速。近年研发了 1 800 mm 带宽的巷道可伸缩带式输送机样机，已经取得煤矿安全认证和生产许可证等相关证书。井下巷道可伸缩带式输送机带宽为 650~1 800 mm，运量为 100~4 500 t/h，运距达 4 000 m（还在发展），单机最大总装机功率为 400 kW，多点驱动最大总装机功率为 3 780 kW。这种大运量、长运距、高度自动化控制的可伸缩带式输送机已在国内采用，并将得到进一步发展。

四、液力偶合器

液力偶合器又称液力联轴器，是一种用来将动力源（通常是发动机或电动机）与工作机连接起来，靠液体动量矩的变化传递力矩的液力传动装置。

液力偶合器是以液体为工作介质的一种非刚性联轴器。它的泵轮和涡轮组成一个可使液体循环流动的密闭工作腔，泵轮装在输入轴上，涡轮装在输出轴上。两轮沿径向排列着许多叶片的半圆环，它们相向偶合布置，互不接触，中间有 3~4mm 的间隙，并形成一个圆环状的工作轮。驱动轮称为泵轮，被驱动轮称为涡轮，泵轮和涡轮都称为工作轮。泵轮和涡轮装合后，形成环形空腔，其内充有工作油液。

根据用途不同，液力偶合器分为普通型液力偶合器、限矩型液力偶合器和调速型液力偶合器。其中，限矩型液力偶合器主要用于电动机减速器的启动保护和运行中的冲击保护、位置补偿及能量缓冲；调速型液力偶合器主要用于调整输入输出转速比，其他的功能和限矩型液力偶合器基本一样。本书主要介绍限矩型液力偶合器。

五、破碎机

破碎机主要用来破碎大块煤及矸石，以防大块煤砸坏传输带或卡在溜煤眼，从而保证可伸缩带式输送机的正常运转和溜煤眼的畅通。它和桥式转载机联为一体并配套使用。常用的破碎机主要有颚式破碎机和锤式破碎机两种。本书主要介绍锤式破碎机。

锤式破碎机主要靠冲击能来完成破碎物料作业。锤式破碎机工作时，电动机带动转子作高速旋转，物料均匀地进入破碎机腔中，高速回转的锤头冲击、剪切、撕裂物料，使物料被破碎。同时，物料自身的重力作用使物料从高速旋转的锤头冲向架体内挡板、筛条。转子下部设有筛板，粉碎物料中小于筛孔尺寸的物料通过筛板排出，大于筛孔尺寸的物料留在筛板上，继续受到锤头的打击和研磨。

第一章

可弯曲刮板输送机

学习目标

1. 了解国内可弯曲刮板输送机的类型及参数。
2. 掌握可弯曲刮板输送机各零部件的名称及相互关系。
3. 掌握机电设备完好标准对可弯曲刮板输送机的规定。
4. 能根据综合机械化采煤工作面情况选用可弯曲刮板输送机的型号。
5. 能动手安装、调试可弯曲刮板输送机。
6. 能准确判断可弯曲刮板输送机故障的位置及原因。
7. 能正确处理可弯曲刮板输送机的故障。

可弯曲刮板输送机（也可简称刮板输送机）是用刮板链牵引并在槽内运送散料的输送机械，是综合机械化采煤的重要设备之一，它的机头、机尾相邻，中部槽在水平和垂直面内可有限度折曲。可弯曲刮板输送机主要用来输送煤炭，并且还是采煤机的运行轨道，而采煤机则骑在刮板输送机上，其链轮和刮板输送机上的销排配合运动进行采煤作业。可弯曲刮板输送机还是液压支架的移动和顶板快速支护的支点，保证了采煤工作面具有有效、安全的空

图 1—1　综合机械化采煤工作面

1—液压支架　2—可弯曲刮板输送机　3—采煤机

间。本章主要介绍可弯曲刮板输送机的类型、使用范围、结构、工作原理、安装、调试、维修、常见故障和处理，以及一些典型型号的刮板输送机。如图 1—1 所示是可弯曲刮板输送机、采煤机、液压支架在综合机械化采煤工作面的位置。

第一节　可弯曲刮板输送机概述

一、可弯曲刮板输送机的分类

刮板输送机的种类繁多，最先使用的是拆卸式刮板输送机，如 SGD-11 型、SGD-20X 型等，它们需要人工拆卸和推进，然后再进行安装。由于使用效率低、劳动强度大，拆卸式刮板输送机已基本不再使用。现在使用的是可弯曲刮板输送机，它是综合机械化采煤工作面主要的煤炭输送设备，并可兼做采煤机运行轨道，还可用于综合机械化采煤工作面的下巷道和联络眼的煤炭输送及掘进巷道运输。

可弯曲刮板输送机可按以下方式进行分类：按装机功率不同，可分为轻型、中型、重型和超重型；按牵引方式不同，可分为无链牵引式、齿条牵引式、齿轨牵引式和链轨牵引式；按溜槽结构不同，可分为轧制型和铸造型，以及敞底溜槽型和封底溜槽型；按牵引链结构不同，可分为可拆模锻链式和焊接圆环链式；按链条数及布置方式不同，可分为单链式、边双链式和中双链式；按卸载方式不同，可分为端卸式、侧卸式和交叉侧卸式；按传动机构的数目和布置形式不同，可分为垂直式、平行式和混合式；按溜槽的布置方式不同，可分为重叠式和并列式，见表 1—1。

表 1—1　　可弯曲刮板输送机按溜槽的布置方式不同进行分类

类型	刮板链数	刮板形式	图例	结构特点
并列式	单链	悬臂式	1—重载槽　2—刮板　3—重载链 4—回空链　5—回空槽　A—封闭式	结构简单，维修方便，但运输能力小，一般多用于薄煤层。它的刮板与链条呈悬臂式连接，重载链和空载链在一个平面内运转
重叠式	中单链	对称式	1—重载槽　2—刮板　3—重载链 4—回空链　5—回空槽　B—敞底式	结构简单，维修方便，弯曲性能好，刮板变形不会引起圆环链在链轮上跳链。但对工作面的底板平度要求高，对链轮尺寸要求大，从而加大了机头、机尾的高度。适用于煤层倾角较小的工作面
	边双链	中间式	1—重载槽　2—刮板　3—重载链 4—回空链　5—回空槽　A—封闭式	牵引力大，运载能力强，预紧力小，功率消耗小，但两链条受力不均，限制其功能的发挥。适用于煤层倾角大、厚度较薄的煤层
	中双链	对称式	1—重载槽　2—刮板　3—重载链 4—回空链　5—回空槽　B—敞底式	牵引力大，运载能力强，并且具有中单链、边双链的优点，克服了它们的部分缺点，适应性更强，但机身较重

续表

类型	刮板链数	刮板形式	图例	结构特点
重叠式	三链	对称式	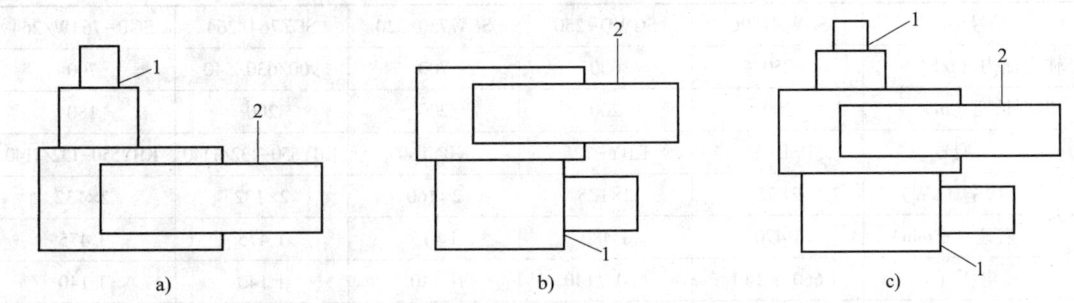1—重载槽 2—刮板 3—重载链 4—回空链 5—回空槽 B—敞底式	使用较少或不使用

如果传动机构是多台，刮板输送机还可分为双垂直式、双平行式和双混合式。这是由采煤工作面的空间位置、方向决定的。几种不同形式的刮板输送机如图 1—2 所示。

图 1—2 几种不同形式的刮板输送机

a）垂直式 b）平行式 c）混合式

1—传动机构 2—刮板机

二、国产刮板输送机的型号及技术参数

1. 刮板输送机型号含义

国产刮板输送机的型号含义如下所示。

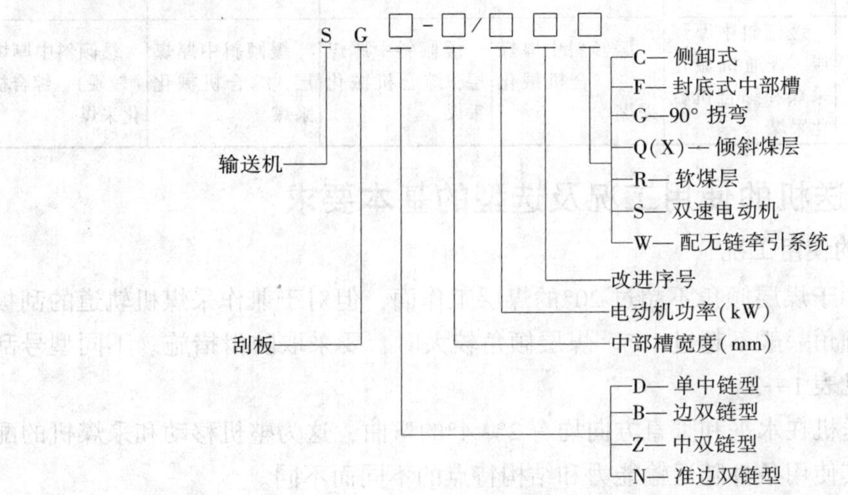

型号示例：

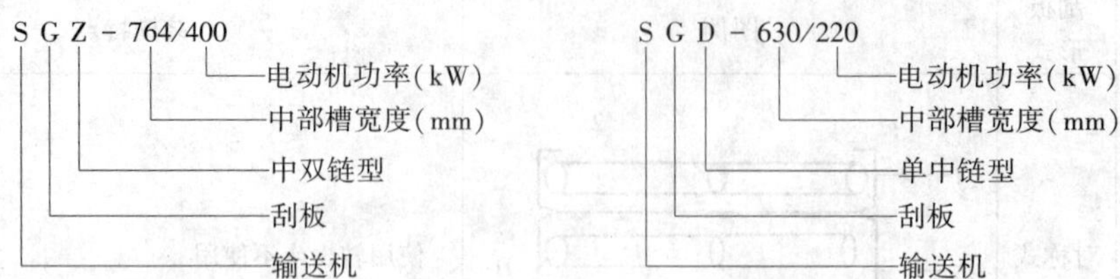

不同生产厂家对刮板输送机型号的标注方法也不尽相同。例如，SGW-150 型刮板输送机的“W”表示刮板输送机为可弯曲型，也有的厂家对可弯曲型不加标注。

2. 国产不同型号刮板输送机的技术参数

国产不同型号刮板输送机的技术参数见表 1—2。

表 1—2　　国产不同型号刮板输送机的技术参数

型号		SGW-150C	SGWD-250	SGW730/320	SGZ764/264	SGB-764W/264
输送能力（t/h）		250	600	700	900/630/540	700
出厂长度（m）		200	200	200	200	180
电动机	型号	DSB-75	KBY-125	KBY160	KBY550-132/1140	KBY550-132/1140
	功率（kW）	2×75	2×125	2×160	2×132	2×132
	转速（r/min）	1 470	1 480	1 475	1 475	1 475
	电压（V）	660/1 140	660/1140	1 140	1 140	1 140
液力偶合器	型号	YL-450	YL-500	YL-560	YL-500x	YL-560
	工作介质	22 号汽轮机油	22 号汽轮机油	22 号汽轮机油	22 号汽轮机油	22 号汽轮机油
	充液量（L）	14	18	19	16. 5	19
减速器速比		24. 43			30. 667	25. 444
刮板链	形式	双边	单边	双中心	双中心	双边
	链速（m/s）	0.868	1.05	0.93	1.0	1.12
紧链形式		闸带式		闸带式	闸带式	液压马达
溜槽尺寸 长×宽×高（mm×mm×mm）		1 500×630×199	1 500×630×220	1 500×730×220	1 500×764×222	1 500×764×222
使用工况		缓倾斜中厚煤层，普通机械化采煤和综合机械化采煤	缓倾斜中厚煤层，综合机械化采煤	缓倾斜中厚煤层，综合机械化采煤	缓倾斜中厚煤层，综合机械化采煤	缓倾斜中厚煤层（较硬），综合机械化采煤

三、刮板输送机的使用工况及选型的基本要求

1. 刮板输送机的使用工况

刮板输送机适用于煤层倾角不超过 20°的煤层工作面，但对于兼作采煤机轨道的刮板输送机，适用的煤层倾角一般不超过 10°。煤层倾角较大时，要采取防滑措施。不同型号刮板输送机的使用工况见表 1—2。

可弯曲刮板输送机在水平和垂直方向均有 2°~4°的弯曲，这为整机移动和采煤机的配套使用提供了条件，其使用条件随运输能力和结构特点的不同而不同。

2. 刮板输送机选型的基本要求

(1) 刮板输送机与采煤机的配套要求

1) 刮板输送机的运输能力必须与采煤机或刨煤机的运输能力相匹配，即应使刮板输送机的运输能力大于或等于采煤机或刨煤机的生产能力。

2) 刮板输送机的结构形式及附件必须能与采煤机结构密切配套。

(2) 刮板输送机与液压支架的配套要求

1) 刮板输送机的型号及溜槽结构要与液压支架的架型相匹配。

2) 刮板输送机的溜槽长度要与液压支架的宽度相匹配。

3) 刮板输送机溜槽与液压支架的推溜千斤顶连接装置的间距和配合结构要匹配。

(3) 刮板输送机与桥式转载机的配套要求

1) 刮板输送机的运输能力要与桥式转载机的运输能力相配套。一般桥式转载机的运输能力要大于刮板输送机的运输能力，但也不能过大，以免造成浪费，应根据具体情况进行选型或改造。

2) 刮板输送机的传动装置及零部件应与桥式转载机相同，以减少零部件供应和维修的不便。

3) 刮板输送机与桥式转载机搭接时连接处要匹配，避免碎煤外溢造成堵塞，增大人工回装量。每个生产矿井的地质条件各不相同，因此选用设备时要根据各地实际情况选择最佳的方案，以减少不必要的开支。

第二节 可弯曲刮板输送机结构和工作原理

如图 1—3 所示为刮板输送机实物，它主要由机头（减速器、电动机、液力偶合器、机头架）、机尾（机尾架、机尾滚筒）、连接槽、中间槽、挡煤板、铲煤板和紧链装置等组成。

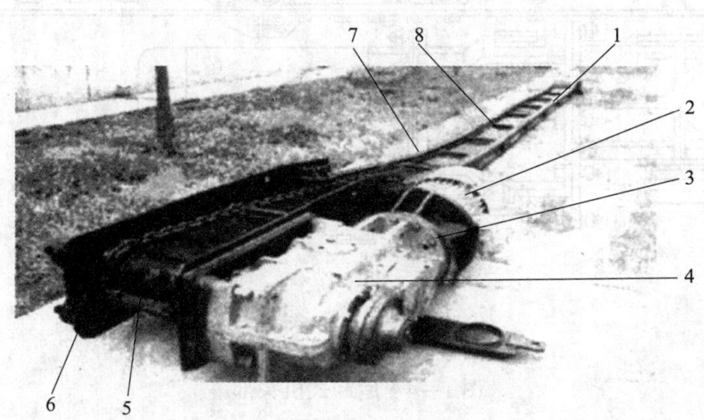

图 1—3 刮板输送机实物

1—机尾 2—电动机 3—液力偶合器 4—减速器 5—刮板 6—刮板链 7—连接槽 8—中间槽

刮板输送机是一种挠性牵引机构的连续输送机械，它的牵引构件是刮板链，承载装置是中部槽，刮板链安置在中部槽的槽面，水平、垂直面内可有限度折曲。

一、可弯曲刮板输送机的结构

尽管国内可弯曲刮板输送机的型号和类型很多，但结构基本相同，主要部件包括机头部、机尾部、溜槽、刮板链、紧链装置，以及推移装置、铲煤板和挡煤板等。

1. 机头部

机头部是为可弯曲刮板输送机提供动力的部分，另外还是往下一个运输环节卸煤的部分。如图 1—4 和图 1—5 所示为两种不同卸煤形式的机头部。

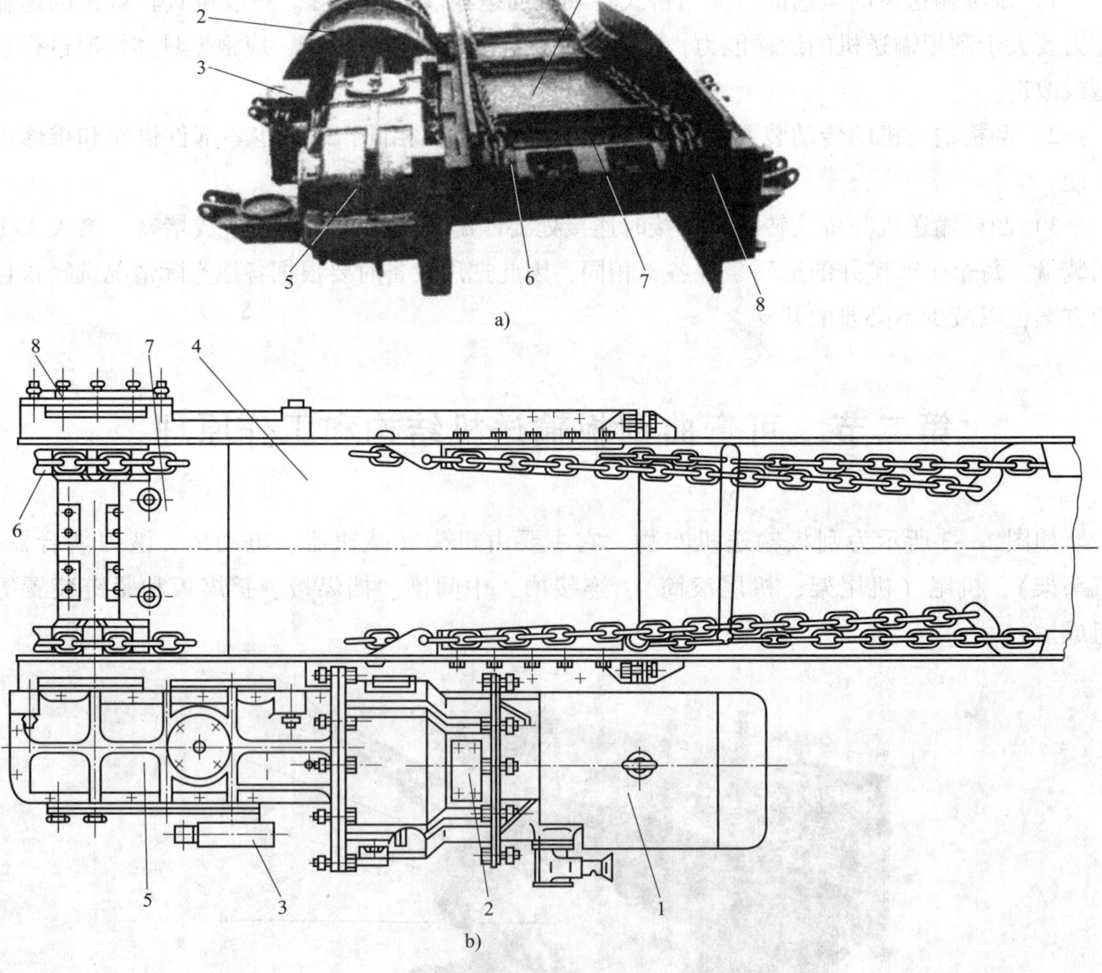

图 1—4　后卸式机头部

a）实物图　b）线条图

1—电动机　2—液压联轴器　3—紧链器　4—机头部　5—减速器　6—链轮　7—舌板　8—盲轴

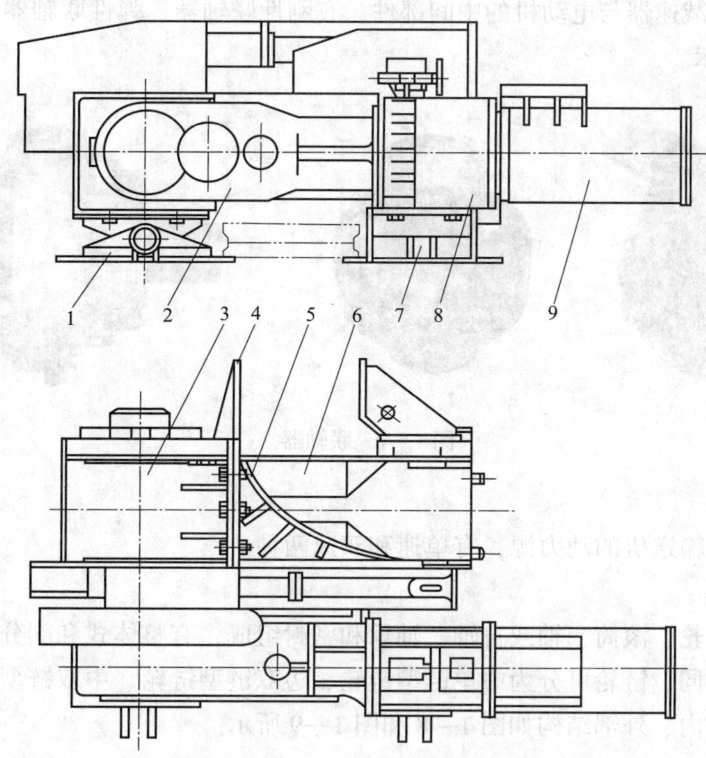

图 1—5 侧卸式机头部

1—铰接推移架 2—减速器 3—回煤罩 4—侧卸挡板 5—犁式卸煤板
6—倾斜中板 7—推移架 8—连接筒 9—电动机

(1) 减速器

减速器的作用是传递电动机的动力并为可弯曲刮板输送机输出符合要求的转速。减速器实物如图 1—6 所示。

减速器的箱体是对称的上、下箱体结构，上、下箱体之间用螺栓连接。箱体上有 4 个螺孔，以方便与机头连接。圆弧锥齿轮位于减速器一轴上，它是通过轴端的花键及液力偶合器的轴套传动的。斜齿轮位于二轴上，并通过其上的圆弧锥齿轮传递或接受转矩。正齿轮位于三轴上，并通过其上的斜齿轮传递和接受转矩。四轴为输出轴，正齿轮传递的转矩通过轴头的花键轴或花键孔直接与链轮滚筒相连接，并将动力传递给设备。减速器的结构基本相同，所不同的是一轴轴头伸出的情况有两种：一种是两个双圆头键连接，另一种是外渐开线齿轮连接。四轴与设备连接的轴头也有内渐开线齿轮和外渐开线齿轮两种结构。

图 1—6 减速器实物

(2) 联轴器

联轴器是连接减速器与电动机的中间部件，有刚性联轴器、弹性联轴器和液压联轴器三种，如图 1—7 所示。

图 1—7　联轴器

（3）电动机

电动机是刮板输送机的动力源，有单速和双速两种。

（4）链轮组件

链轮组件由链轮、滚筒、轴或盲轴、轴承和密封组成，有整体式和剖分式两种。根据刮板链的布置形式不同，链轮可分为中单链型链轮、边双链型链轮、中双链型链轮和准边双链型链轮。链轮组件内、外部结构如图 1—8 和图 1—9 所示。

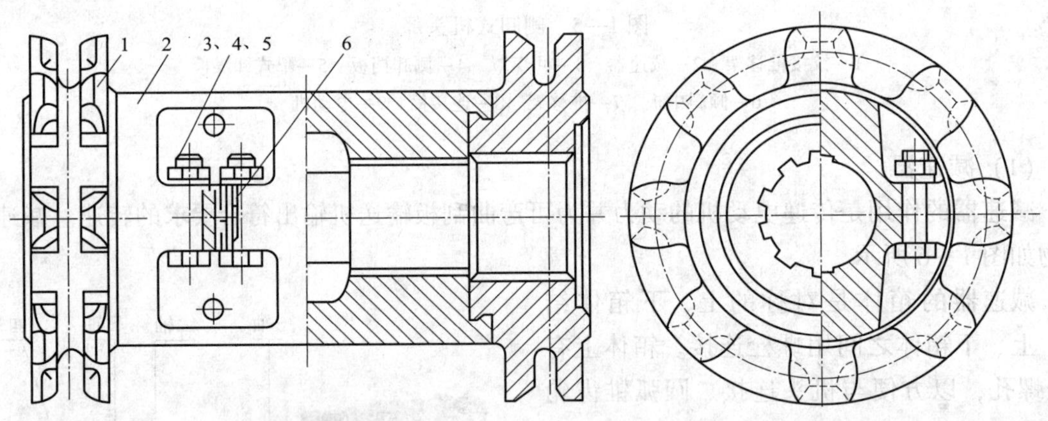

图 1—8　两半式链轮组件

1—链轮　2—半圆滚筒　3、4、5—螺栓、螺母　6—定位销

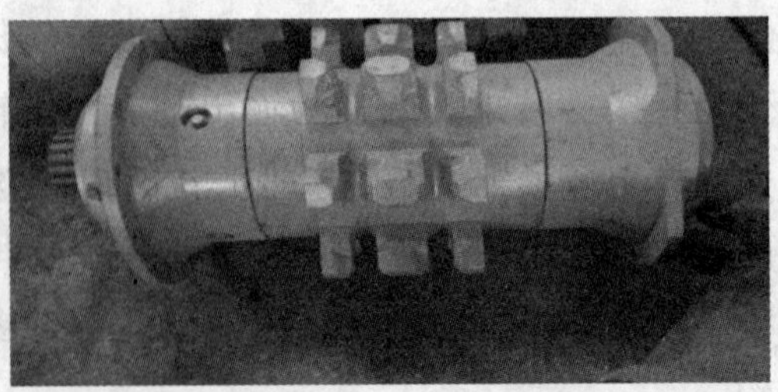

图 1—9　不同形式的链轮组件

2. 机尾部

如图 1—10 所示为不带动力驱动的可弯曲刮板输送机尾部，它适用于薄煤层工作面。机尾部由机尾架、机尾轴、机尾链轮、舌板、盲轴、拨链器、卡板、螺栓垫板和推移装置组成。带驱动装置的机尾还带有电动机、减速器和液压联轴器等。

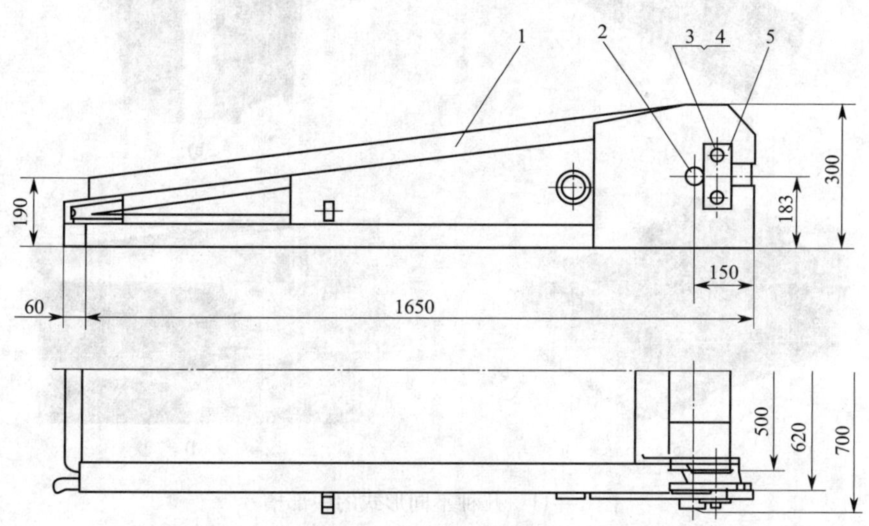

图 1—10　不带动力驱动的可弯曲刮板输送机尾部

1—机尾架　2—机尾轴　3、4—螺栓　5—卡板

机尾部的主要作用是将机头部卸载后的刮板链再拉回机头部，其连接形式根据型号不同和有无中间溜槽分为直接连接和过渡槽连接。

3. 溜槽

溜槽是刮板输送机运输煤炭的通道部件，按安装位置不同可有以下几种形式：

（1）中部槽

中部槽是刮板输送机的主要配件，不同厂家的规格不尽相同，图 1—11 所示为几种不同形式的中部槽。

（2）调节槽

安装调节槽时，工作面的长度已经确定，即刮板输送机的机头、机尾位置已经确定。在安装调节槽的过程中，对中间槽的长短视实际情况进行调节。调节槽的结构与中间槽相同，有 1 m 和 0. 5 m 两种。

（3）过渡槽

过渡槽也叫连接槽，有机尾连接槽和机头连接槽两种。机头、机尾安装时，由于地势高低情况的影响，与中间槽不能直接连接，需要过渡槽的过渡连接，以保证正常安装。

4. 刮板、刮板链

刮板、刮板链是可弯曲刮板输送机的主要配件，刮板链实物如图 1—12 所示。不同型号可弯曲刮板输送机的刮板链和刮板规格是不一样的。

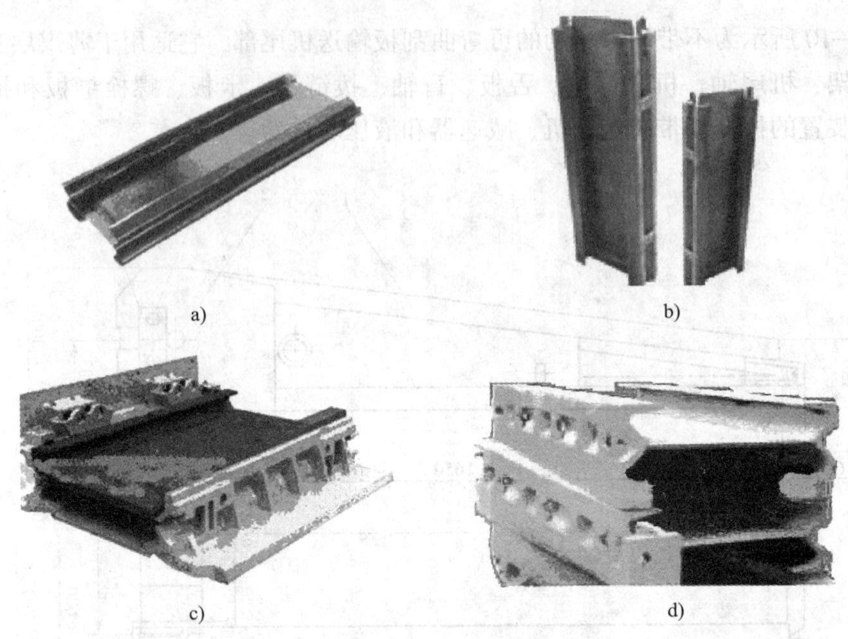

图 1—11　几种不同形式的中部槽

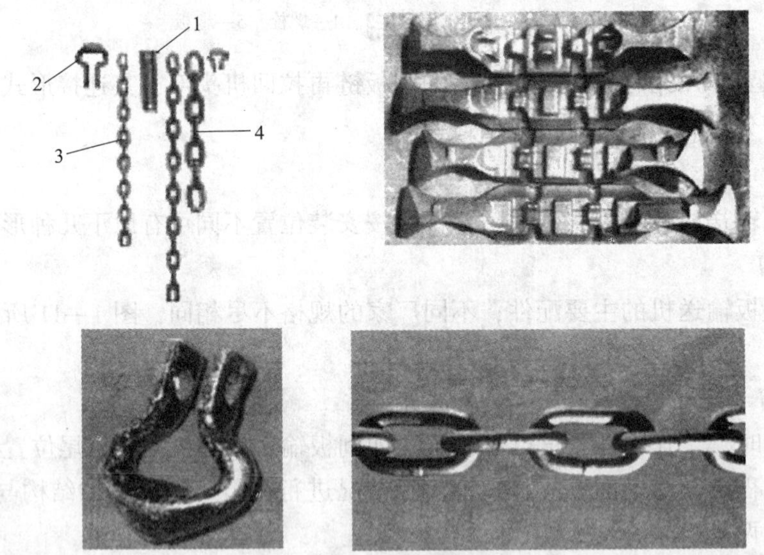

图 1—12　刮板链实物

1—刮板　2—U 形环　3—连接锚链　4—调节链

刮板和刮板链的分类和用途如下：

（1）按刮板链的牵引数目和排列方式不同，刮板可分为中双链、中单链、边双链（见图 1—13、图 1—14 和图 1—15）和三链四种结构。

（2）按圆环链的长度不同，刮板链可分为长链段和短链段两种形式。

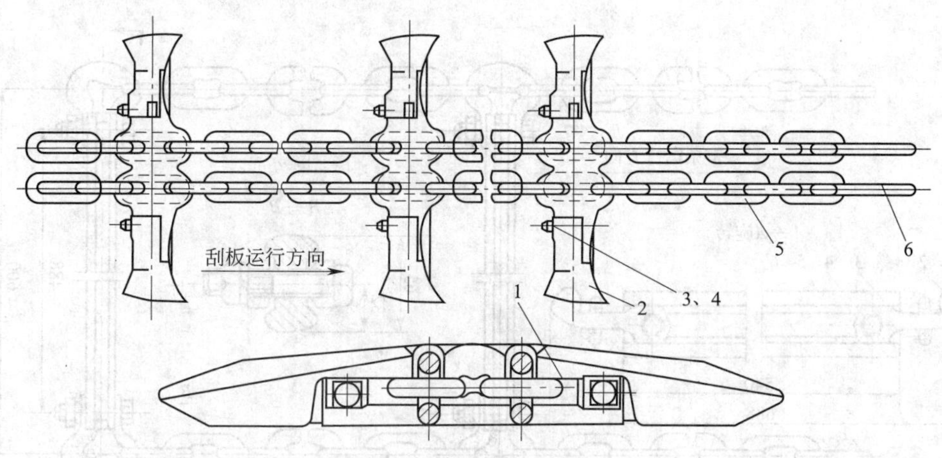

图 1—13　中双链式刮板

1—卡链横梁　2—刮板　3—螺栓　4—螺母　5—圆环链　6—连接环

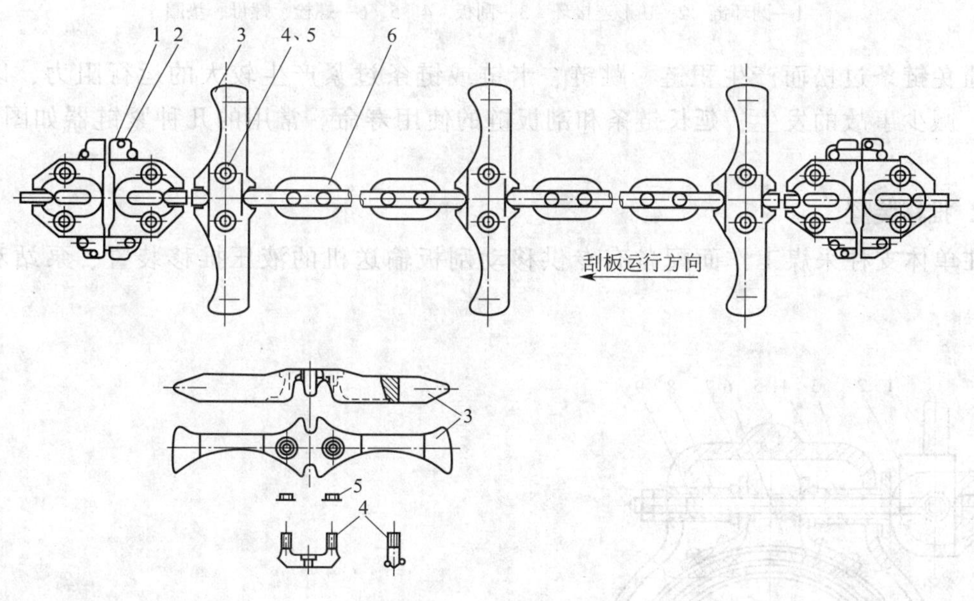

图 1—14　中单链式刮板

1—接链器　2—开口销　3—刮板　4—U 形螺栓　5—自锁螺母　6—圆环链

（3）刮板和刮板链的用途主要是带走溜槽上的煤炭。由于要承受较大的载荷和摩擦力，刮板和刮板链须经热处理，具有足够的强度、硬度和韧性。为安装维修方便，一般采用可拆卸连接。

5. 紧链器

紧链器的作用是保证刮板输送机链条有一定的预紧力，使圆环链与链轮之间正常啮

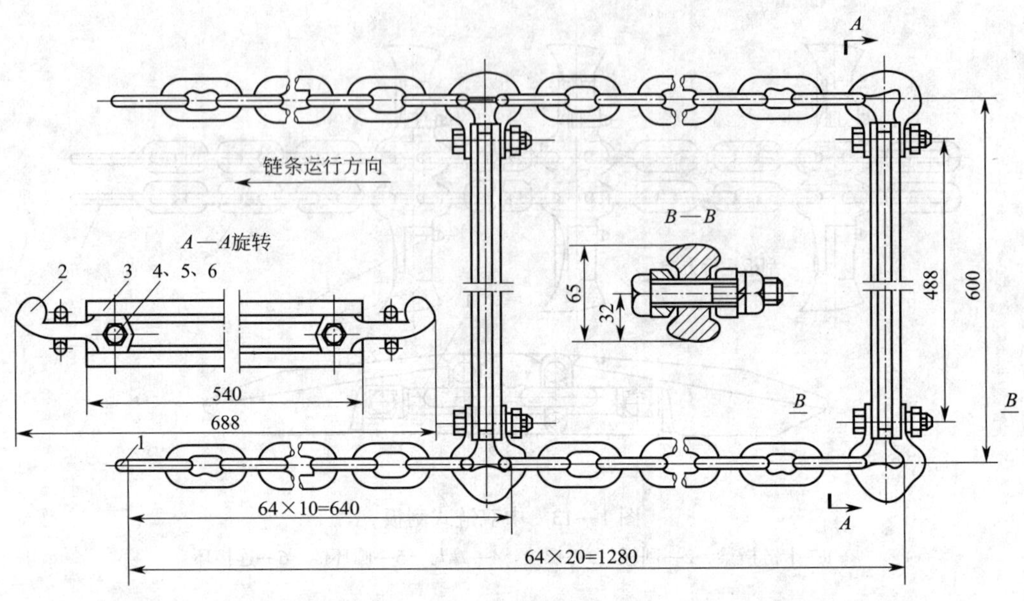

图 1—15　边双链式刮板

1—圆环链　2—U 形连接环　3—刮板　4、5、6—螺栓、螺母、垫圈

合，避免链条过松而产生积链、跳链、卡链或链条过紧产生较大的运行阻力，以降低能耗，减少事故的发生，延长链条和刮板链的使用寿命。常用的几种紧链器如图 1—16 所示。

6. 推移装置

在单体支柱采煤工作面配备有专供移动刮板输送机的液压推移装置、泵站和管路系统。

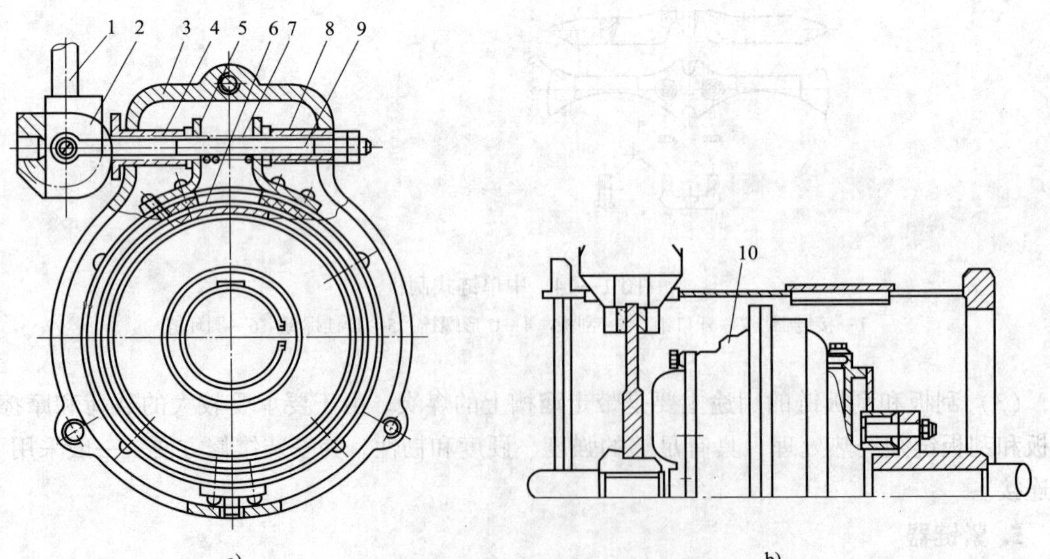

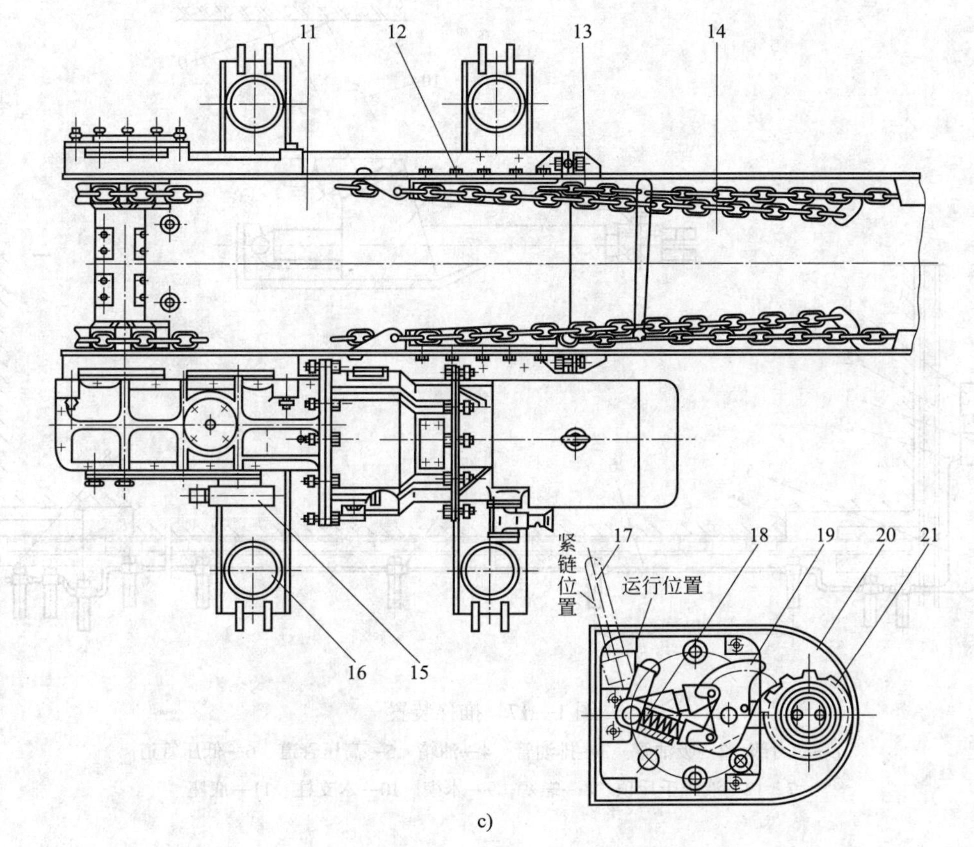

c)

图 1—16 常用的几种紧链器

a）摩擦紧链器 b）闸盘紧链器 c）棘轮紧链器

1、17—手把 2—偏心轮外壳 3、4、8—套 5—闸带 6—制动轮 7—弹簧 9—拉杆 10—液力偶合器 11—机头 12—紧链挂钩 13—刮板链 14—过渡槽 15—紧链器 16—推移梁 18—弹簧拉杆 19—棘爪 20—底座 21—棘轮

在综合机械化采煤工作面，刮板输送机和液压支架是紧密相连的，千斤顶伸出时向后推移刮板输送机，缩回时拉移液压支架。推移装置的液压系统、管路和操纵机构均统一布置，所用介质有油液和乳化液两种，如图 1—17 所示。

在倾斜角度较大的工作面回采时，为了防止刮板输送机下滑，在工作面设有防滑装置，如图 1—18 所示。

7. 铲煤板

可弯曲刮板输送机向前推进时，铲煤板的斜面把采煤机遗留下来的浮煤推挤到溜槽中去，从而清除机道上的浮煤，保证采煤机连续工作，避免可弯曲刮板输送机倾斜工作。铲煤板由立板、斜板、筋板及定位块组成。如图 1—19 所示是两种尺寸参数略有差异的铲煤板，它们都安装在靠近煤墙的一边。可弯曲刮板输送机使用可拆卸连接，其长度比溜槽略短，以保证拆卸方便。

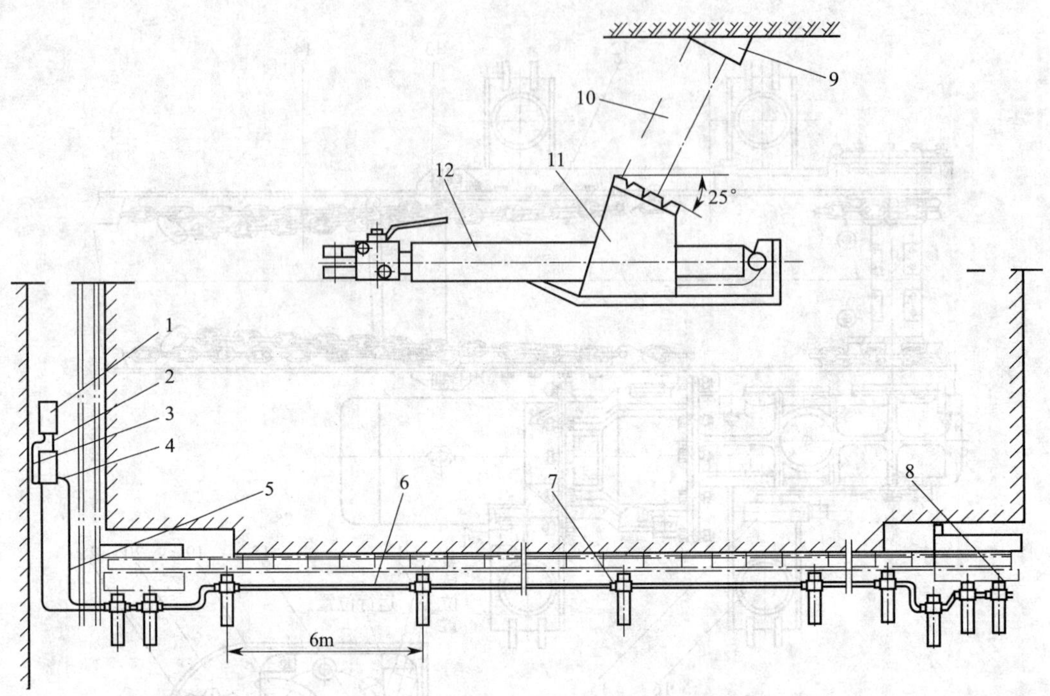

图 1—17　推移装置

1—动力部　2—吸油管　3—排油管　4—油箱　5—高压管道　6—低压管道
7、12—液压千斤顶　8—螺塞　9—木楔　10—木支柱　11—底座

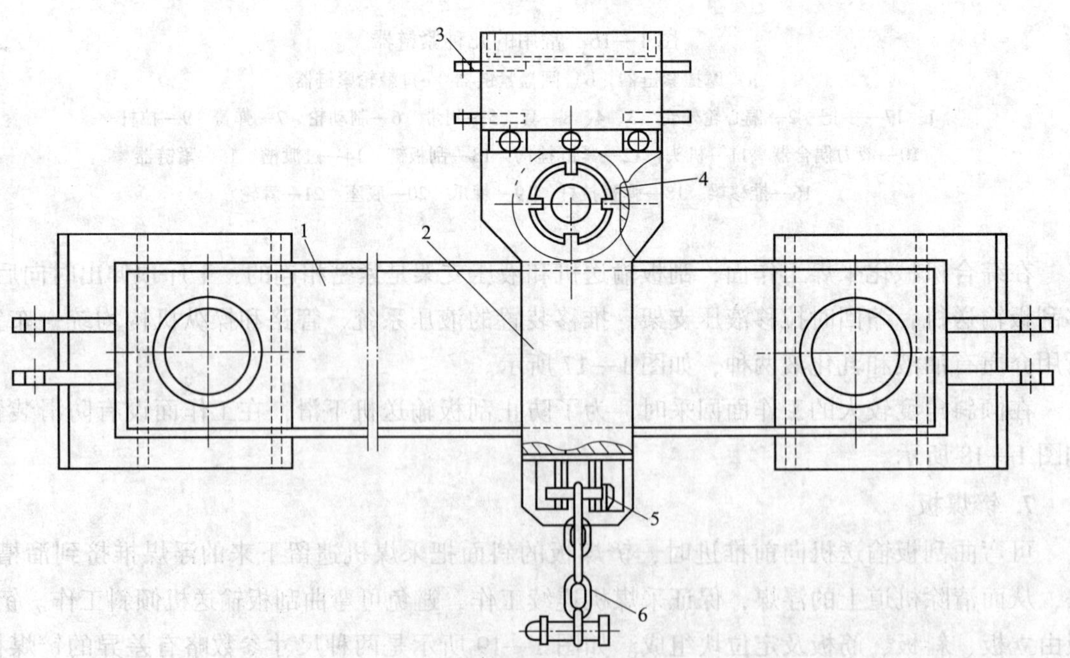

图 1—18　防滑装置

1—横梁　2—滑架　3—推移梁　4—滑滚　5—销轴　6—连接链条

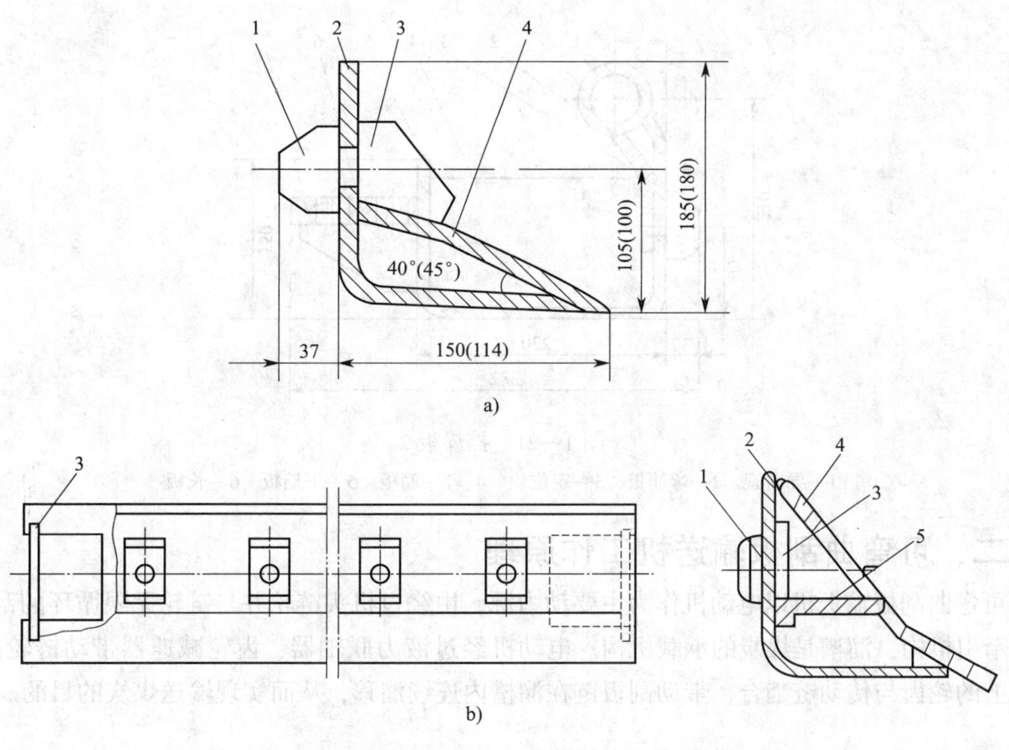

图 1—19　铲煤板

1—定位块　2—立板　3—筋板　4—斜板　5—板

8. 挡煤板

挡煤板由电缆槽和底挡板组成，装在可弯曲刮板输送机靠采空区一侧。它的主要作用是增加溜槽的装煤量，防止煤炭溢出。另外，在挡煤板紧靠溜槽的一侧还设有导向管，对采煤机运行起导向定位作用，防止掉道。图 1—20 和图 1—21 给出了不同结构形式的挡煤板。

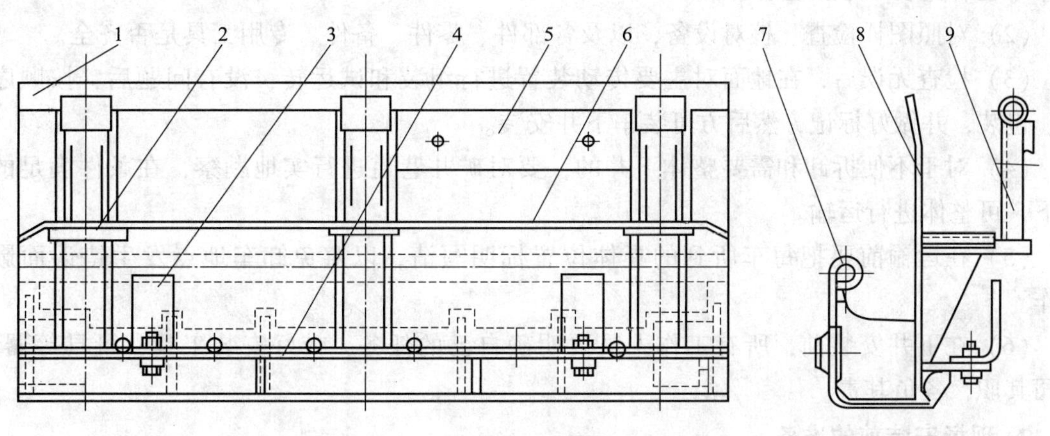

图 1—20　挡煤板 1

1—连接管　2—架板　3—弯板　4—长板　5—立板　6—垫板　7—导向管　8—挡板　9—型板

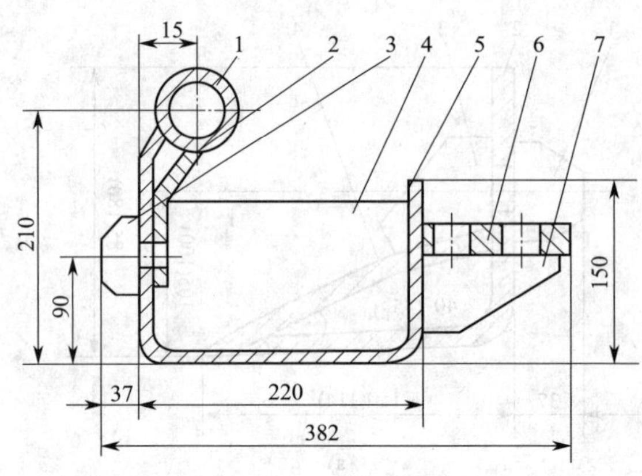

图 1—21 挡煤板 2

1—导向管 2—弯筋板 3—定位块 4、7—筋板 5—下挡板 6—长板

二、可弯曲刮板输送机工作原理

可弯曲刮板输送机以电动机作为主要动力源，由绕过机头链轮并与链轮无限循环的刮板链作为牵引机构，溜槽是煤炭的承载机构。电动机经过液力联轴器、齿轮减速器带动链轮旋转，链轮上的轮齿与传动链啮合，带动刮板链在溜槽内连续溜移，从而实现输送煤炭的目的。

第三节 可弯曲刮板输送机安装、调试和试运转

一、可弯曲刮板输送机安装前的准备

1. 可弯曲刮板输送机下井前的准备工作

(1) 可弯曲刮板输送机在下井前，参加安装、调试的技术人员、工人应熟悉其结构、工作原理、安装顺序及注意事项。

(2) 对照图样检查、核对设备，以及各部件、零件、备件、专用工具是否齐全。

(3) 检查无误后，在地面对主要传动装置进行组装和试运转，没有问题后，按顺序拆卸、包装，并做好标记，然后方可装车下井安装。

(4) 对于不便拆卸和需要整体下井的，要对矿井巷道进行实地勘察，在条件满足的情况下，可整体进行运输。

(5) 在运输前要把每车所到的具体位置标明写清，以避免卸车地点发生错误而影响工作。

(6) 在下井安装前，所有工作人员要明确自己的任务，带好安装工具、量具等器材，各司其职，各负其责。

2. 现场安装前的准备

(1) 检查下井设备零部件是否齐全，编号位置是否按顺序排列。

(2) 检查工作面和上、下巷道机道面能否达到铺设要求的平直度，机头和机尾处的巷

道可否满足安装要求。

(3) 对下井设备再次进行检查，重点是电动机、减速器和机头等传动装置，若有损坏或变形应及时更换。

二、可弯曲刮板输送机的安装

1. 机头的安装

(1) 机头的安装质量与刮板输送机能否平稳运转的关系密切，安装必须稳固牢靠，既要保证顺利卸煤，又要与液压支架合理连接。必要时，需用支柱将其固定在机头顶梁或顶板上，但不可将支柱支撑在减速器上。

(2) 采用单机牵引时，驱动装置应装在采空区一侧。采用双机驱动时，驱动装置应装在机头两侧或在机头和机尾靠近采空区的一侧，但与采空支柱间应留有不小于 700 mm 的距离，以便操作人员通过。

(3) 在机头架上的主轴链轮未挂链前，应保证其转动灵活。安装链轮组件时，要保证边双链的两个链轮轮齿在相同的相位角上，否则会影响刮板链的传动，并可能造成事故。

(4) 起吊传动装置时，吊钩要挂在电动机和减速器的起重环上，不可挂在连接罩上。传动机构起吊后，应用撬杠等工具将其摆正，再用木垛、木楔等物垫平，将减速器座与机头连接处垫上装置垫座。该座的主要作用是使传动装置与机身保持一定距离，以便采煤机能骑到机头上，从而实现自动开切口。

(5) 将减速器外壳侧帮耳板的 4 个螺孔处穿入地脚螺栓，把减速器和机头架的侧帮固定在一起。电动机通过连接罩与减速器固定并悬挂起来，然后，按安装中线再一次用撬杠将机头摆正。安装中线校正机头的方法是：一人站在机头架的中间处，另一人站在机尾，两人用矿灯对照，使光线与机头架的中心线和机道的安装中心线重合即可。

2. 中间部及机尾部的安装

(1) 中部槽安装要平、直、稳，如果底板有煤块或矿石时，必须清理后再安装。为了保证安装质量，可用矿灯两头对照或用激光器的光线校正。

(2) 中部槽安装的方向应为从机头到机尾。过渡槽安装好后，将刮板链穿过机头架并绕过主动轮，然后装接第一节中间槽。在装中间槽时，安装方向必须正确。操作方法为：先将链子装入第一节溜槽下面的导向槽内，再将链子拉直，使溜槽沿链子滑下去，并与前接溜槽相连。

(3) 第一节溜槽安装好后，第二节溜槽按同样的方法继续接长底链，使之穿过溜槽的底槽，并逐节地把溜槽放到安装的位置上，直到铺至机尾部。

(4) 将机尾部与过渡槽对接完成后，可将刮板链穿过过渡槽，并将其从机尾滚筒的下面绕上来，放到中板上，继续将刮板链接长。先将接长部分的刮板倾斜放置，使链条能较顺利地进入溜槽链道，然后再将其拉直。依此方法将刮板链从机尾一直接到机头架。

(5) 连接链条时，首先应根据需要调整链条的长度，尽量使用调节链，然后将链条接好，以减少紧链时间。在铺设刮板链时要尽量将链条拉紧。

(6) 可弯曲刮板输送机安装后，当链条松弛时必须紧链，特别是新投入使用一周的可弯曲刮板输送机要及时紧链。为了避免链条事故和保证两根链条的磨损均匀，对大功率的可弯曲刮板输送机，要求链条要稍紧一些。

3. 工作面可弯曲刮板输送机的搭接

（1）工作面可弯曲刮板输送机与下巷可弯曲刮板输送机搭接时，垂直高度应保持在300~500 mm，搭接距离不应小于250 mm。

（2）多台可弯曲刮板输送机直线搭接时，后一台机头要高于前一台机尾300 mm，前后交错不小于500 mm。

◎ 知识拓展

可弯曲刮板输送机安装注意事项

1. 安装刮板链时，要做好标志进行配装，否则会影响边双链的受力和链条与链轮之间的啮合。

2. 在上链条装配时，连接环的凸起部位应向上，竖链环焊接对口应朝上，水平链环的焊接对口应朝向溜槽的中心线，且不允许有扭绞现象。

3. 在安装中，禁止用锯锯链环，而应用备用的调节链条进行调节。

三、可弯曲刮板输送机的调试及试运转

试运转分两步，第一步是空载运转，第二步是负载运转。试运转前应对可弯曲刮板输送机进行最后的检查调试，检查调试内容如下：

1. 各连接部位的螺栓、垫圈、压板、螺钉、油堵及防护罩是否齐全、紧固。

2. 减速器和液力偶合器等运转部分是否润滑良好，油位是否符合要求，机头和机尾固定是否牢靠。

3. 电气设备是否灵敏、安全、可靠，接地是否良好。

以上检查若没问题，即可送电并进行空载试车，试车时先点动电动机开始试运转，当刮板链转过一个循环后再正常转动，时间为1 h左右。待各部分运转正常后做一次紧链工作，然后带负荷试运转一个生产班。

第四节　可弯曲刮板输送机检修、维护和保养

一、可弯曲刮板输送机的完好标准

1. 整机

（1）所有螺栓、螺母及其他连接零件齐全、完整、紧固、可靠。

（2）轴无裂纹、损伤或锈蚀，运行时无异常振动。

（3）轴承润滑良好，不漏油，转动灵活，无异响。滑动轴承温度不超过65 ℃，滚动轴承温度不超过75 ℃。

（4）齿轮无断齿，齿面无裂纹或剥落，硬齿面齿轮磨损不超过硬化层的80%，软齿面齿轮磨损不超过原齿厚的15%。

（5）减速器箱体无裂纹或变形；接合面配合紧密，不漏油；运行平稳，无异常响声；油液清洁，油量合适。

（6）液力偶合器的外壳及泵轮无变形、损伤或裂纹，运转无异常响声。易熔合金塞完整，安装位置正确，不得用其他材料代替。

（7）电动机开关箱、电控设备、接地装置、电缆、电器及配线符合《煤矿矿井机电设备完好标准》的规定。

（8）转动部位要有护栏。

2. 机头、机尾

（1）架体无严重变形，无开焊，运转平稳。

（2）链轮无损伤，链轮承托水平圆环链的平面最大磨损量：节距小于等于64 mm时不大于6 mm；节距大于等于86 mm时不大于8 mm。

（3）分链器、压链器、护板完整坚固，无变形，运转时无卡碰现象。抱轴板磨损不大于原厚度的20%，压链器厚度磨损不大于10 mm。

（4）紧链机构部件齐全完整，无变形。

3. 溜槽

溜槽及连接件无开焊断裂，对角变形不大于6 mm，中板和底板无漏洞。

4. 链条

（1）链条组装合格，运转中刮板不跑斜（以不超过一个链环长度为合格），松紧合适，链条正、反方向运行无卡阻现象。

（2）刮板弯曲变形数不超过总数的3%，缺少数不超过总数的2%，且不得连续出现。

（3）刮板弯曲变形不大于15 mm，中双链和中单链刮板平面磨损不大于5 mm，长度磨损不大于15 mm。

（4）圆环链伸长变形不得超过设计长度的3%。

5. 机身附件

（1）铲煤板、挡煤板、齿条、电缆槽无严重变形，无开焊，连接螺栓无缺失，固定可靠。

（2）铲煤板滑道磨损量：有链牵引者不大于15 mm，无链牵引者不大于10 mm。

6. 信号装置

工作面巷道刮板输送机应沿输送机安设有停止或开动信号的装置，信号点设置间距不超过15 m。

7. 安装铺设

（1）两台输送机搭接运输时，搭接长度不小于500 mm，机头最低点与机尾最高点的间距不小于300 mm。

（2）刮板输送机与带式输送机搭接运输时，搭接长度和机头、机尾高度差均不大于500 mm。

8. 记录资料与设备环境

（1）应备有交接班记录，运转记录，检查、修理、试验记录和事故记录。

（2）设备清洁，附近无积水，无积煤（矸），无杂物，巷道支护无缺梁断柱。

二、可弯曲刮板输送机的正确使用

正确的使用和维修可以延长设备的使用寿命，保证安全生产，节约开支，提高生产效率，减少事故的发生。

1. 开机前的准备

（1）操作者对周围进行检查，看顶板是否安全，视野是否开阔且易于操作，按钮是否灵活可靠，信号是否畅通。

（2）认真检查各传动装置中连接螺钉是否紧固、齐全，减速器、联轴器有无漏油现象，油位是否在规定的范围内。

（3）点动刮板输送机无问题后，试转一周并细听各部声音，查看所有链条、刮板螺栓有无松动、丢失或弯曲变形的现象。

2. 设备运转

（1）开机前操作人员应确认开机信号，信号不清不能操作。

（2）设备运转时经常观察设备运转情况，注意辨听电动机和减速器的声音，发现问题应及时停机解决。

（3）联轴器的易熔塞不准用其他材料代替或堵住。利用可弯曲刮板输送机运送设备的大零部件时，必须按规程操作，以避免发生人身事故或损坏机械设备。

（4）停机时，要等溜槽中的煤或其他物品运送完毕，保证不带负荷停机，避免给下一次的开机增大启动负荷甚至影响正常开机。

3. 设备使用中的安全注意事项

（1）设备开机前要发信号，运行期间不许在机上行走或跨越机身。

（2）设备的旋转部分不允许裸露，要有牢固的防护罩或其他防护设施，并保持旋转部分的清洁。不允许在减速器和电动机上打支柱或做起重工具的支点。

（3）当新投入使用的可弯曲刮板输送机运行时，要多观察链环和溜槽的间隙，发现问题应及时紧链，以避免因链子松弛造成卡链、跳链、落道等事故。

（4）采煤机工作中，如有大煤块落下，要及时处理，否则有可能顶翻采煤机或损坏溜槽。

4. 提高运行效率的措施

（1）保证可弯曲刮板输送机对平直度的要求

可弯曲刮板输送机在水平方向和垂直方向允许有一定的弯曲，这是为了适应工作面和巷道运输而设计的，不是指机体任意上、下、水平弯曲是合理的。如果可弯曲刮板输送机出现“急弯”就会影响使用效果，导致连接件损坏、接头裂隙、底槽漏煤现象，运行阻力增大，甚至造成堵塞事故。若可弯曲刮板输送机铺设不平，刮板链和溜槽接头磨损加剧、阻力增大，会导致采煤机割出的工作面底板高低不平，更影响可弯曲刮板输送机的正常使用和寿命。

（2）保证可弯曲刮板输送机负荷合理

可弯曲刮板输送机的负荷要达到设计水平，充分发挥生产能力。操作者应均匀、合理安排，最大限度发挥溜槽承载能力，最大化运送煤炭。若负载太多，则煤易溢出，费力费电；负载太少，则“大马拉小车”，达不到设计能力，无功损耗增大。

（3）保证可弯曲刮板输送机的工作状态

应保证可弯曲刮板输送机始终处于完好的工作状态，出现问题及时处理。在负荷一定的情况下，想办法增大有效的运送时间，减少停运时间，以提高输送效率，并把空载时间减少到最低限度。

三、可弯曲刮板输送机的维护检修

设备的维护检修就是当设备在运行过程中出现不正常现象时，在不影响正常运转的情况下，利用停机的间隙，及时更换易损件，调整、紧固链条螺栓和润滑注油等，使设备始终保持完好状态。维护工作的好坏直接影响设备的使用效率和使用寿命。

1. 班中日常巡回检查保养

班中日常巡回检查是操作者在不停机的情况下进行的检查，也可利用停机的间隙配合检修工进行检查，每班巡回检查要二到三次，发现问题要及时处理。检查内容如下：

（1）检查减速器、轴承、联轴器等各润滑部位的油量、油位是否正常，轴承等的温度是否在 65~70 ℃。

（2）检查易松动的连接件是否松动，各运行部位是否有异常振动和声响。

（3）检查电流、电压值是否有波动，安全保护装置是否正常可靠，各摩擦部位的接触是否正常。

班中巡回检查中常采用“一看、二摸、三听、四嗅、五试、六量”的做法。“一看”就是用肉眼对外观进行检查；“二摸”就是用手感觉温度、振动和松紧程度；“三听”就是用耳对设备运行中发出的声音进行辨别（比较正常时和非正常时）；“四嗅”就是用鼻子对设备运行时发出的气味进行鉴别（电气设备发热有焦煳味等）；“五试”就是对安全保护装置定期进行试验，确保其可靠性；“六量”就是用量具和仪器仪表对运行的机件进行检查测量，重点是易磨损件。

2. 定期检修

定期检修是根据设备运行的规律，对其进行周期性维护保养，以保证设备的正常运行。定期检修可分为小修、中修和大修。

（1）小修

除日常巡回检查的内容外，小修还包括更换易损件和停机较长时间检修维护的项目，并处理一些影响安全运行的问题，可一天或三五天进行一次。小修主要项目如下：

1）检查各传动部位是否有异常声音、剧烈振动和发热等现象。

2）检查减速器、盲轴、链轮、挡煤板、铲煤板和连接板螺栓是否松动，以及润滑部位润滑油是否充足，有无变质。

3）检查刮板、连接链和链环是否损坏，以及刮板链松紧是否合适，是否有跳牙现象。

4）检查溜槽变形情况和有无掉销、错口现象，检查挡煤板、铲煤板损坏、变形情况。

5）检查推进系统软管是否泄漏，液压缸是否损坏，乳化液是否充足、变质，比例是否合乎要求。

6）检查机头、机尾连接情况和变形情况，以及刮板、链条、压链块的磨损情况。

7）检查电动机的引线损坏情况。

（2）中修

除日常维修和小修的内容外，中修主要是对较大的和关键的零部件进行更换处理，具体内容是液压联轴器、橡胶联轴器、链轮和拨链器的检修和更换，并对电动机和减速器进行较大的维修工作。中修一般在1~3个月进行一次。

（3）大修

当完成一个工作面的回采工作后，应将可弯曲刮板输送机运到井上并进行大修。

1）对减速器、液力偶合器进行彻底的清洗和换油。

2）检查电动机的绝缘、三相电压的平衡情况，并对电动机的轴承进行清洗、加油或更换。

3）对损坏严重的机件进行修焊、校正和更新。

◎ 知识拓展

1. 可弯曲刮板输送机检修注意事项

（1）注意可弯曲刮板输送机各部位运转是否平稳，有无振动、刮卡、跳牙现象，声音是否正常。

（2）注意各运转部位的温度是否正常，有无漏油现象。机头、机尾、减速器的轴承温度一般应为65~70 ℃，液压联轴器的温度不应超过60 ℃，大功率减速器的温度不应超过85 ℃。

（3）注意电动机的启动电流、负荷电流是否超限。

2. 综合机械化采煤工作面可弯曲刮板输送机的特殊安装

（1）一般应在地面将综合机械化采煤工作面可弯曲刮板输送机中部槽的两块溜槽预先组装在一起，安装时可以提高工作效率。

（2）在铺设可弯曲刮板输送机的链条时要保证链条不扭绞。可在链条上做好标记，使下一步接链能正常进行。

（3）中部槽安装要和液压支架配合，保证其间距，使推移千斤顶和溜槽能正常连接。

（4）机尾要在采煤机骑在可弯曲刮板输送机上后再安装，以保证采煤机能正常运行。

（5）如果可弯曲刮板输送机安装后距煤壁较近或有浮煤，在结构允许的情况下可在采煤机采完第一刀煤后再安装铲煤板，挡煤板可在中部槽装好后安装。

（6）采用单轨吊与设在中部槽上的滑板相配合安装液压支架时，必须先将可弯曲刮板输送机安装好，然后启动可弯曲刮板输送机，利用刮板链将装有支架的滑板输送到支架安装地点，以保证支架间距和清除浮煤。

第五节 可弯曲刮板输送机常见故障处理和事故案例分析

一、可弯曲刮板输送机故障判断的基本方法

要又快又好地处理故障，正确地判断故障是关键。正确判断故障可从工作条件、运行状态和表现形式三个方面来考虑。

1. 工作条件

对发生的事故进行正确判断，首先要注意到可弯曲刮板输送机所处的工作条件。工作条件不仅指可弯曲刮板输送机所处的地点、环境及负荷状态，也包含它的运行维修情况、使用年限、磨损程度等。只有综合考虑各方面的因素，才能作出正确的判断。

2. 运行状态

可弯曲刮板输送机的运行状态是通过声音、温度和稳定性表现出来的。以上因素是相互关联的，并且发生故障的机件、故障类型、故障发生部位是不同的。损坏的可弯曲刮板输送机零件，除已达到使用年限而未更换的外，多数是由于超负荷引起损坏的。负荷增大时会出现声音沉重、温度升高的现象，当负荷超过允许范围时，机件就会出现运行不稳定或损坏。因此，熟悉机器的运行声音、了解不同部位的温度、观察机器的运行稳定程度，是判断设备故障、掌握设备安全运行的基础和依据。通常采用“一看、二摸、三听、四嗅、五试、六量”的办法进行判断。

3. 表现形式

可弯曲刮板输送机在使用过程中出现的故障形式是多种多样的——有直观的，也有不直观的。直观的故障好处理，不直观的故障，只能通过故障的形式、现象进行分析，查明原因、迅速判断、正确处理，将事故消灭在萌芽状态并把损失降到最小。

二、可弯曲刮板输送机常见故障、原因及处理

1. 可弯曲刮板输送机机械部分常见故障及处理

可弯曲刮板输送机机械部分常见故障及处理方法见表1—3。

表1—3 可弯曲刮板输送机机械部分常见故障及处理方法

故障	故障现象	故障原因	故障预防措施	故障处理方法
断链	1. 刮板链在机头下下垂或堆积 2. 边双链的可弯曲刮板输送机突然歪斜到一边	1. 链条运行中突然卡住或过紧 2. 链条磨损严重，两边长短不一 3. 装煤过多，电动机超载启动 4. 两条链的链环节距不一样 5. 圆链环的连接螺钉丢失 6. 链环变形太大，工作面底板不平	1. 使用联轴器 2. 调换水平、垂直链，调换前进方向 3. 溜槽内压煤太多或底槽带煤太多时，要组织人力或设专人清除 4. 及时调整刮板链的松紧，更换变形的刮板、连接环和链环 5. 及时安装好丢失的螺钉 6. 使用断链保护装置	首先停机，找出刮板链折断处。如果上链无折断，就是下链折断。下链经常断在机头或机尾附近。将卡紧的刮板拆掉，返回上链槽

续表

故障	故障现象	故障原因	故障预防措施	故障处理方法
掉链	在正常运转时，可弯曲刮板输送机链速突然变得不均	1. 机头不正，机头第二节溜板或底板不平，链轮磨损超限或绞进杂物 2. 双边链的两链松紧不一，刮板严重歪斜 3. 刮板太稀疏或过度弯曲	1. 保持机头平直，垫平机身，使机头、机尾和中部槽形成一条直线 2. 防止链轮绞进杂物，如发现链轮下有矸石或金属杂物，应立刻清除 3. 对双链的刮板，两链的长短要调整一致，过度弯曲的刮板要及时更换，缺少的刮板要补齐	因链轮绞进杂物而造成掉链，可以反向断续启动或用撬杠撬刮板上轮。如果掉链是因为链轮与链条已无啮合，既链轮能转而链条不动时，只可用紧链装置松开刮板链，然后使刮板链上轮 当边双链的可弯曲刮板输送机内侧刮板链掉链时，可在两条刮板链相对的两个内环之间支撑一根硬木，然后启动可弯曲刮板输送机，掉下的一侧就可上轮。启动可弯曲刮板输送机时，人要离开一定距离，防止木棒蹦出伤人。当一条刮板链在链轮外侧掉链时，可在机头槽帮和落道刮板链之间塞一木块，开动可弯曲刮板输送机将刮板链挤上链轮
飘链	1. 电动机发出尖锐刺耳的声响 2. 刮板刮出的煤少，几分钟不见大量煤过来	1. 可弯曲刮板输送机不平直，出现凹槽 2. 刮板链太紧，煤被挤到溜槽的一边 3. 刮板链在煤上运行 4. 刮板缺少或弯曲太多 5. 刮板链下面塞有矸石	1. 保持可弯曲刮板输送机平直 2. 刮板链要松紧适当 3. 煤要装在溜槽中间 4. 弯曲的刮板及时更换，缺少的刮板及时补上 5. 如果煤中加有矸石或上坡输送时，可以加密刮板	发现刮板输送机飘链时，首先停止装煤，然后对可弯曲刮板输送机的中间部进行检查，如果不平，应将中间部垫起。放煤时如果冲力太大，可在放煤口的溜槽帮上垫一块木板或铺上一块搪瓷溜槽，这样可使煤经过木板或溜槽，以减少压力，并使煤落到溜槽中间
刮板底链出槽	电动机发出沉重的声响，刮板链运转速度逐渐变慢甚至停转。如果不是负荷过大，被煤埋住，就是底链出槽。边双链易发生这种事故	1. 可弯曲刮板输送机本身不平直，上凸下凹，弯曲变形 2. 溜槽严重磨损 3. 两条链条长短不一，造成刮板歪斜或因刮板过度弯曲时两条链条的链距缩短	1. 保持可弯曲刮板输送机平直，刮板链要松紧适当 2. 刮板歪斜、两条链条长短不同时要及时调整好 3. 如果溜槽严重磨损，甚至卷帮、断裂，就必须更换	1. 在生产班中发现底链出槽时，应将溜槽垫平，特别是调节溜槽，将溜槽里的煤清除干净，再将可弯曲刮板输送机开倒车，在一般情况下底链出槽段经过结尾处都能恢复正常 2. 如果溜槽严重磨损，甚至卷帮、断裂，就必须更换。更换溜槽一般在检修班进行
保险销切断	电动机仍然转动，但机头轴或刮板链不动	1. 压煤过多 2. 矸石、木棒及金属杂物被回空链带进底板，卡住刮板链，阻力过大	1. 启动可弯曲刮板输送机前要将刮板链调节好，使其松紧适度，装煤不要太多 2. 清除机头、机尾煤粉，若有矸石、木棒或其他杂物，也要及时清除	保险销切断后，剩余长度大于 20 mm 时，可继续使用，否则要换

续表

故障	故障现象	故障原因	故障预防措施	故障处理方法
保险销切断	电动机仍然转动，但机头轴或刮板链不动	3. 保险销磨损 4. 中部板磨损、卡住刮板等	3. 保险销要及时检查，发现磨损及时更换 4. 中部溜槽要搭接严密，若有坏槽要及时更换	保险销切断后，剩余长度大于 20 mm 时，可继续使用，否则要换
减速器过热、漏油和响声不正常	1. 发出油烟气味和“嘟噜嘟噜”的声响 2. 温度过高，摸时烫手 3. 外部和下部底板有漏油	1. 齿轮磨损过度，啮合不好，修理组装不当 2. 轴承损坏或窜轴 3. 油量过少或过多，油质不干净 4. 联轴器安装不正，地脚螺钉松动，超负荷运行	1. 坚持定期检修制度，经常检查齿轮和轴承磨损情况 2. 可打开减速器箱体检查孔，用木棒卡住齿轮并使其固定，再转动联轴节 3. 如果活动量过大，说明固定键活动或齿轮磨损。 4. 经常检查连接螺钉是否松动，要保持适当油位，联轴节间隙要合适	拧紧各处螺栓，补充润滑油，齿轮损坏时，可以连同轴承座一起更换，新更换的齿轮要调整好间隙

2. 可弯曲刮板输送机常见电气故障及处理

可弯曲刮板输送机常见电气故障及处理方法见表 1—4。

表 1—4　可弯曲刮板输送机常见电气故障及处理方法

故障现象	故障原因	故障处理方法
电动机过热	1. 启动过于频繁，启动电流大，熔丝选用过大 2. 频繁启动电动机 3. 超负荷运转时间过长 4. 电动机散热状况不好 5. 轴承缺油或损坏 6. 电动机输出轴连接不同心	1. 停止可弯曲刮板输送机运转，临时取下保险销，使电动机空转，靠风叶自行冷却 2. 减少启动次数，使各部位故障消除后再一次性启动 3. 减少负荷，缩短负荷运转时间 4. 检查电动机冷却水是否畅通，调整水压达到要求值，及时更换被打断的风叶，清除电动机上的浮煤和杂物 5. 给轴承加油或更换新轴承 6. 重新调整装配
电动机响声不正常	1. 单相运转 2. 负荷太重	1. 检查供电是否缺相，检查各部接线是否正确，有无断开，检查三相电流是否平衡，检查三相电流是否大于额定电流 2. 检查电动机轴承是否损坏，转子与定子是否干涉，如因偏帮、冒顶使刮板输送机负荷过大，应人工清除后再运行
电动机不能启动	1. 供电电压太低 2. 负荷太大 3. 电站容量不足，启动电压降太大 4. 机头、机尾电动机间的延时太长，造成单机拖动 5. 开关工作不正常 6. 回采工作面不直 7. 运行部件有严重卡阻 8. 电动机本身故障	1. 提高供电电压 2. 减轻负荷 3. 加大电站容量 4. 检修调试开关 5. 缩短延时时间 6. 调整、修平工作面，使其尽量平直 7. 检查排除卡阻部件 8. 检查绝缘电阻、三相电流、轴承是否正常

续表

故障现象	故 障 原 因	故障处理方法
熔断器熔丝烧断	1. 压煤过多，负荷过大，连续强制启动 2. 电磁起动器、电动机、电缆因严重潮湿导致漏电或短路 3. 熔丝容量选择过小 4. 线头、熔丝的两端螺钉或夹子松动，电磁起动器内部接触器接触不良，刮消弧罩	1. 清理压煤，事故原因不明时，禁止连续启动 2. 处理电气设备潮湿和漏电 3. 换上合格的备用熔丝（片） 4. 处理线头、熔丝的两端螺钉或夹子松动，电磁起动器内部接触器接触不良，刮消弧罩

三、可弯曲刮板输送机相关事故案例分析

1. 违章跨越可弯曲刮板输送机受伤事故案例分析

（1）事故经过

2003 年 8 月 15 日，某矿综采队某工作面夜班，工作面正常生产，采煤机在机头向机尾行驶，端头支护工张某从工作面轨中巷到工作面找高压管子，因可弯曲刮板输送机距机尾间隙较小，张某直接从可弯曲刮板输送机上跨越，就在张某把脚踏在输送机上时，他没有注意到机尾的刮板已经出槽，随即被出槽的刮板刮倒，接着被带着向机头移动。支架操作工钱某及时向采煤机司机发出停机信号，待张某被救出时已经奄奄一息。跟班副队长迅速组织人员抢救，经送医院抢救，张某虽然保住了一条命，却造成下肢截瘫的重伤事故。

（2）事故原因

1）端头支护工张某违章在可弯曲刮板输送机运行时直接跨越输送机，是造成此起事故的直接原因。

2）综采队没有按照规程的设计在机尾设置人行过桥，致使张某在跨越可弯曲刮板输送机时被刮倒，负有管理的责任，也是此起事故的主要责任方。

（3）防范措施

1）工作面端头安全出口的行人宽度及高度必须符合规程及措施要求，当工作面没有行人出口时，必须加设行人过桥或采取其他措施保证出口畅通。在没有行人过桥的地点通过运输设备时必须坚持停机行人制度，严禁人员跨越运行中的运输设备。

2）加强设备的检修与维护管理，及时更换刮板输送机的刮板及溜槽，防止刮板输送机溜槽内飘链。移动刮板输送机时，要严格按照要求，顺直刮板输送机各部分，杜绝操作不当造成刮板输送机溜槽内飘链等事故。

3）对全体职工进行岗位操作技能培训，奖优罚劣，不合格者停班学习，狠抓落实，从根本上提高职工对安全隐患的防范能力。

4）组织职工重新学习“三大规程”及安全技术措施，并结合此事故，深刻反思，开展警示教育。

5）进一步明确和落实各级安全生产责任制，强化关键工序和重点隐患的双重预警，并加强特殊作业人员的安全管理。

2. 刮板输送机机头与机尾搭接不符合质量标准事故案例分析

（1）事故经过

1986年8月2日零点班，某矿采煤五队工人王某负责维护并兼工作面可弯曲刮板输送机司机。0时10分，王某启动工作面可弯曲刮板输送机，发现工作面机头与运输机机尾相刮，就及时停气并进行处理，处理好后重新开气。运输机与工作面可弯曲刮板输送机都开动后，王某把身体探进只有400 mm宽的减速器与支柱间，垫联轴器罩子。此时，运输机尾大板跳出，刮掉机尾可弯曲刮板输送机右侧一块400 mm×50 mm的檐板。随后又将机头刮走600 mm。倾斜的机头撞倒缺口前排3根支柱，并将在该处的王某头部挤在第2根支柱上。接班司机发现可弯曲刮板输送机卡劲，便停气。王某被救出升井后经抢救无效死亡。

（2）事故原因

1）安全管理不严格，四点班在移完可弯曲刮板输送机后，机头与机尾搭接不符合质量标准。

2）王某安全意识不强，在未停气的情况下到狭窄处进行处理，是这起事故的直接原因。

3）跟班干部不负责任，接班后不对整个采场情况进行检查，对隐患没进行认真处理。

（3）防范措施

1）电工和钳工检查、处理机械、电气故障时，必须停电作业，并且要挂停电牌，有人监护。

2）输送机司机要在距机头1 m侧方向的地点操作压扣，注意观察工作地点的帮、顶、支护情况，确保安全。

3）输送机机头、机尾必须固定牢固。

4）跟班领导必须进行班前检查，对发现的问题必须妥善处理。

5）要加强职工的思想教育和安全技能培训。

技能训练1 SGZ800/800型前后部刮板输送机安装、调试和故障处理

一、技能训练要求

1. 认识刮板输送机的结构特征和技术参数。
2. 熟悉刮板输送机的传动系统及组成的相互关系。
3. 掌握刮板输送机安装、拆卸步骤。
4. 正确进行刮板输送机的试运转。
5. 根据故障现象进行故障处理操作。

6. 根据定期维护内容进行定期维护操作。

二、技能训练内容

以 SGZ800/800 型前后部刮板输送机为例（也可根据情况选用其他刮板输送机）。

1. 认识 SGZ800/800 型前后部刮板输送机的传动系统及组成

（1）传动系统

双速电动机通过电动机联轴盘、弹性块、连接盘、定位轴套将动力传递给减速器第一轴，再由减速器输出轴传递给链轮，链轮驱动封闭的刮板链按需要的方向运行，从而完成输送煤炭的任务。

（2）组成

前部刮板输送机（参观实物）主要由机头传动部、机尾传动部、中部槽、开天窗槽、电缆槽、刮板链、销轨、机头推移部、机尾推移部、阻链器、液压控制系统及工具等组成。

后部刮板输送机（参观实物）主要由机头传动部、机尾传动部、中部槽、开天窗槽、刮板链、机头推移部、机尾推移部、阻链器、液压控制系统及工具等组成。

后部刮板输送机与前部刮板输送机的结构基本一样，就是少了挡煤板和电缆槽。它是为输送放顶煤而专门设置的，它在已有的刮板输送机基础上增设了矿工钢护栏和钢板托煤板，而后刮板输送机用于采区支架外部输送放顶煤。护栏能挡住放顶煤中的大块煤，使大块煤压不住刮板输送机，从而提高瞬时输送能力；托煤板能托住过多的放顶煤，使煤不遗留在采空区内，从而使顶煤回采率达 95%以上，减少资源浪费。

（3）学习要求

学生现场学习，教师在设备前一边讲解，一边指点零部件位置和传动过程。

2. 熟悉 SGZ800/800 型前后部刮板输送机的结构

（1）机头传动部

机头传动部主要由机头架、链轮组件、舌板、拨链器和传动装置（包括减速器、连接罩、电动机、连接盘、弹性块、定位轴套、电动机、液压张紧装置）等零部件组成，见表 1—5。

（2）机尾传动部

机尾传动部的结构与机头传动部基本相同，不同之处是增加了导向体和回煤罩等部件，见表 1—6。

（3）溜槽

溜槽包括中部槽、开天窗槽、变线槽和电缆槽，见表 1—7。

（4）紧链装置和阻链器

紧链装置和阻链器见表 1—8。

（5）刮板链和调节链

刮板链和调节链见表 1—9。

表 1—5　　机头传动部

名称	作　用	图　例
机头架	用来安装、支撑传动装置、链轮、舌板、拨链器等部件的架体，两侧均可安装减速器，机头架安装在推移部上，传动装置安装在采空侧	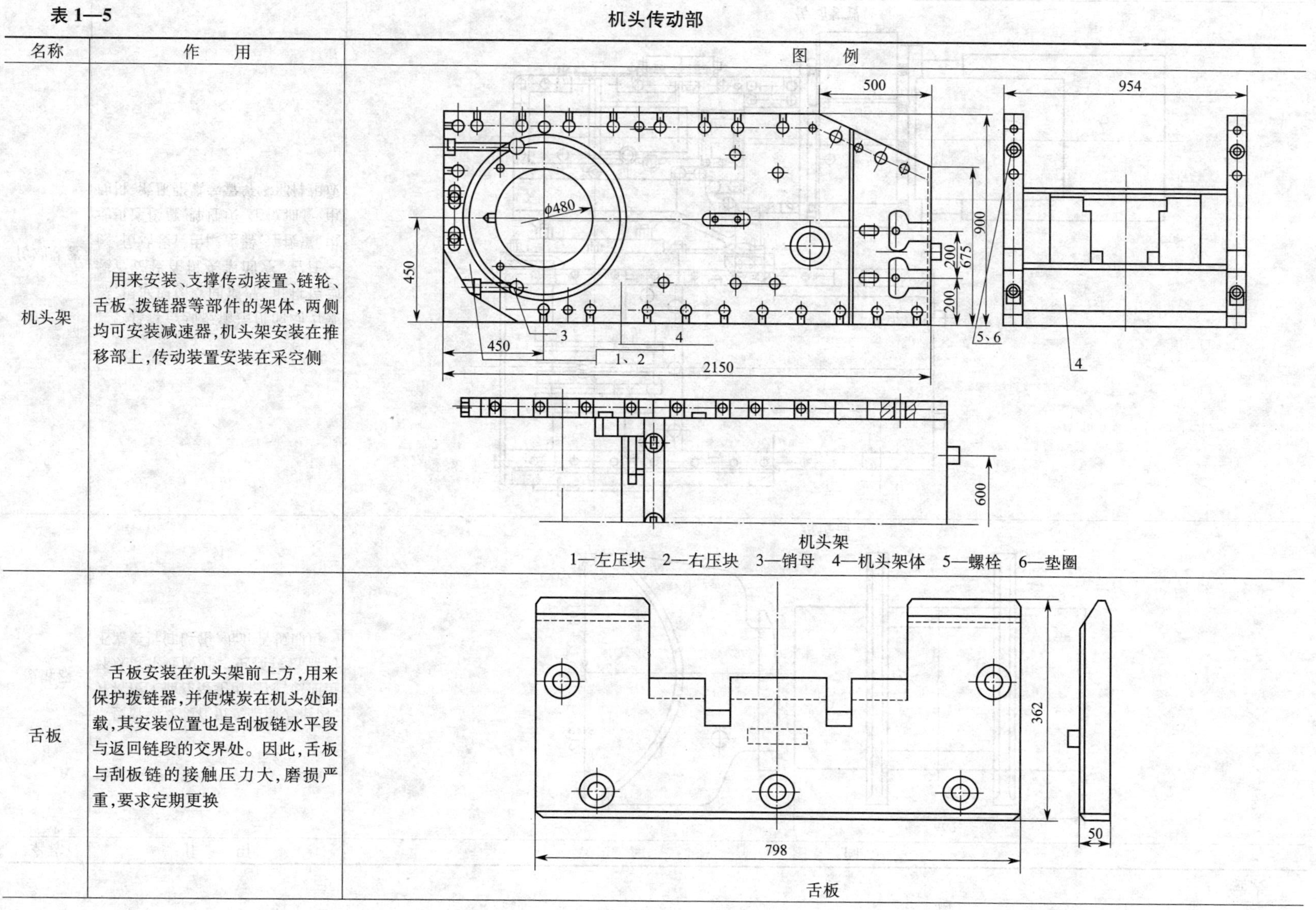 机头架 1—左压块　2—右压块　3—销母　4—机头架体　5—螺栓　6—垫圈
舌板	舌板安装在机头架前上方，用来保护拨链器，并使煤炭在机头处卸载，其安装位置也是刮板链水平段与返回链段的交界处。因此，舌板与刮板链的接触压力大，磨损严重，要求定期更换	舌板

续表

名称	作用	图例
拨链器	拨链器安装在机头架前方槽内，并将拨叉插在链轮齿槽内，以便链环从链轮处脱开。更换拨链器时不需要拆卸链轮，拆卸舌板即可	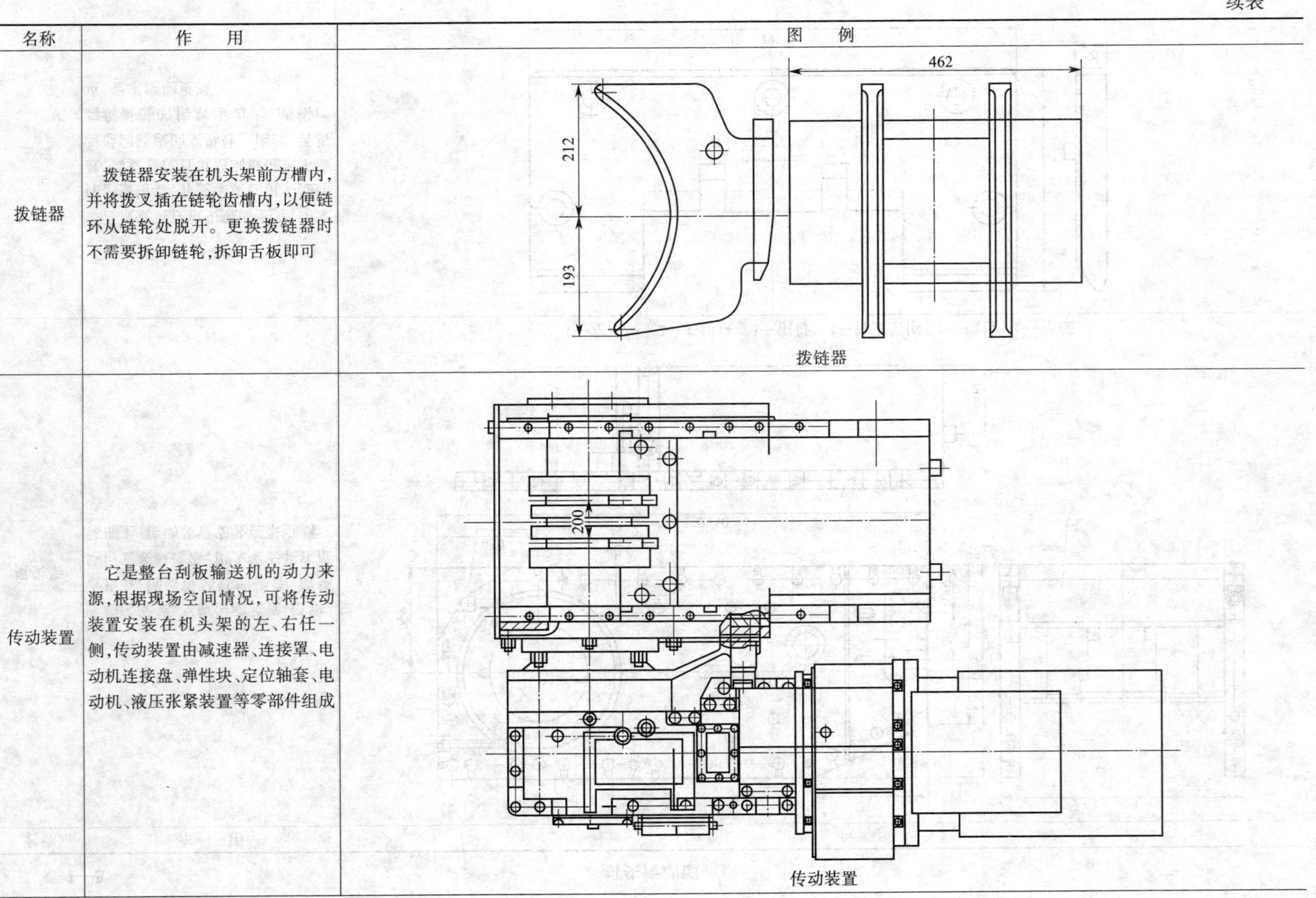 拨链器
传动装置	它是整台刮板输送机的动力来源，根据现场空间情况，可将传动装置安装在机头架的左、右任一侧，传动装置由减速器、连接罩、电动机连接盘、弹性块、定位轴套、电动机、液压张紧装置等零部件组成	传动装置

续表

名称	作用	图例
链轮组件	链轮组件装在机头传动部的机头架上，主要由轴承盖、轴承座、滚筒、链轮体、轴、浮动密封、滚动轴承等组成。链轮为锻造的七齿链轮，由加工中心机床加工成型，齿面淬火处理。动力由减速器输入，经链轮轴传递到链轮，从而使链轮带动刮板运行。链轮轴两端各有一套双列向心球面短圆柱滚子轴承，采用稀油润滑、浮动密封、远程注油方式，润滑油为 N460 齿轮油，注满油箱为止 轴承座在机头架上的固定由压块来实现，不拆传动装置即可整体拆卸链轮组件，便于检修维护。链轮组件运行 6 个月后，调转 180°后安装，以便使链轮齿的两侧面均匀磨损	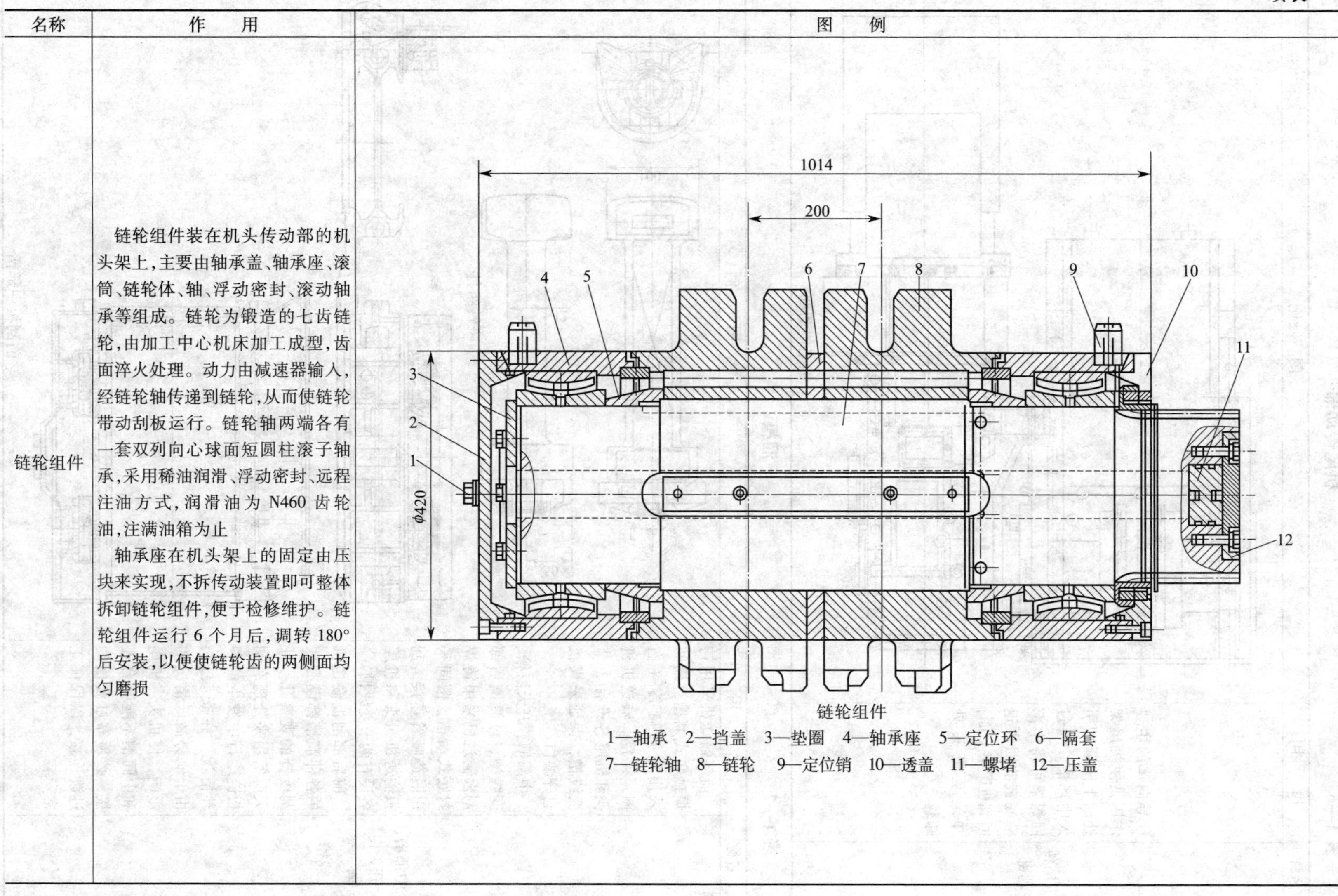 链轮组件 1—轴承 2—挡盖 3—垫圈 4—轴承座 5—定位环 6—隔套 7—链轮轴 8—链轮 9—定位销 10—透盖 11—螺堵 12—压盖

表 1—6 **机尾传动部**

名称	作　用	图　例
机尾传动部	导向体的主要作用是使机尾架处的上链顺利引入中部槽。通过回煤罩可将中部槽底链的回煤返回到机尾架上面，并运至机头处卸载	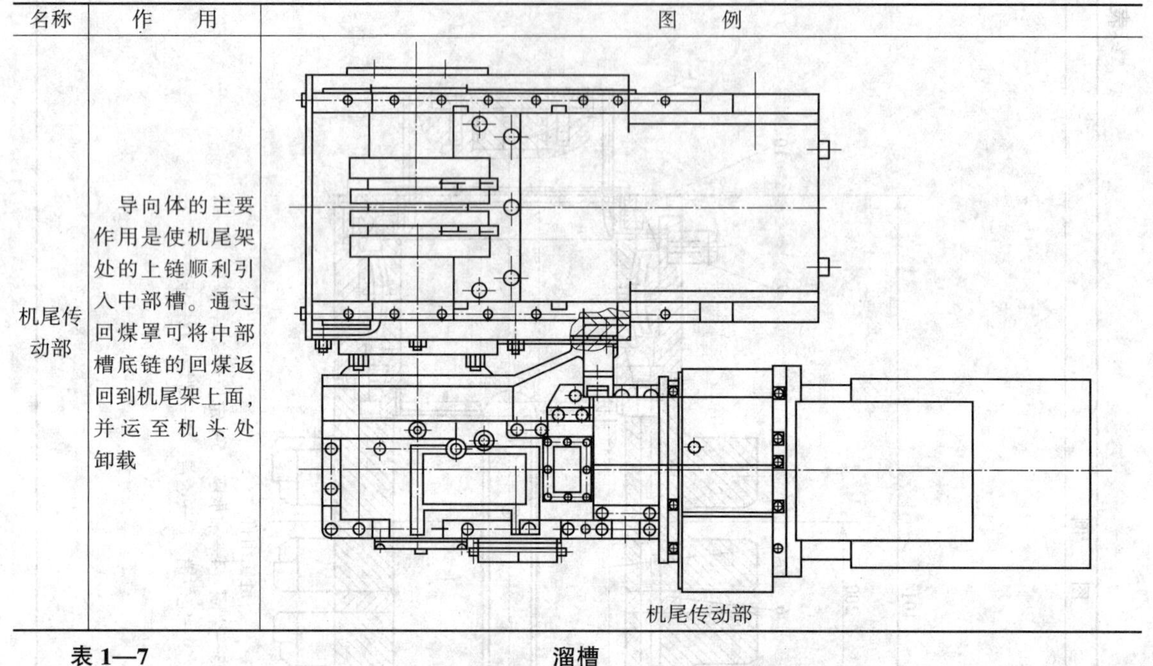 机尾传动部

表 1—7 **溜槽**

名称	作　用	图　例
中部槽、开天窗槽、变线槽	前部输送机采用铸焊封底式溜槽，槽间采用锻造哑铃（右图）连接。输送机机头和机尾各设有 3 节变线槽，保证采煤机自开缺口 中部槽、开天窗槽、变线槽、过渡槽后部刮板输送机采用铸焊封底式溜槽，槽间采用锻造哑铃连接。刮板输送机机头和机尾各设有两节变线槽 前后部刮板输送机的各种溜槽都设有底刮板链的观察孔。开天窗槽用来处理底刮板链运行中发生的各种情况。在安装时，由于地势高低情况的影响，使机头、机尾和中间槽不能吻合连接，必须靠过渡槽的过渡连接，以保证正常安装	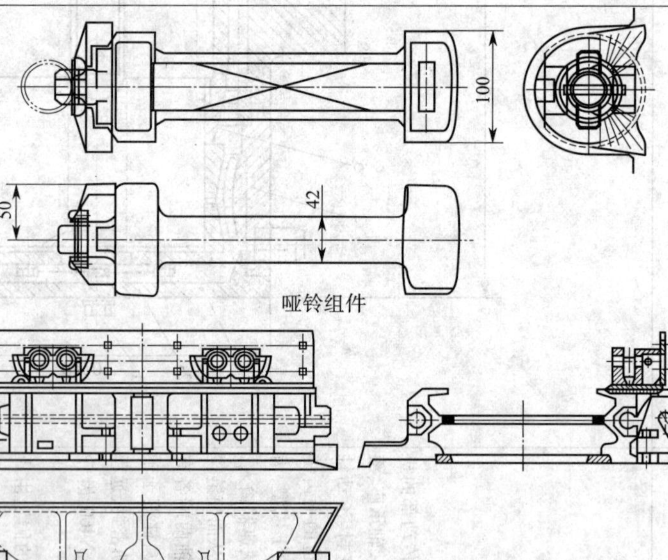 100　50　42 哑铃组件 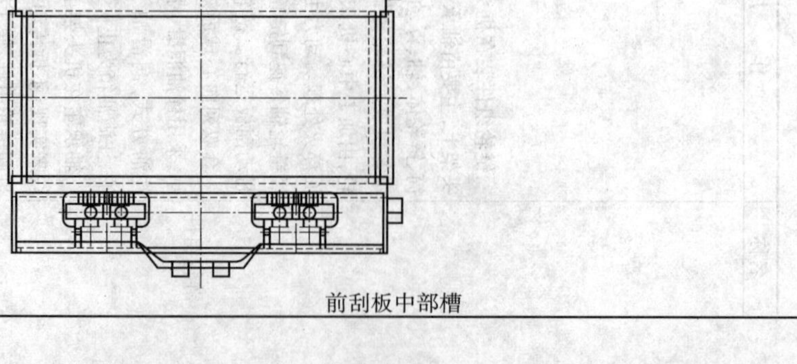 前刮板中部槽

续表

名称	作　用	图　例
中部槽、开天窗槽、变线槽		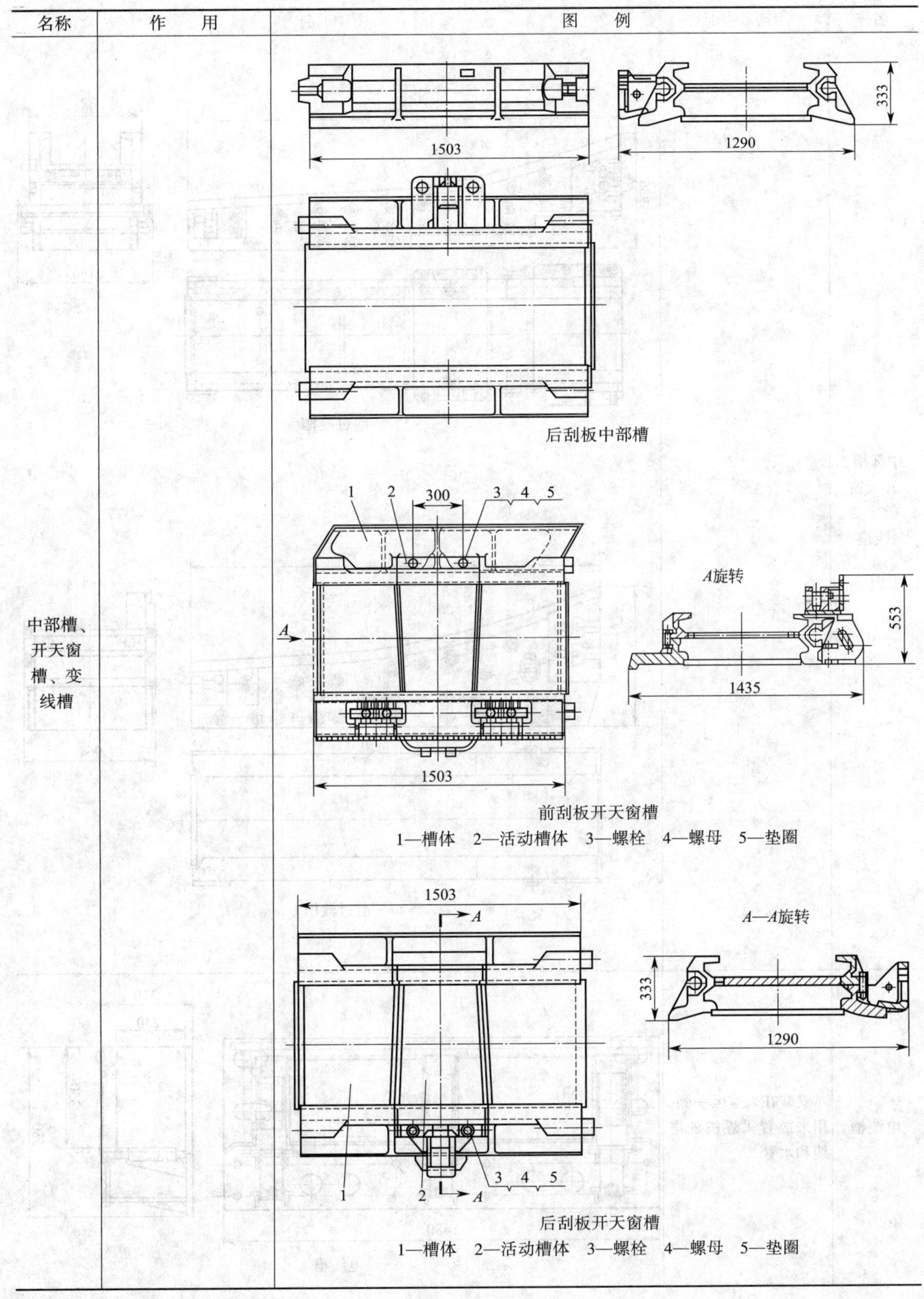后刮板中部槽 前刮板开天窗槽 1—槽体　2—活动槽体　3—螺栓　4—螺母　5—垫圈 后刮板开天窗槽 1—槽体　2—活动槽体　3—螺栓　4—螺母　5—垫圈

续表

名称	作　用	图　例
中部槽、开天窗槽、变线槽		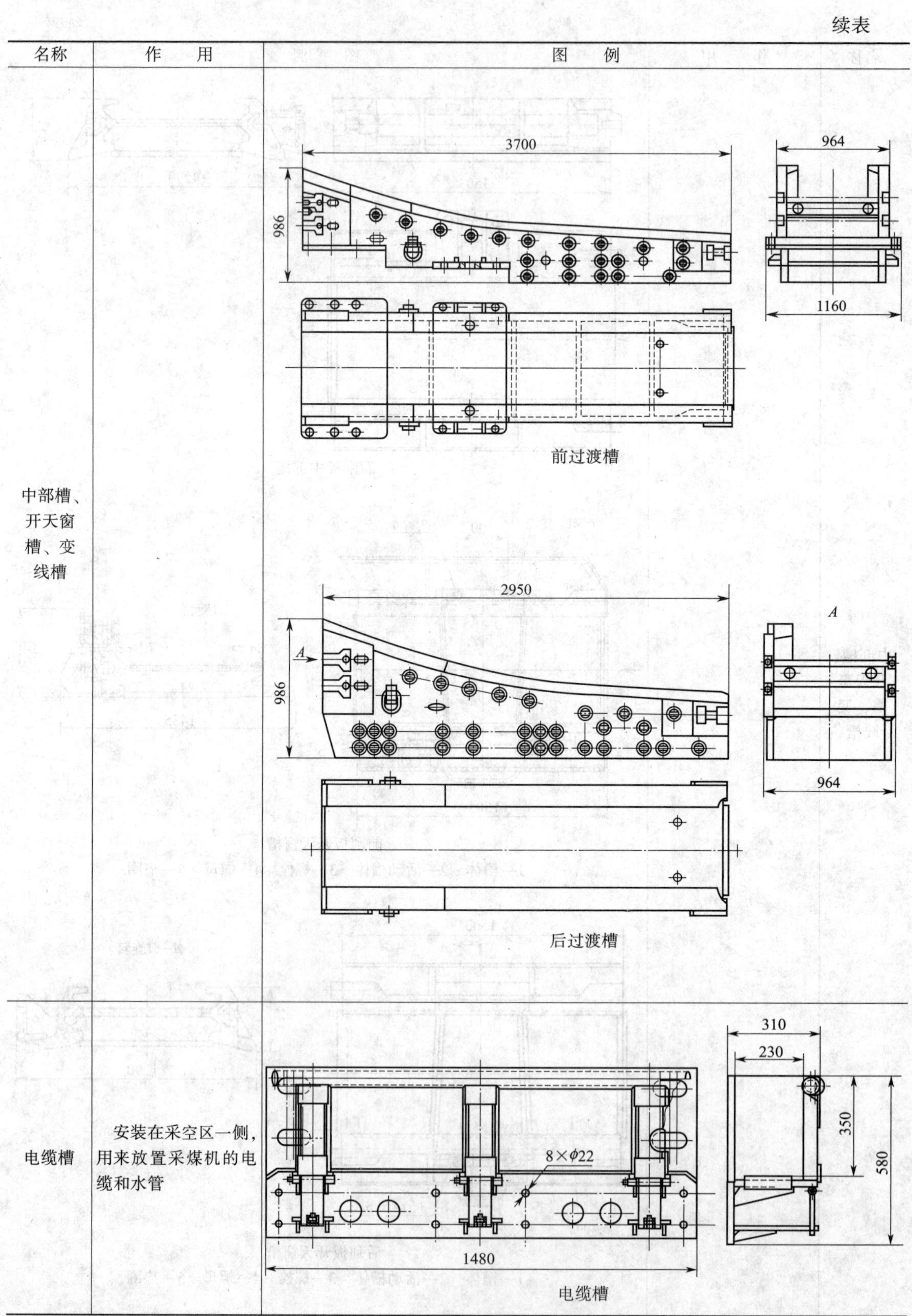 前过渡槽 后过渡槽
电缆槽	安装在采空区一侧，用来放置采煤机的电缆和水管	电缆槽

表 1—8　紧链装置和阻链器

名称	作　用	图　例
紧链装置	紧链装置在传动装置中整体安装，是用来调整刮板输送机刮板链的预紧力的。刮板链的张紧力大小必须适中。张紧力过小，会导致在机头链轮轴下的链条松弛而掉链，链条和刮板与链轮接合不紧而跳链，最终引起刮板跳出（尤其在机头）和链环扭结；张紧力过大，会导致链条、链轮、刮板和刮板输送机加速磨损，并且驱动刮板输送机的功率损耗增大	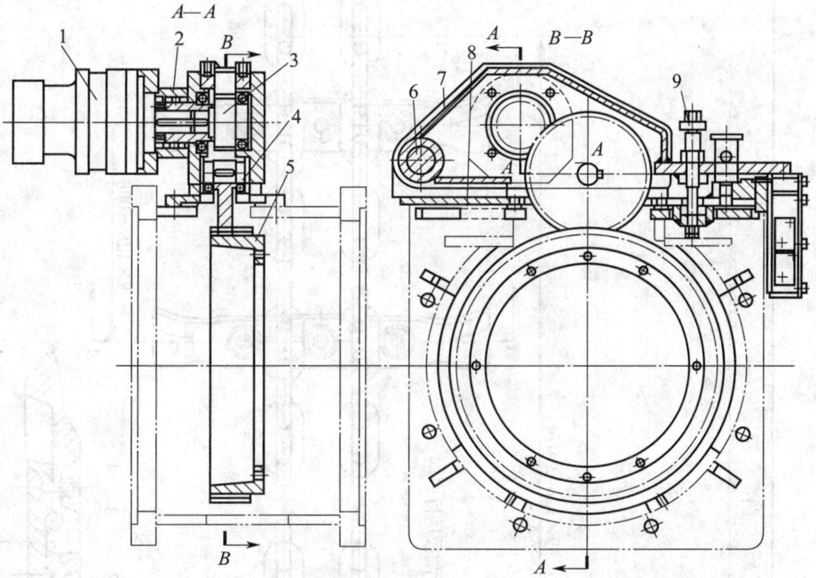 A—A　B—B　紧链装置 1—液压马达　2—马达安装组件　3—输入齿轮组件　4—惰轮组件　5—输出齿轮　6—回转销轴组件　7—回转机架　8—机架安装座　9—操纵杆
阻链器	紧链时，将阻链器安装在过渡槽上，从而起阻链作用。其工作原理是：将阻链器底面圆柱销楔入过渡槽中板的阻链销孔中，并将阻链器两翼转入过渡槽上翼板下面。当阻链器在机头处时，刮板链在液压马达的作用下反向运行，刮板链平环被卡住，从而起到固定刮板链的作用。当刮板正向运行时，被卡刮板链从被夹持位置脱开，转动阻链器两翼将阻链器取出。当阻链器在机尾处时，刮板链的运行方向正好相反	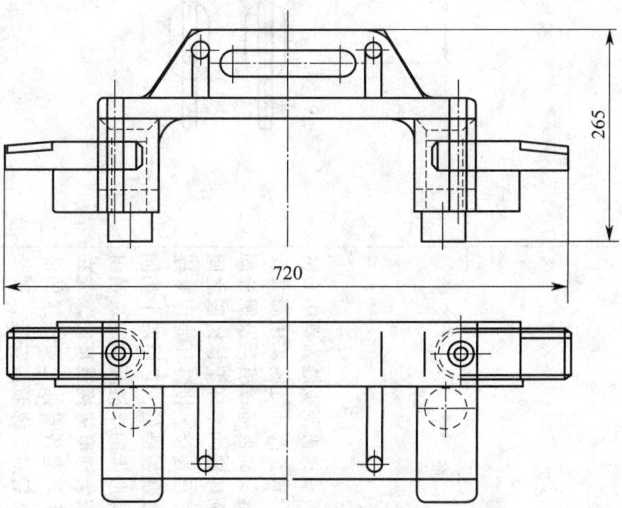 265　720 阻链器

表 1—9　　刮板链和调节链

名称	作　用	图　例
刮板链	刮板输送机刮板链为双中心链结构形式。圆环链属矿用高强度圆环链，刮板通过横梁及螺栓固定在圆环链的平环上，链段之间用接链环连接。接链环是用来连接各段刮板链的，它由两个相同的带梯形齿的半链环和定位销组成。安装梯形齿接链环时，先在两个半环上各自挂上要连接的链段，然后对准梯形齿安装，再装上定位销，最后将弹性销安装到位。拆卸时，将弹性销及定位销冲出即可拆开	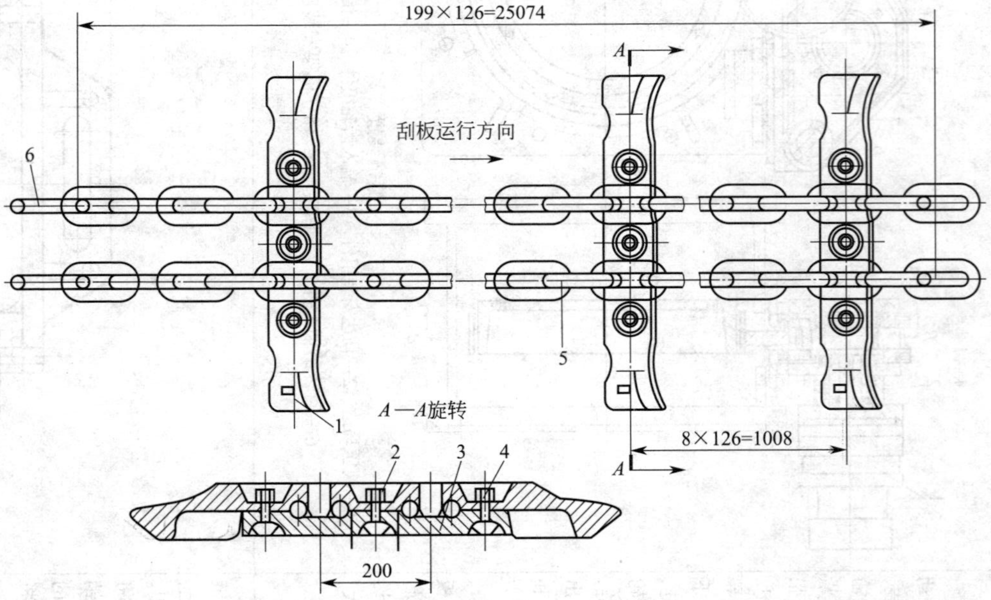199×126=25074 刮板运行方向 A A A—A旋转 8×126=1008 200 1 2 3 4 5 6 刮板链 1—刮板　2—螺栓　3—横梁　4—螺母 5—圆环链　6—梯形齿接链环

续表

名称	作　用	图　例
调节链	调节链是用来调节刮板链长度的，以适应输送机长度的变化，调节链的结构形式与刮板链完全相同	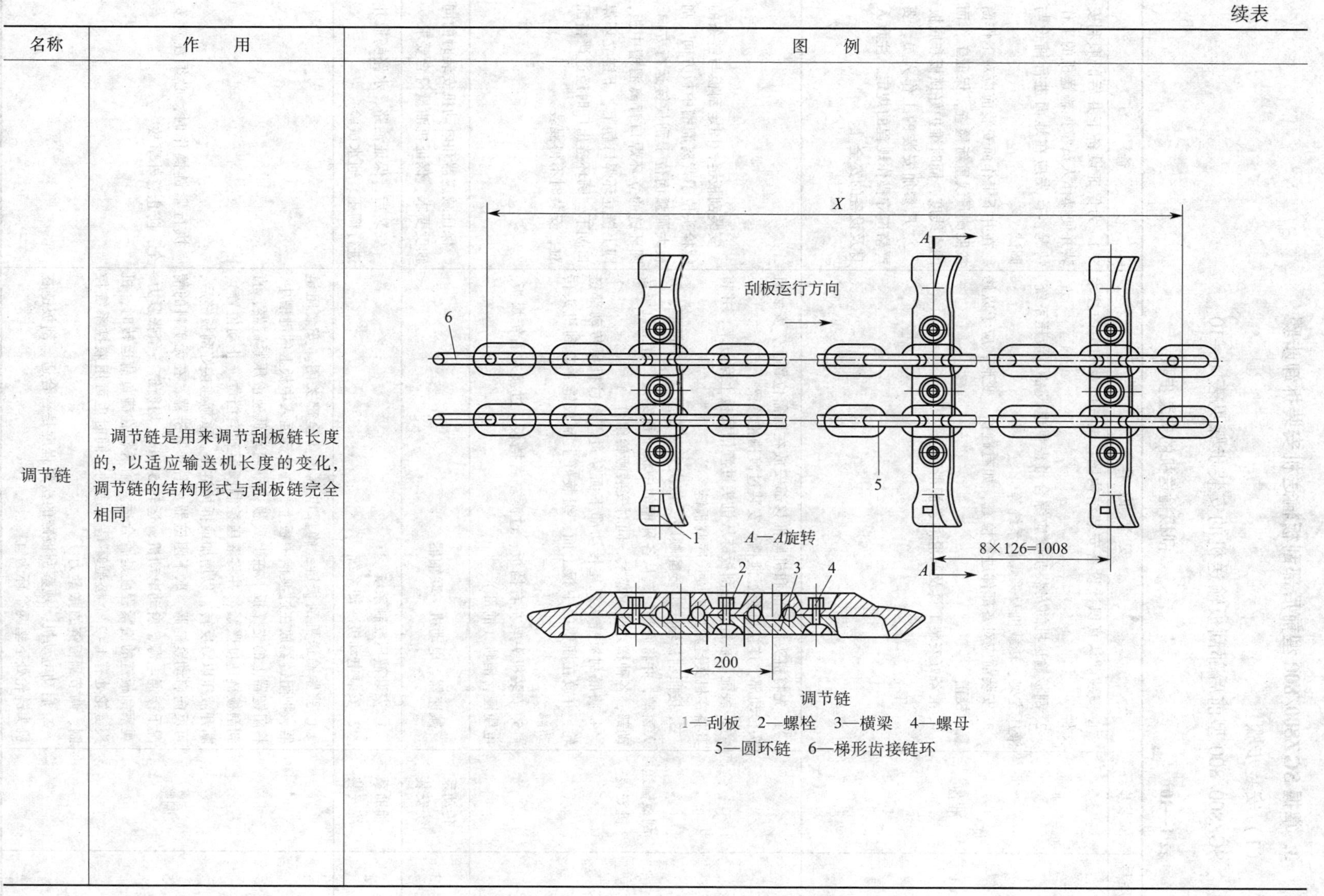 调节链 1—刮板　2—螺栓　3—横梁　4—螺母 5—圆环链　6—梯形齿接链环

3. 掌握 SGZ800/800 型前后部刮板输送机安装拆卸步骤

(1) 安装步骤

SGZ800/800 型前后部刮板输送机的安装步骤见表 1—10。

表 1—10　刮板输送机的安装步骤

序号	安装步骤	安装内容	备注
1	准备	1. 安装前认真识读设备安装结构图、电气图及相关的技术文件 2. 刮板输送机的安装步骤应综合考虑供电设备、液压系统、液压支架、转载机及采煤机系统等 3. 安装前应对各部件进行检查，如有碰伤、变形，应予以修复、校正 4. 准备好安装工具及润滑油、润滑脂	1. 为保证设备下井后的顺利安装并使操作人员掌握输送机的工作情况，首先应在地面进行铺设与调试 在井下工作面安装前应对工作面按照测量线重新检查，保证工作面的直线度，同时维护好顶板和底板 2. 凡参加安装的工作人员，要严格遵守操作规程的规定，注意人身及设备的安全
2	刮板输送机安装	1. 先将机头推移部和机尾推移部安放在所需位置上，安装机头传动部，连接机头过渡槽，安装过渡槽推移梁 2. 装配刮板链，将刮板链从机头过渡槽底板上穿过来，并将其搭在机头链轮上，接长底刮板链 3. 按照刮板输送机装配顺序，依次安装变线槽、中部槽、开天窗槽，并将底刮板链从各种槽的中板下面穿过，直至机尾传动部，各种槽之间应靠紧，同时安装哑铃组件 4. 将底刮板链从机尾传动部下面穿过，绕过机尾传动部链轮，并放在溜槽的中板上面，组装好上刮板链并直到机头传动部 5. 安装机头架左右挡板、过渡左右挡板、过渡左右铲煤板、电缆槽、销轨（前部）	安装刮板链，固定刮板与链条的螺栓头位于背离溜槽中板方向，刮板大圆弧面位于刮板链运行方向。圆环链的立环焊口背离溜槽中板，即上链立环焊口朝上，下链立环焊口朝下。圆环链出厂时经过严格配对，安装时不得混装
3	传动系统安装	减速器、电动机、联轴器	保证减速器和电动机安装时的同轴度要求，保证机油量符合要求
4	辅助系统安装	1. 安装液压控制系统 2. 安装电动机冷却系统	安装后，保证油路、水路畅通并进行调压、通水试验
5	调整	1. 张紧输送机刮板链，确保电气设备全部关闭。安装阻链器，把阻链器放在过渡槽中板上，并使键插入中板上的键槽中，将阻链器上的支撑板卡在上翼板内。启动低速液压紧链器，直到刮板链适度张紧，并将液压控制阀扳到空挡位（止动位置），断开液压以防反转，以增加或拆掉链环。重新连接好刮板链后，可反向启动紧链器，取下阻链器。脱开紧链器，在无矿料的情况下接通电源，启动电动机，运转 5 min，均衡链条预张紧力。观察刮板链的松紧程度是否合适。输送机在满负荷运转时，机头链轮处有 1~2 个松弛环是合适的，同时也可用液控系统控制、调节刮板链的张紧力 2. 启动电动机，观察刮板链的松紧程度是否合适，刮板链在机头链轮处下垂两个环为宜	执行紧链操作时，必须注意安全，防止意外事故

◎ 知识拓展

链轮组装要求

1. 链轮组装应将各部件清洗干净，组装时花键面涂锂基润滑脂。

2. 组装后应保证相邻链轮链齿间错位不超过 1 mm。

3. 组装后链轮内注满 N460 中负荷工业齿轮油，注油压力为 50 kPa，并保证 24 h 不得漏油。

4. 外表面涂漆。

（2）拆卸步骤

1）刮板输送机的拆卸通常可按与安装相反的顺序进行。

2）所有外露的轴端、轴套、轴面槽、法兰止口、定位销、定位孔等部位，应防止生锈和损坏。

3）拆卸的零件如螺栓、螺母、夹板等应保管好，防止损坏或丢失。

4）拆下高压胶管后，胶管两端必须塞住。

4. 掌握刮板输送机的试运转及正常运转

（1）试运转

1）刮板输送机安装完成后，对其进行全面检查。

2）切断电源，确保刮板输送机不能启动，然后进行检查

①所有需要润滑的部件均已注入推荐量的正确品质的润滑油和润滑脂。

②传动部件都正确组装并安装在机架上。

③确保链轮和刮板链正确安装，刮板链与链轮齿正确啮合。

④所有的连接件安装到位且正确拧紧。

⑤所有的溜槽安装到位，溜槽间搭接平滑，槽间连接环及限位销安装到位。

⑥所有的刮板都在链道内，链条无缠结，轨道无阻塞。

⑦所有挡板及电缆槽安装到位。

⑧液压控制系统安装正确。

⑨电缆控制线路正确连接，无损坏。

⑩减速器及电动机的水冷系统正确安装。

3）接通刮板输送机电源，进行检查。

①确保信号系统及电气控制系统功能正常。

②点动电动机，确保机头、机尾传动部的电动机旋转方向协调一致。

③检查刮板输送机全长，保证无阻塞，所有现场人员都清楚意识到刮板输送机即将开始运转。

4）刮板输送机空载试运转

①在安装检查完成后，刮板输送机进行 0.5~1 h 的空载运转。

②减速器、电动机运转平稳，无异常声响，无异常温升。

③刮板链运行持续稳定，与链轮啮合顺利。

④刮板链张紧程度适中，刮板链在机头链轮处下垂两个环为宜，否则应重新紧链。

5）刮板输送机负载试运转

①正确卸煤到转载机上。

②减速器、电动机运转平稳，无异常声响，无异常温升。

③刮板链运行持续稳定，与链轮啮合顺利。

④刮板链张紧程度适中，刮板链在机头链轮处下垂两个环为宜，否则应重新紧链。

（2）正常运转

1）刮板输送机启动运转时，操作人员应严格遵守运转规程的要求，保证刮板输送机无故障运转。

2）启动顺序为转载机—刮板输送机—采煤机。

3）在工作过程中，要保持刮板输送机的两个直线段平行。

4）发现岩石或大块煤应及时处理。

5）刮板输送机停车前，必须先空转一段距离，使煤粉从中部槽链道中清除干净。

6）机头、机尾传动部处必须保持清洁，防止传动部件过热。

7）刮板输送机应避免无负荷运转，无正当理由时也不应反转。

8）刮板输送机水平弯曲角度不大于1°，垂直弯曲角度不大于3°。

9）移溜时要在距采煤机后滚筒 15 m 外进行，移溜过程必须平稳，逐渐推进，弯曲段必须大于 15 m。

5. 熟练掌握刮板输送机常见故障及处理方法

刮板输送机常见故障及处理方法见表 1—11。

表 1—11　　刮板输送机常见故障及处理方法

故障	原　因	处理方法
电动机不启动或启动后缓慢停止	1. 负荷过大 2. 电气线路损坏 3. 电压下降	1. 减轻负荷，将上槽煤去掉一部分 2. 检查电气线路，更换损坏零件 3. 根据下降原因采取相应措施
电动机及端部轴承部位发热	1. 超负荷运转时间太长 2. 电动机及端部轴承部位发热 3. 轴承缺油或损坏	1. 减轻负荷，缩短超负荷运行时间 2. 清除出电动机周围的浮煤及杂物 3. 注油，检查轴承是否损坏
电动机声音不正常	1. 单相运转 2. 接线头虚接	1. 检查单相运转原因 2. 检查接线
减速器声音不正常	1. 齿轮啮合不好 2. 轴承或齿轮过度磨损或损坏 3. 减速器内油中有金属等杂物 4. 第一轴轴承润滑不良 5. 轴承游隙过大	1. 检查调整齿轮啮合情况 2. 更换损坏和磨损的轴承或齿轮 3. 清除减速器内油中的金属等杂物 4. 检查第一轴轴承的润滑 5. 调整好轴承轴向游隙量
减速器油温过高	1. 润滑油不合格或不干净 2. 润滑油过多 3. 冷却不良，散热不好 4. 减速器周围被煤粉等杂物覆盖	1. 按规定更换新润滑油 2. 去掉多余润滑油 3. 检查冷却水管是否通冷却水 4. 清除减速器周围的煤粉等杂物

续表

故障	原因	处理方法
减速器漏油	1. 密封圈损坏 2. 减速器合口面不严 3. 各轴承盖螺栓拧得不紧	1. 更换密封圈 2. 拧紧箱体合口面 3. 拧紧轴承盖螺栓
链子卡在链轮上	舌板组件螺栓松动或丢失	拧紧螺栓或更换新的舌板组件
刮板链在链轮上跳牙或掉底链，剪断刮板与连接螺栓或断链	1. 圆环链缠结 2. 链轮过度磨损 3. 两条链长度超出规定的公差 4. 刮板链过度松弛 5. 刮板过度弯曲 6. 链条卡进异物	1. 接顺链条和接链环 2. 更换链轮 3. 更换超差的刮板链 4. 重新紧链 5. 更换刮板 6. 去除卡进的异物
刮板链掉道	1. 刮板链过度松弛 2. 刮板弯曲严重 3. 刮板输送机过度弯曲	1. 重新紧链 2. 更换新的刮板 3. 保证刮板输送机的直线度
刮板链振动大	1. 溜槽脱开 2. 溜槽搭接不平	1. 对接好溜槽 2. 调平接口
电缆与电缆槽刮卡	1. 连接螺栓松动 2. 电缆槽变形	1. 拧紧中部槽与电缆槽连接螺栓 2. 修整或更换变形的电缆槽

6. 掌握刮板输送机的正确维护内容

为了确保刮板输送机安全运行，必须定期检查、维护，更换刮板输送机损坏的零部件，对各润滑部位进行定期润滑。

（1）一般外部检查

一般外部检查见表1—12。

表1—12　　一般外部检查

序号	检查内容	备注
1	不拆卸设备、验证设备处于有效及安全工作状态，功能正常	
2	所有的零部件都完整无缺，没有过度磨损带来的缺陷	
3	无异常噪声、振动和发热，尤其是减速器和链轮组件中的轴承和齿轮 无从溜槽和机头尾架发出的异常声音	
4	无漏油或漏液	
5	灭火装置随手可及，并贴有提示	
6	设备保持清洁，无煤尘等聚集物	

（2）班检

除了一般外部检查，每班开始前应进行班检，见表1—13。有些检查可以在设备运转时进行，但要注意安全。

表1—13　　班检

序号	检查内容	方法
1	中部槽、舌板组件等有无损坏	目测
2	槽间连接，如果连接环损坏或丢失，应及时更换或补齐	目测

续表

序号	检查内容	方法
3	电缆槽是否错位，连接电缆槽的螺栓是否松动或损坏，发现后应及时拧紧或更换，保证与溜槽的正确连接	检查
4	输送机刮板链的链条、刮板、横梁、螺栓、接链环是否损坏或丢失，发现后应及时更换补齐，紧固螺栓、螺母如有松动应及时拧紧	目测
5	冷却水管、高压软管有无损坏，是否有漏液、漏油现象	检查
6	电动机、减速器冷却水是否畅通	检查
7	销轨、销轨与轨座连接的销轴是否损坏，发现后应及时更换	目测
8	电缆槽及电缆是否损坏	目测
9	机尾端是否有过多由底链带来的回煤，必要时查明原因。	检查

（3）日检

除进行班检的各项内容外，每日还应进行日检，见表1—14。

表1—14　日检

序号	检查内容	方法
1	链条张紧程度是否合适，如果机头链轮下面链条下垂超过两个环时，必须重新张紧链条	目测
2	链条是否能顺利通过链轮和拨链器	检查
3	各传动装置是否过热，是否有异常振动	检查
4	减速器和链轮有无漏油现象，油位是否正常	检查

◎ 知识拓展

刮板链维护

1. 当链条是新的时，每日检查链条张紧程度，链条每周应缩短多次。

2. 链条使用几周后，会停止快速延伸，但必须做每周检查。

3. 链条拉伸量必须每月监测，当伸长率达到2.5%时，应考虑更换链条。

4. 必须定期检查刮板链，确保及时替换丢失、损坏的零件，及时拧紧松动的刮板螺栓、螺母。

（4）周检

除进行日检的各项内容外，每周还应进行周检，见表1—15。

表1—15　周检

序号	检查内容	检查方法
1	从每个减速器提取油样检查油位	检查
2	链轮的啮合与磨损情况	检查
3	传动装置是否安全，有无损坏，松动的紧固件是否拧紧	检查
4	电动机接线端是否清洁，电缆、插销、插座是否完好	检查

（5）月检

除进行周检的各项内容外，每月还应进行月检，见表1—16。

表 1—16　　月检

序号	检查内容	检查方法
1	检查减速器及链轮的油位，必要时更换	检查更换
2	取输送机一段刮板链，共两条，测量其长度，检查伸长量是否一致。如果伸长量达到或超过原长度的 2.5%，则必须更换。每段刮板链组件由一对链条组成，在拆卸和更换链条时，必须成对更换	检查更换

（6）半年检

除进行月检的各项内容外，每半年还应进行半年检，见表 1—17。

表 1—17　　半年检

序号	检查内容	检查方法
1	清除减速器和链轮腔内的油，按要求加足新油	
2	打开减速器观察孔盖，目测检查齿轮和轴承有无损坏，必要时更换损坏零件	检查
3	检查电动机轴承等部位有无损坏	检查

◎ 知识拓展

工作面转移期间的检查

1. 检查机头尾架有无损坏，修理损坏的区域。
2. 评估链轮能否完成新工作面任务。
3. 更换新的舌板组件。
4. 评估溜槽的工作情况能否完成新工作面任务。
5. 检查减速器是否需要大修。

三、技能训练评价标准

技能训练评价标准见表 1—18。

表 1—18　　技能训练评价标准

姓名		班级		学号		成绩	
训练名称	SGZ800/800 型前后部刮板输送机安装、调试和故障处理				训练时间		
序号	训练要求			配分	训练结果		得分
1	认识 SGZ800/800 型前后部刮板输送机的结构			20			
2	掌握 SGZ800/800 型前后部刮板输送机的安装拆卸步骤			20			
3	掌握 SGZ800/800 型前后部刮板输送机的试运转及正常运转			20			
4	熟练掌握 SGZ800/800 型前后部刮板输送机的常见故障及处理方法			20			
5	掌握 SGZ800/800 型前后部刮板输送机的正确维护内容			20			
6	安全、文明操作				违者每次扣 2 分		
备注							

思考练习题

1. 刮板输送机有哪几种类型?
2. 刮板输送机的适应条件是什么?
3. 简述刮板输送机的工作原理。
4. 安装刮板输送机应注意哪些事项?
5. 如何预防断链事故的发生?
6. 如何预防电动机过热或烧坏事故的发生?
7. 如何防止刮板输送机发生伤人事故?

第二章

桥式转载机

学习目标

1. 了解桥式转载机各零部件的名称。
2. 掌握桥式转载机的型号及主要技术参数。
3. 掌握桥式转载机的完好标准和安全运行规定。
4. 能正确地安装、操作桥式转载机。
5. 能准确判断桥式转载机的常见故障及原因，并能正确处理。

桥式转载机（也可简称转载机）是一种特殊的刮板输送机，是综合机械化采煤工作面必不可少的设备之一。其结构与刮板输送机基本相同，只是在机头部多了支撑小车、爬坡段和悬拱段。桥式转载机安装在采煤工作面的下巷道中。它的作用是把工作面刮板输送机上的煤转运到工作面下巷的可伸缩带式输送机上，使装煤更方便。桥式转载机能随工作面的推进而整体纵向移动，减少了可伸缩带式输送机移动的次数，从而加快了综合机械化采煤工作面的采煤作业速度。

第一节　桥式转载机概述

一、桥式转载机的特点

桥式转载机实质上是一台在垂直平面上弯曲的刮板输送机，是综合机械化采煤工作面和高档普通机械化采煤工作面的转载设备。转载机敷设于机采工作面运输巷道端部，其机尾平贴底板，接受工作面刮板输送机输出的煤炭，其机头由一个支撑小车抬起，以提高卸载点，与可伸缩带式输送机的机尾搭接。

桥式转载机的主要功能有三个：一是改变煤流方向，桥式转载机与工作面刮板输送机垂直分布，使煤流按巷道方向外运；二是提高煤流的卸载点，使之与带式输送机机尾合理搭接；三是桥式转载机被支撑小车抬起形成钢桥，工作面推进时，桥式转载机随之前移，可不必频繁地缩短带式输送机的长度，从而提高了劳动生产率。

二、桥式转载机各部分的名称

桥式转载机由机头部、行走部、中间悬拱段、爬坡段、水平段和机尾组成。如图 2—1 所示是 SZB620/40 型桥式转载机的实物图，它的总体技术特征以及电动机和刮板链的参数见表 2—1、表 2—2 和表 2—3。

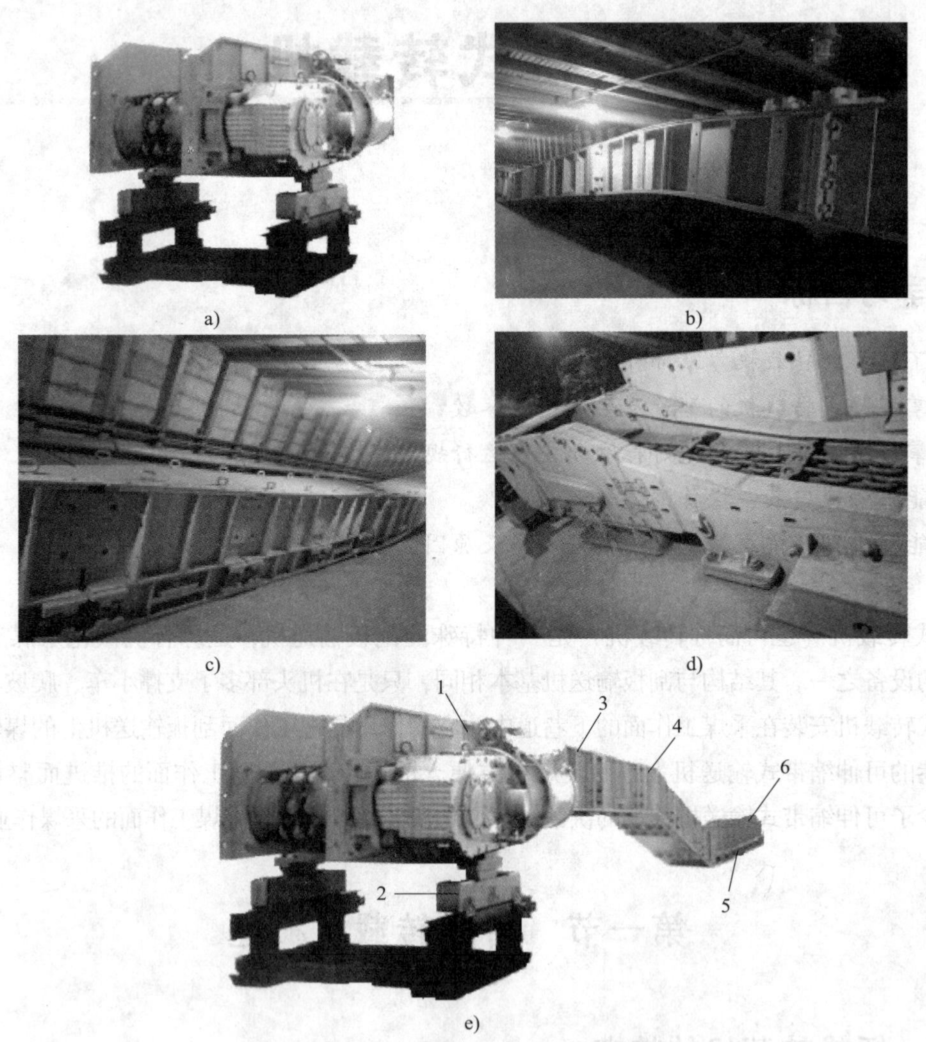

图 2—1　SZB620/40 型桥式转载机

a）机头　b）中间悬拱段、爬坡段　c）水平段　d）机尾　e）全貌

1—机头部　2—行走部　3—中间悬拱段　4—爬坡段　5—水平段　6—机尾

表 2—1　SZB620/40 型桥式转载机的技术特征

设计长度	总质量	输送量	中部槽规格	最大链速	最大爬坡角度
25 m	9.5 t	150 t/h	1 500 mm×620 mm×180 mm	0.854 m/s	10°

表 2—2　　SZB620/40 型桥式转载机电动机的参数

型号	功率	电压	转速
DSB-40	40 kW	660 V/380 V	1 470 r/min

表 2—3　　SZB620/40 型桥式转载机刮板链的参数

名称	规格	单链破断拉力	刮板间距
圆环链	18 mm×64 mm	≤343 kN	512 mm

三、桥式转载机的型号及主要技术参数

1. 桥式转载机的型号含义

桥式转载机的型号含义如下所示：

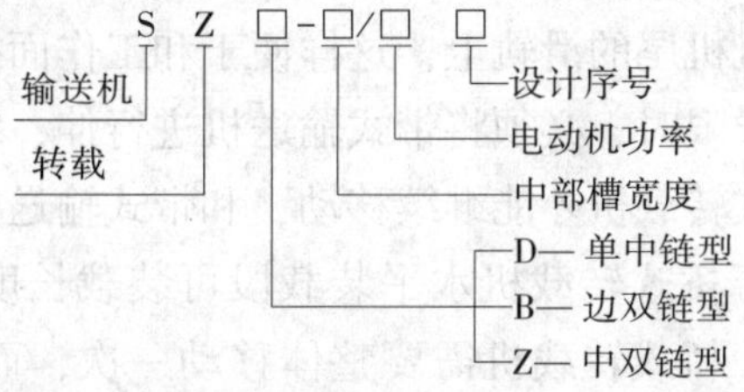

2. 桥式转载机的型号选择原则

桥式转载机可根据工作面的需要选用不同型号和功率的电动机。刮板链的型号要和刮板输送机所用型号相同,以便和刮板输送机的零件互换通用。此外,还要考虑桥式转载机和带式输送机的匹配问题。

3. 桥式转载机的机型与技术参数

桥式转载机的机型与技术参数见表 2—4。

表 2—4　　桥式转载机的机型与技术参数

型号	长度（m）	输送量（t/h）	最大链速（m/s）	电动机功率（kW）	中部槽内宽（mm）	中部槽结构		圆环链规格 $d\times t$（mm×mm）	刮板链类型
						轧制中部槽	整体焊接箱式		
SZB 730/40	25	400	0. 85	40	680	*		18×64	边双链
SZB 730/75	25	630	1. 3	75	680	*		18×64	边双链
SZD 730/75	30	630	1. 3	75	680	*		26×92	中单链
SZD 730/90	30	750	1. 3	90	680	*		26×92	中单链
SZZ 730/132	50	800	1. 3	132	680	*	*	26×92	中双链
SZZ 730/160	50	900	1. 3	160	680	*	*	26×92	中双链
SZB 764/132	50	800	1. 3	132	724	*	*	22×86	边双链
SZZ 764/132	50	800	1. 3	132	724	*	*	26×92	中双链
SZZ 764/160	50	900	1. 3	160	724	*	*	26×92	中双链
SZZ 764/200	50	1 000	1. 4	200	724		*	26×92	中双链
SZZ 830/200	50	1 500	1. 8	200	780		*	30×108	中双链

第二节　桥式转载机结构和工作原理

一、桥式转载机的结构

桥式转载机由机头部（包括传动装置、机头架、链轮组件和支撑小车）、机身部（包括标准槽、凹形溜槽和凸形溜槽）、机尾部（包括机尾架、机尾轴和压链板）、刮板链和挡煤板组成，如图 2—2 所示。实际上，桥式转载机是一台可以纵向整体行走的短距离重型刮板输送机，其机尾安放在工作面刮板输送机机头下巷道底板上，以方便接受从工作面内运出的煤。在机尾部的后面平铺一段后，用一个凹形溜槽逐渐将机身抬高，并用滑橇的移动架支撑。当抬到一定的高度后，再用一个凸溜槽使机身伸平出去，直到机头伸出形成一个桥式结构。机头安放在小车架上，小车骑在带式输送机机尾的滑轨上，这样便于和工作面推进同步进行，当桥式转载机和带式输送机搭接达到最大极限时，必须将带式输送机进行伸、缩，使桥式转载机与带式输送机搭接达到另一极限后，桥式转载机才能继续移动，和带式输送机配合工作。

当采煤工作面的进度等于桥式转载机水平装载段可装载长度（也就是桥式转载机与带式输送机搭接的最大距离）时，桥式转载机需要整体移动一次，而桥式转载机移动到极限位置时，可伸缩带式输送机需要伸缩一次。可伸缩带式输送机的不可伸缩部分（即固定段最小长度）为 50 m 左右。因此，当工作面运输距离小于 60 m 时，不能继续使用可伸缩带式输送机，这时，可将桥式转载机水平装载段接长，以单独完成工作面巷道的煤炭运输任务。

桥式转载机可根据工作面的需要选用不同型号和功率的电动机。刮板链型号要和刮板输送机型号相同，以便和刮板输送机的零件互换通用。

1. 机头部

机头部如图 2—3 所示，是桥式转载机的动力部分和卸煤部分，由导料槽、支撑小车、横梁、传动装置、机头架、链轮和盲轴等组成。

（1）导料槽

导料槽安装在桥式转载机的前面且骑在带式输送机机尾部机架两侧的工字钢轨道上，并通过左右两块连接耳板与桥式转载机机头小车车架前端的连接座相连。桥式转载机移动时，机头小车在轨道上行走，以配合工作。其作用是减轻物料对胶带的冲击，并防止胶带偏载而跑偏，从而保护胶带，有利于带式输送机的正常运行。

（2）机头行走部（支撑小车）

机头行走部是桥式转载机纵向行走的执行机构，它骑在带式输送机的尾部轨道上，并依靠推移机构的动力整体纵向前、后移动。不同型号的桥式转载机行走部有所不同，但基本组成是相同的，即由车架、横梁、底板、固定环、行走轮组成。如图 2—4 和图 2—5 所示是两种不同型号的桥式转载机机头行走部。

SZZ1100/200 型桥式转载机机头行走部底下两侧装有支撑液压缸，当桥式转载机桥部移动到极限，需要带式输送机伸缩时，可将其撑起，以方便带式输送机的伸缩移动。有的桥式转载机在爬坡段和悬空段之间也安装有行走小车，目的是防止悬空段因受力过大而变形，同时也方便移动。

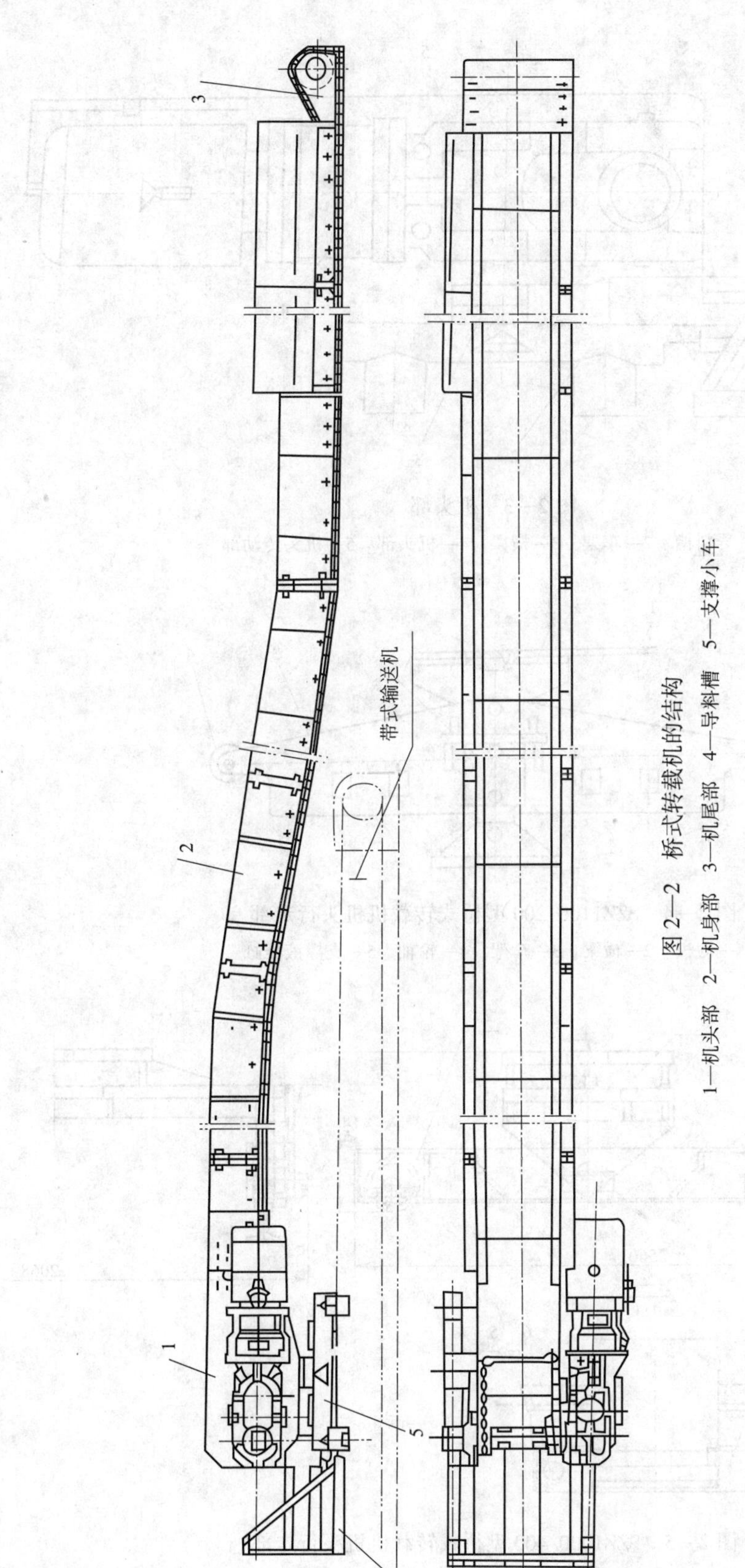

图 2—2 桥式转载机的结构

1—机头部 2—机身部 3—机尾部 4—导料槽 5—支撑小车

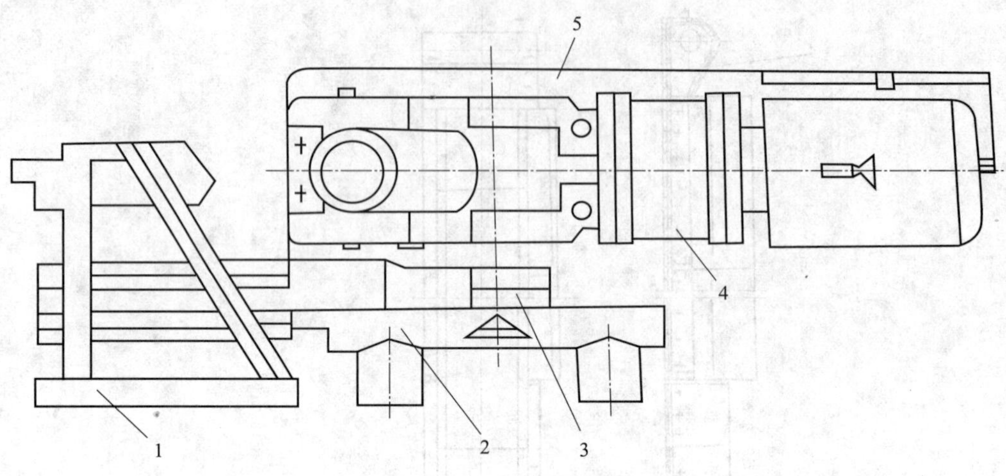

图 2—3 机头部

1—导料槽 2—车架 3—横梁 4—机头部 5—机头传动部

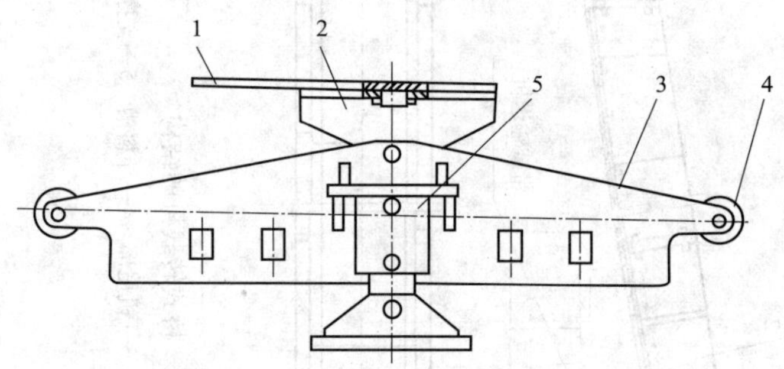

图 2—4 SZZ1100/200 型桥式转载机机头行走部

1—底板 2—横梁 3—车架 4—轮轴 5—支撑液压缸

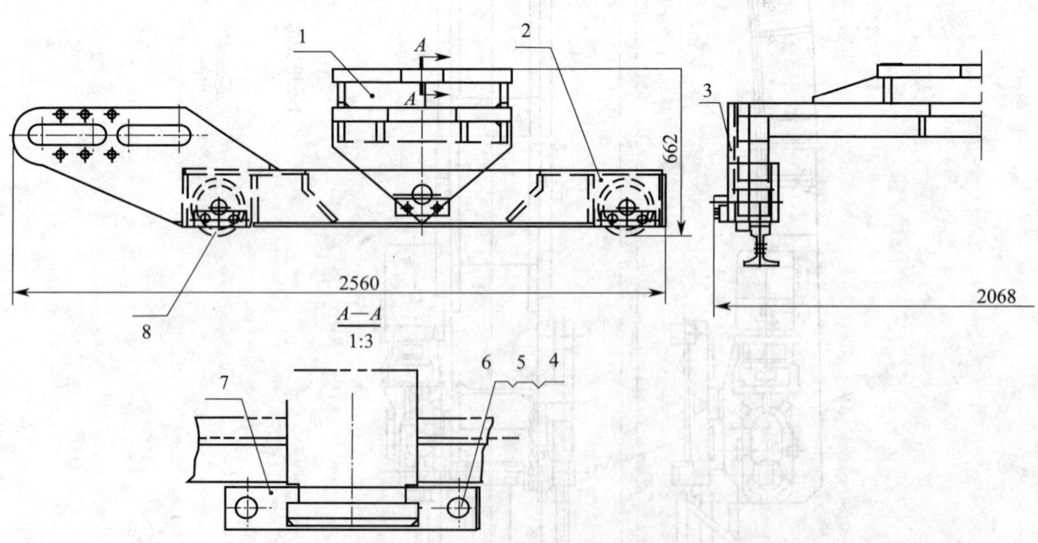

图 2—5 SZZ1000/400 型桥式转载机机头行走部

1—横梁 2—左车架 3—右车架 4—螺栓 5—螺母 6—垫圈 7—固定环 8—行走轮

（3）机头传动部

机头传动部是桥式转载机的动力部分，如图 2—6 所示，它由电动机、联轴器、减速器、机头主动链轮及盲轮构成。将机头主动链轮的主轴安置于转载槽的头部，传动部根据巷道的空间位置可设置在机头的左侧或右侧。动力的大小、刮板链的形式根据工作面的生产能力选择。

1）减速器。和其他减速器一样，桥式转载机减速器也是改变电动机转速和转矩的装

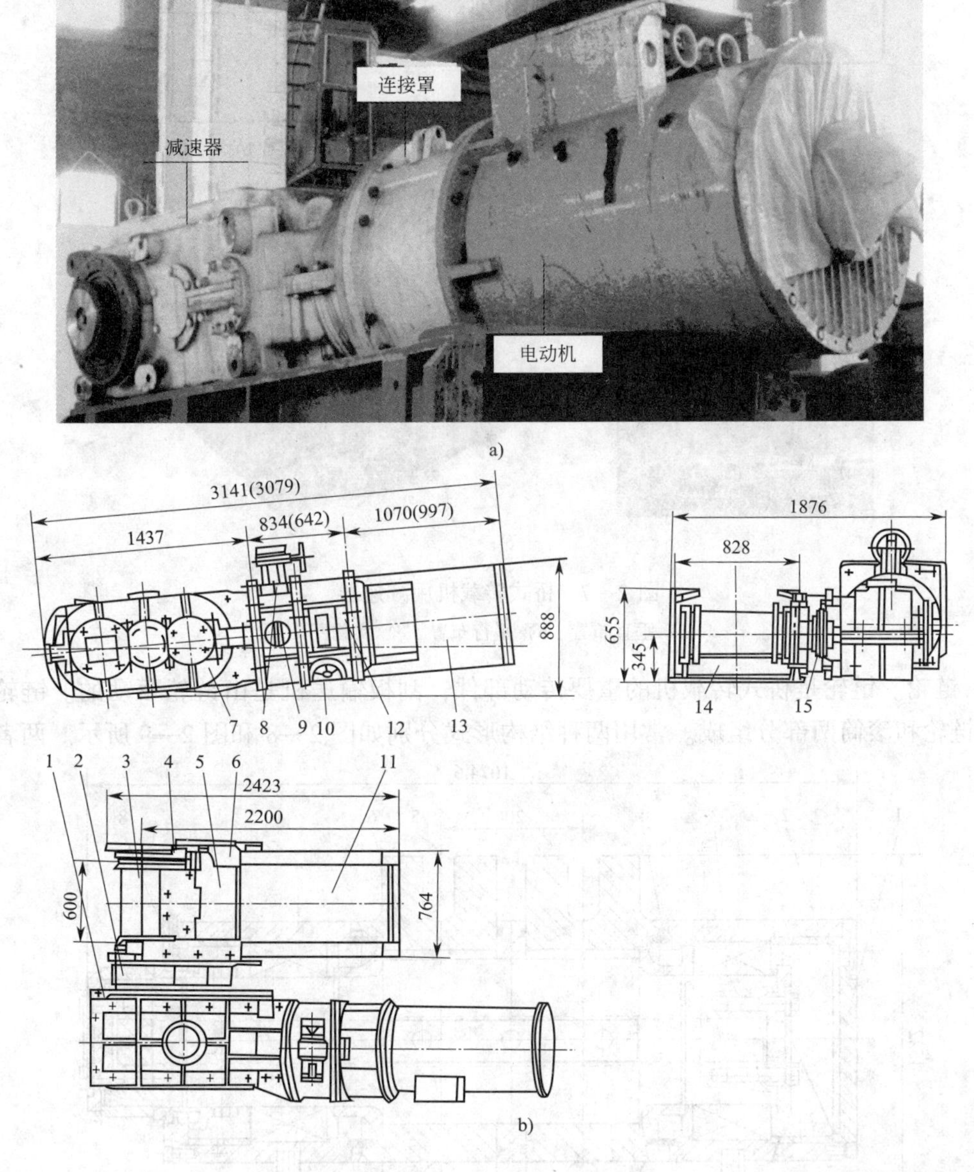

图 2—6 机头传动部

a）实物图 b）结构图

1—连接板 2—连接垫板 3—链轮组件 4—拨链器 5—机头架 6—机头架顶板 7—减速器 8—闸板紧链器 9—闸盘 10—液力偶合器 11—过渡架 12—连接罩 13—电动机 14—导板 15—齿轮联轴器

置。桥式转载机减速器的基本结构输入、输出方向可分为两种：一种为垂直布置，另一种为平行布置，如图 2—7 所示。

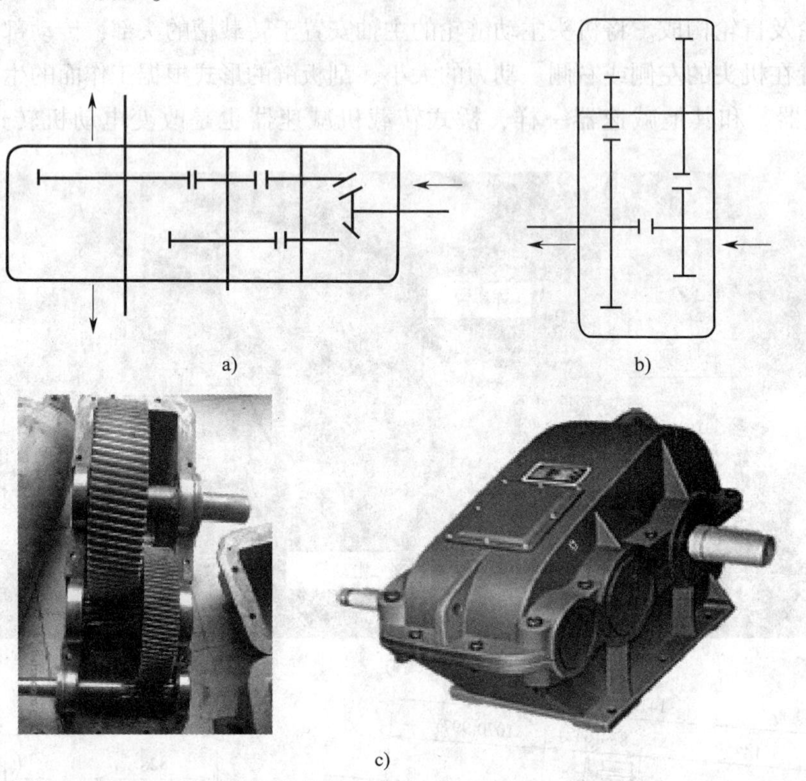

a)　　b)

c)

图 2—7　桥式转载机用减速器

a）垂直布置　b）平行布置　c）实物图

2）链轮。链轮是桥式转载机的重要传动部件，刮板输送机是由链轮驱动的。链轮组件主要由链轮和滚筒两部分组成。常用两种结构形式分别如图 2—8 和图 2—9 所示。两者的不

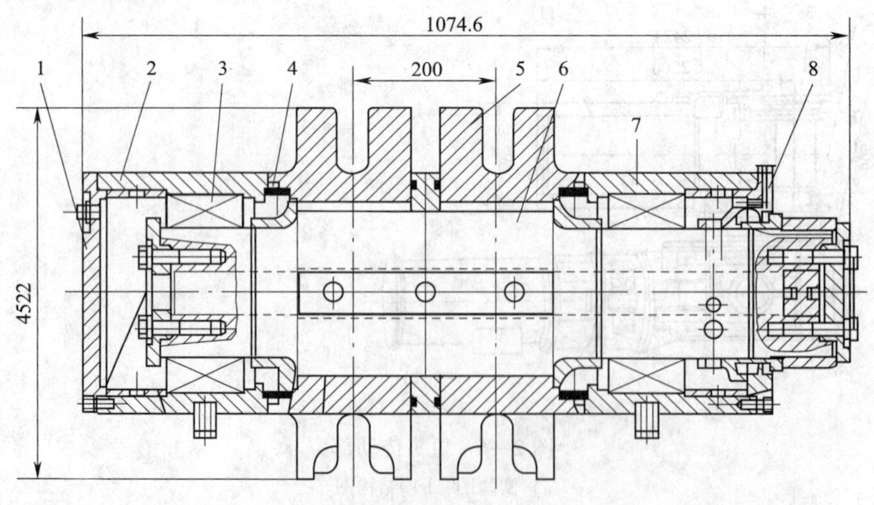

图 2—8　链轮组件

1—端盖　2—滚筒　3—轴承　4—浮封环　5—链轮　6—轴　7—边滚筒　8—透盖

同在于如图 2—8 所示链轮组件是通过自身的轴和传动系统发生联系的，而如图 2—9 所示滚筒是上下两半结构组合而成，其与传动系统的连接是通过一端和盲轴相连接，另一端与减速器四轴相连接完成的。图 2—10 所示是盲轴。

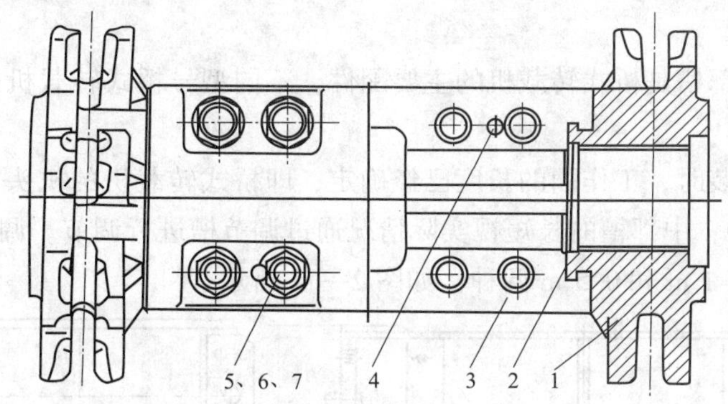

图 2—9　上下两半结构链轮组件

1—链轮　2—轴承　3—半圆滚筒　4—销轴　5—螺栓　6—垫圈　7—螺母

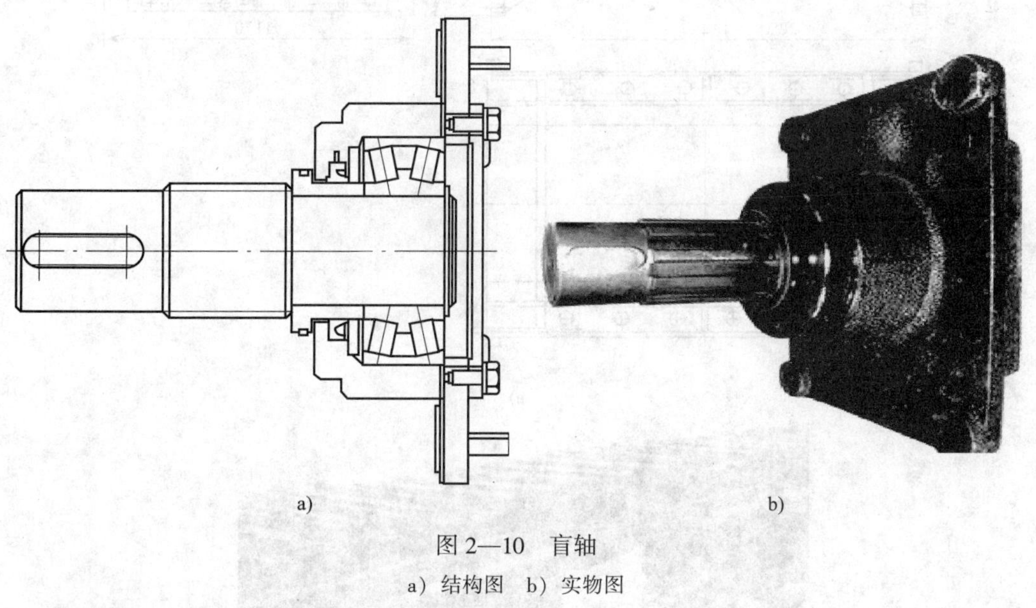

图 2—10　盲轴

a）结构图　b）实物图

◎ 知识拓展

最近国内新研制的矿用转载装煤机是采用电动机、联轴器、减速器、机头主动链轮及盲轮构成驱动机构的。将机头主动链轮的主轴安置于转载槽的头部，转载槽由行走小车支撑抬起并与其固定连接成一体。除机头主动链轮外，驱动机构的其余部分也都固定于该行走小车上，转载槽尾部着地且尾端有一个从动链轮。两条刮板链相互平行地固定于机头主动链轮及尾端从动链轮上，刮板均匀分布、互相平行、垂直固定于刮板链上。除行走小车外，在转载槽槽身下面另外还加装一对行走轮，并置行走小车、行走轮于配套轨道上。转载槽的槽身与地面的设计夹角为 10°~20°。

2. 机身部

（1）溜槽

溜槽是桥式转载机运输煤炭的通道，按安装位置不同可分为以下几种，其选择原则与刮板输送机相同。

1）中部槽。中部槽是桥式转载机的主要配件，不同型号桥式转载机的中部槽规格不尽相同。

2）调节槽。安装时，工作面的长度已经确定，即桥式转载机的机头、机尾位置已经确定。在安装的过程中，中部槽的长短视实际情况通过调节槽进行调节。调节槽的结构与中部槽基本相同，长度有 1 m 和 0. 5 m 两种，如图 2—11 所示。

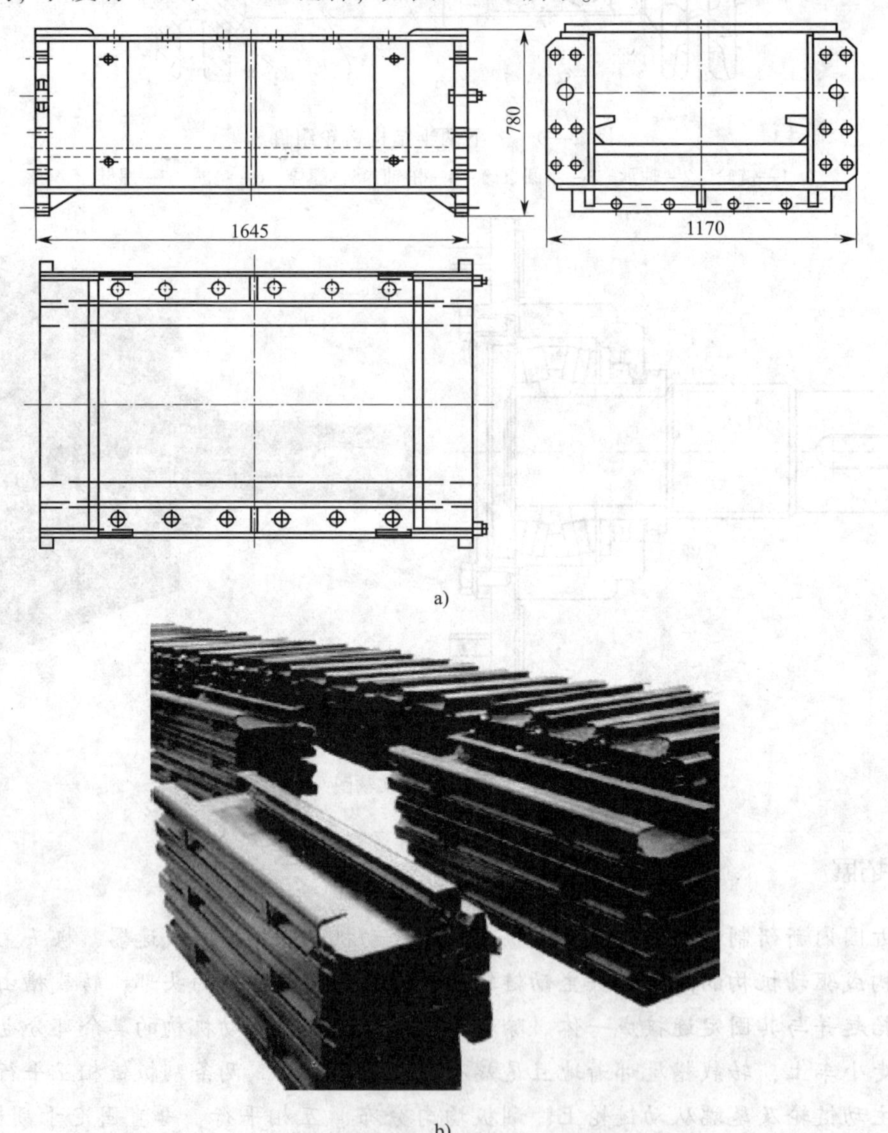

图 2—11 调节槽

a）结构图 b）实物图

3）伸缩槽。伸缩槽安装在机头和中部槽之间，如图 2—12 所示。伸缩槽有一可滑移的伸缩搭接端，利用两侧液压缸的调节实现伸缩动作，它的作用是调节链条的松紧。伸缩槽同时具有过渡槽和调节槽的功能。

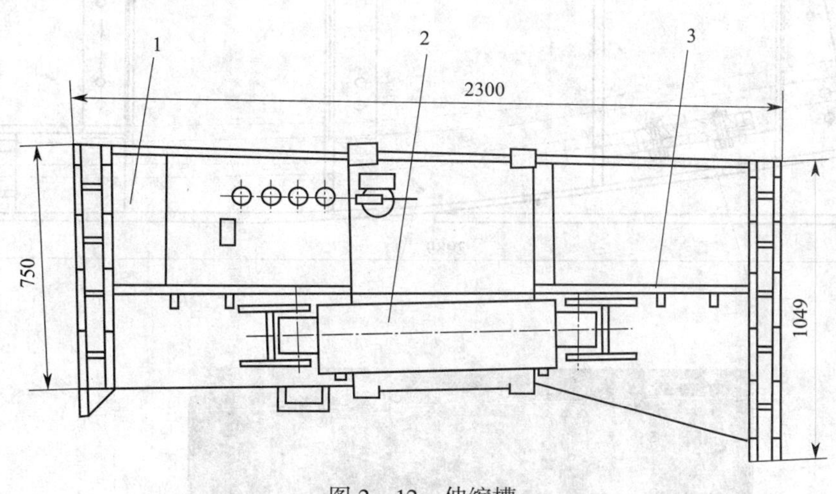

图 2—12 伸缩槽

1—活动槽 2—液压缸 3—固定槽

4）过渡槽。过渡槽也叫连接槽，有机尾连接槽和机头连接槽两种。在安装时，由于地面状况的影响，机头、机尾和中间槽不能吻合连接，因此需要经过渡槽进行过渡连接。

5）凸槽和凹槽。图 2—13 和图 2—14 所示分别为凸槽和凹槽。为了使转载机机头与可伸缩带式输送机搭接，从而保证有足够的搭接长度和空间，由凹槽把地面水平段的中部槽引向爬坡，然后通过凸槽把爬坡 10°的中部槽引向水平架桥段，从而使中部槽与安装在行走部上的过渡架相连接，以形成桥式转载机机头与带式输送机机尾搭接的空间。凸、凹槽的结构与中部槽的结构基本相同，只是存在 10°的弯曲，并在槽帮钢中板弯曲段堆焊耐磨材料以增

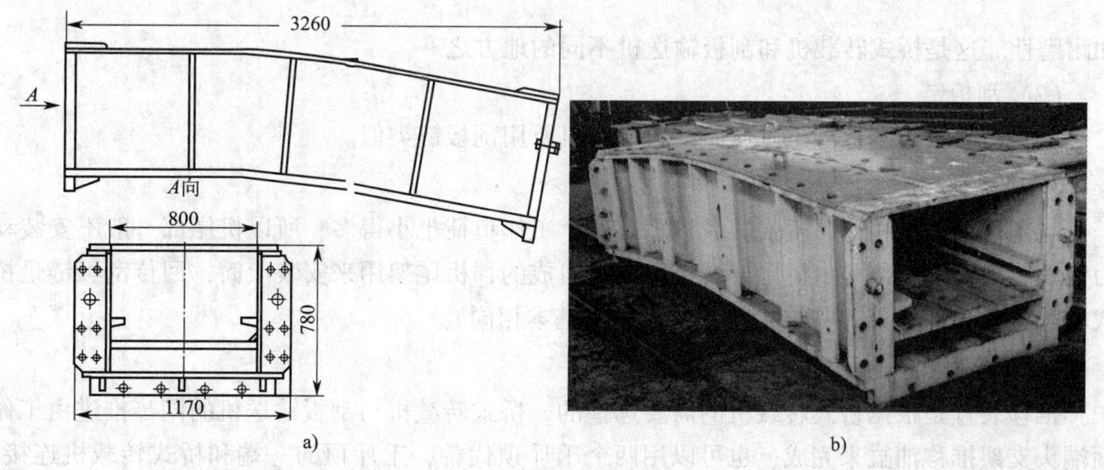

图 2—13 凸槽

a）结构图 b）实物图

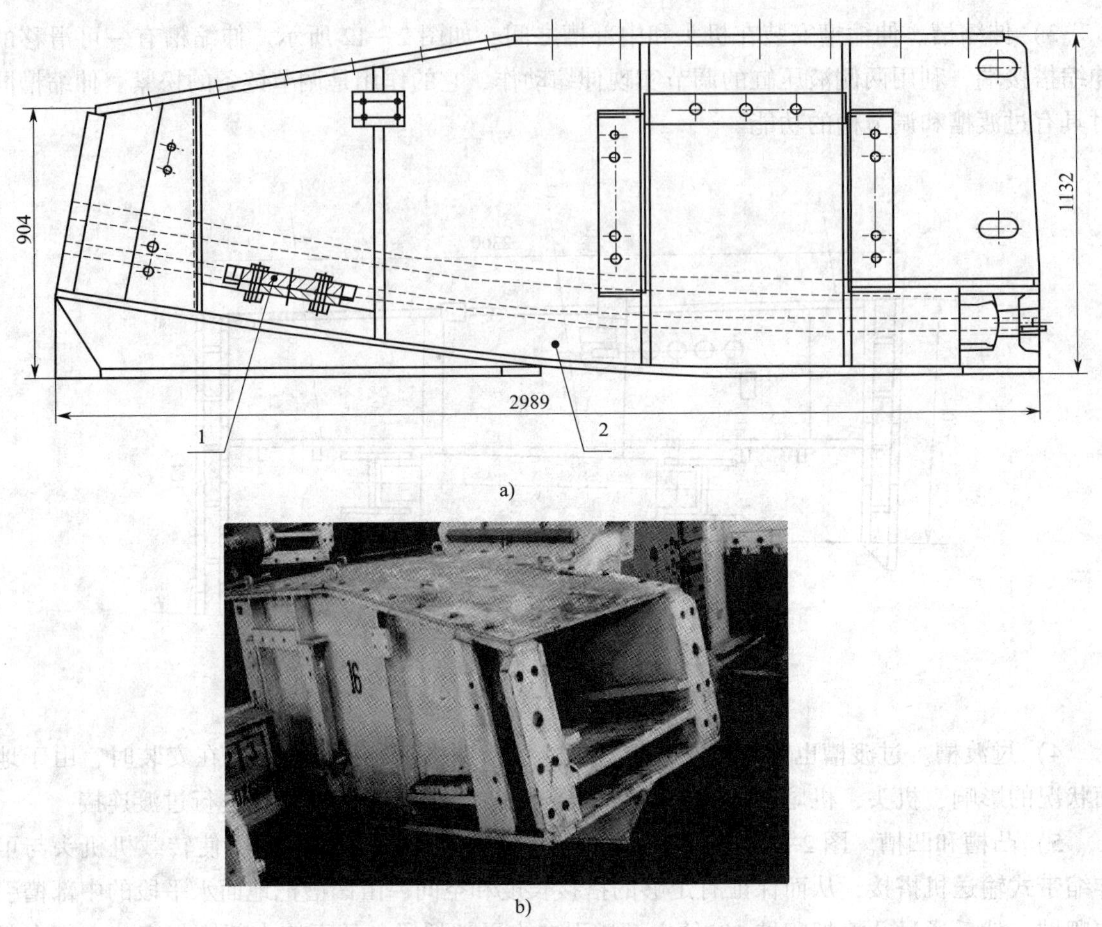

图 2—14　凹槽
a）结构图　b）实物图
1—插板　2—凹槽槽体

加耐磨性。这是桥式转载机和刮板输送机不同的地方之一。

（2）刮板链

桥式转载机的刮板链与可弯曲刮板输送机所用刮板链类似。

3. 机尾部

与刮板输送机相比，桥式转载机短得多，工作负荷也小得多，所以机尾部一般不安装动力传动装置。机尾部是由机尾架、机尾滚筒组成的，机尾架用来安装滚筒，回传刮板链是桥式转载机的导向部分（其结构与刮板输送机基本相同）。

4. 推移装置

推移装置是根据桥式转载机的需要选择的。桥式转载机与刮板输送机的同步推进由工作面端头支架推移油缸来完成，也可以用两个千斤顶代替，千斤顶的一端和桥式转载机连接，另一端套在锚固柱上，并利用乳化液泵站供液来实现桥式转载机的移动。也有的桥式转载机设有配合推移装置的辅助装置。推移装置如图 2—15 所示，桥式转载机辅助推移装置如图 2—16 所示。

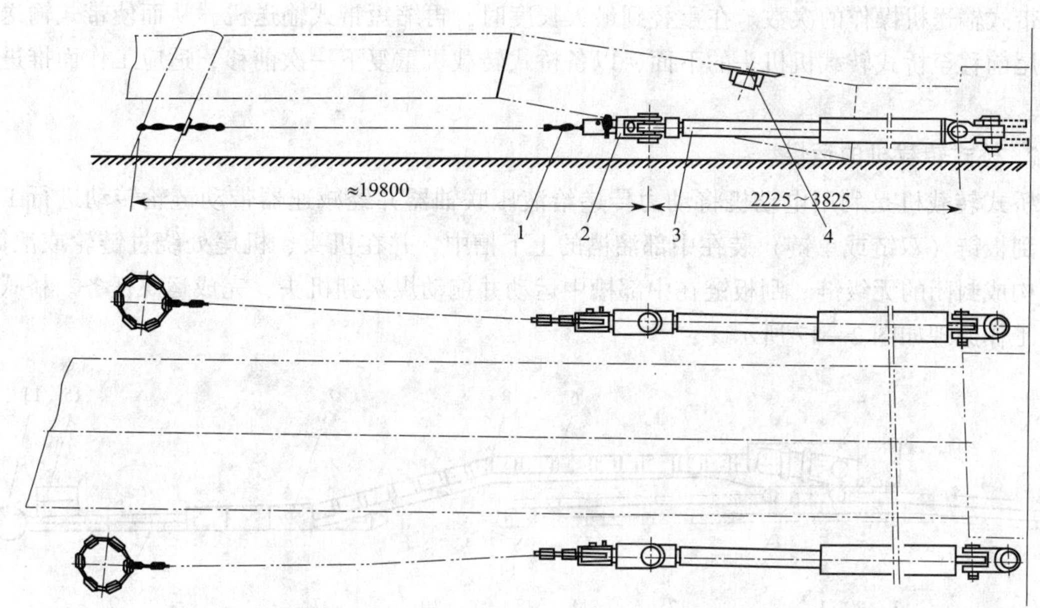

图 2—15　推移装置

1—牵引链　2—卡链　3—拉移千斤顶　4—操作阀

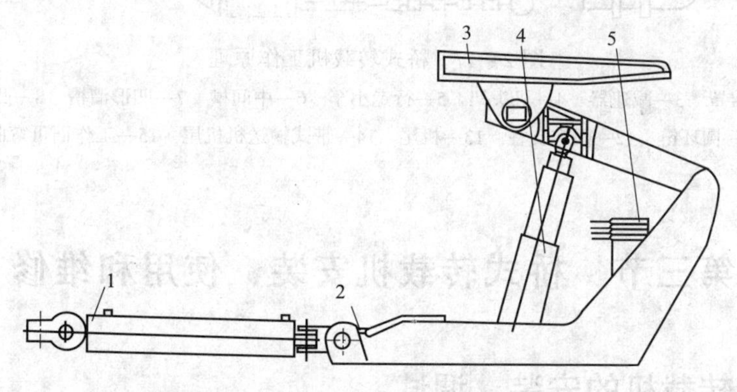

图 2—16　桥式转载机辅助推移装置

1—自移液压缸　2—底座　3—顶梁　4—立柱液压缸　5—控制阀

二、桥式转载机的工作原理

1. 桥式转载机的移动

桥式转载机的机尾安装在工作面可弯曲刮板输送机机头下的巷道底板上，以便接受从工作面内运出的煤。在机尾部平铺一段后，用一个凹槽逐渐将机身抬高，并用滑橇移动支撑。当抬高到一定高度后，再用一个凸槽使机身平伸出去至机头处，从而形成一个桥形结构。

将机头安装在小车架上，小车放在带式输送机机尾架的滑轨上。这样，随工作面的推进，运输巷道逐渐缩短。利用推移油缸的缩回，并以固定支柱为支点，依靠圆环链拉动桥式转载机整体前移，使桥部与带式输送机的机尾重叠起来，从而缩短运输巷道的运输长度，并减少带式输送机操作的次数。在重叠到最大长度时，再缩短带式输送机，从而使带式输送机的机尾前移至桥式转载机机头的下面，以备桥式转载机重复下一次前移，适应工作面推进的需要。

2. 桥式转载机的运煤

桥式转载机是利用电动机将动力传递给液压联轴器并经减速器带动链轮转动进行工作的。刮板链（双链或单链）装在中部溜槽的上下槽中，并在机头、机尾处绕过链轮或滚筒，从而构成封闭的无级链。刮板链在中部槽中运动并拖动煤炭到机头，完成运煤任务。桥式转载机工作原理如图 2—17 所示。

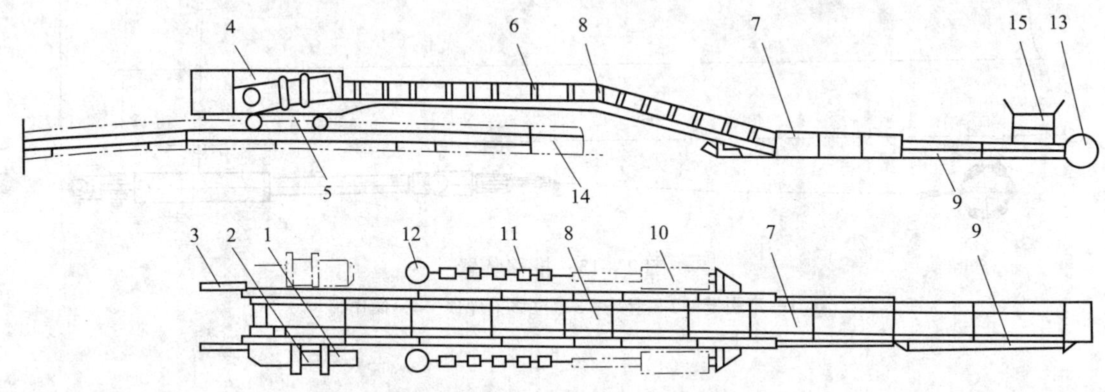

图 2—17 桥式转载机工作原理

1—电动机 2—连接罩 3—减速器 4—机头架 5—行走小车 6—中间槽 7—凹形溜槽 8—凸形槽 9—挡煤板 10—推移油缸 11—圆环链 12—固定支柱 13—机尾 14—带式输送机机尾 15—工作面可弯曲刮板输送机机头

第三节 桥式转载机安装、使用和维修

一、桥式转载机的安装、调试

1. 安装前的准备工作

（1）下井前，桥式转载机要在地面进行试装、编号。在条件允许的情况下，能装配在一起下井的零部件可一车运输。

（2）桥式转载机是在工作面下巷巷道中与带式输送机配套使用的。在安装桥式转载机前，可伸缩带式输送机的机尾部应先安装到位，桥式转载机机头小车运行轨道也要一并安好。

（3）在确定前两项工作完成后，可将设备装车运输，并指定专人负责将每车的设备卸到安装位置，还要准备好起吊设备和支撑材料，以便安装需要时架设临时木垛。

（4）检查工作地点的顶板、煤帮、支护及其他安全情况。

2. 桥式转载机的安装

（1）从机头小车上卸下定位板，将机头小车的车架和横梁连接好，然后把小车安装在带式输送机的轨道上，并安上定位板。在后退式采煤系统中的采煤工作面工作时，桥式转载机机头小车处于带式输送机机尾末端的上方。

（2）吊起机头部，将其安放在机头行走小车上，并将机头架下部固定梁上的销轴孔对准小车横梁上的孔，然后穿上销轴，上紧螺母，将开口销锁牢。

（3）搭起临时木垛，将中部槽的封底板摆好，铺上刮板链，再将中部槽装上去，这时将圆环链拉入链道，安上两侧挡板，并用螺栓与中部槽及封底板固定，依次逐节安装，相邻侧板间均用高强度紧固螺栓连接好。按要求紧固各连接件，以保证桥拱部构件的刚度。

（4）安装两端、凸凹槽及倾斜段中部槽时，应调整好位置和角度，然后将螺栓拧紧。安装倾斜段溜槽时，应先搭临时木垛进行支撑。

（5）水平槽安装的方法与拱桥部分相同，只是不需要搭临时木垛。该段装料一侧挡板为低板，以便于装煤。

（6）两侧挡板允许有制造误差，连接后可能存在间隙，因此连接时一定要用平、斜垫片进行调节。

（7）水平槽逐节装配好后便接上机尾，最后，将各部螺栓紧固一遍。当确定各部连接处无问题后，可拆除临时支架。

（8）将导料槽装到带式输送机机尾部的轨道上，并置于桥式转载机机头下面，上好导料槽与机头小车连接的销轴。

◎ 注意

安装桥式转载机时需要注意以下几个问题：

1. 传动装置要装在便于维修的人行通道一侧，以免给以后的维修带来困难。

2. 刮板链安装方向应与运行方向一致，并且链条不许有扭绞现象。

3. 刮板链安装时，连接环凸起部分焊口向上，平链环的焊口应朝向溜槽中心线，以减少链条磨损，延长使用寿命。

3. 桥式转载机调试运转

（1）桥式转载机传动部试运转时，先检查各部油位、润滑、连接部位情况是否符合要求，然后将电动机通电，观察电动机、减速器、液压联轴器、输出链轮运转是否正常，有无异常声音，电动机、轴承温度是否在规定范围内。试运转不少于 1 h，确认无误后进行下一步。

（2）将底链挂到链轮上，插好紧链钩，把紧链器手柄扳到“紧链”位置，开倒车紧链，调整链长并连接好圆链环。将手柄恢复至原来位置，卸掉紧链钩，观察链条松紧，以运送煤炭时在链轮下面的链条稍有下垂为好。

（3）链条安装调试完好后，启动电动机，桥式转载机整机试运转，时间要在 8 h 以上。发现桥式转载机有异常声音时，要及时停车进行处理。

（4）如运行期间没有异常，停机后要对各连接部位进行检查紧固，对链条刮板松紧和磨损程度进行了解。

二、桥式转载机的正常使用

桥式转载机使用前，要了解其技术特征、安全规程和操作规程，熟悉工作地点的安全状况，按规定进行检查。

1. 开机前检查减速器、液压联轴器有无渗漏现象，刮板链松紧是否有适当的预紧力，周围是否清洁。

2. 在工作时间，必须集中精力听清停机、开机信号，听不清信号不开机。

3. 运转过程中发现有异常声响或事故时要及时停车处理。

4. 运转时发现机头、机尾及周围有漏煤现象时，要及时停车处理。

5. 严禁用桥式转载机运送材料，应避免空车运转，无正常理由不得开倒车，以保证运行。

三、桥式转载机的三级维修

根据设备性能、运行时间等，可将桥式转载机的修理分为小修、中修和大修三级。

1. 小修（日常维修）

（1）目测检查溜槽、拨链器、护板、刮板链、刮板、连接环是否完好，任何弯曲的刮板都必须更换。检查挡板螺栓有无松动、折断，如果有，要拧紧或更换，保证连接可靠。

（2）目测减速器、联轴器是否有漏油现象，油位是否充足，润滑是否良好。运行时观察刮板链张力，如果机头下面的链条下垂超过两个链环，必须重新张紧刮板链。

（3）检查刮板链能否顺利通过链轮，拨链器的功能是否良好；检查连接罩内部及通风口有无异物，有异物要及时清理，保持通风良好。

（4）目测检查电动机供电电缆有无损坏，检查电动机、链轮组、轴承是否发热，温度是否超过规定范围，接地保护是否可靠。

2. 中修

（1）所有小修的内容。

（2）检查传动装置是否安全，两条刮板链的伸长量是否一致。如果刮板链伸长量达到或超过安装长度的2.5%时，需更换，并且要两根同时更换。

（3）检查联轴器的存液量、链轮轴组润滑油是否充足，有无泄漏，不足时应充加到油位线。

（4）检查更换减速器的润滑油并清洗齿轮箱、齿轮及轴承，有损坏应及时更新。

（5）更换减速器、联轴器密封件，拆装时注意接合面的清洁和密封。检查电动机轴承是否完好，视情况进行更换。

（6）检查机头行走小车和导料槽移动是否灵活、可靠，推移装置是否可正常动作。

3. 大修

当一个工作面采煤工作完后，应将桥式转载机运出井口并进行全面检修。

（1）对桥式转载机整机机械部分和电动机进行解体、除锈、清洗检查。

（2）对开裂变形的机头、机尾、铲煤板、挡煤板、底托架等进行整形、加固、补焊。

（3）更换损坏、磨损严重的各类溜槽、刮板、链条等零部件。

（4）更换损坏的弹簧、螺栓、密封等易损件。

（5）检修减速器、联轴器、链轮轴、电动机等零部件，对损坏的齿轮、轴承等进行更换。

第四节 桥式转载机完好标准、安全运行和移动注意事项

一、桥式转载机的完好标准

1. 机头

（1）机头架无开焊或变形，中心轴螺母开口销齐全，松紧适度。

（2）导料槽完整，无变形。

（3）行走小车车轮固定牢固，转动灵活，无卡阻现象。

（4）机头护板、分链器完好整齐，安设牢固。

（5）链轮无损伤，链轮承托水平圆环链的平面最大磨损量：节距为 64 mm 时不大于 6 mm，节距为 85 mm 时不大于 8 mm。

2. 中间部

（1）刮板链松紧适度。

（2）链条组的长度合格，运转中刮板不跑偏（跑偏不超过一个链环长度为合格），松紧适度，链条正、反方向无卡阻现象；弯曲变形的刮板数不超过总数的 3%，缺少的刮板数不超过总数的 2%，并不得连续出现；刮板弯曲变形量不大于 15 mm。中双链和中单链刮板平面磨损不大于 5 mm，长度磨损不大于 15 mm。圆环链伸长变形不得超过设计长度的 3%。

3. 机尾

机尾滚筒转动灵活，轴承润滑良好。

4. 其他

液压管路无漏液，操纵阀动作可靠，不窜液。

二、桥式转载机的安全运行

1. 桥式转载机与破碎机、刮板输送机配套使用时，一定要按照破碎机、桥式转载机、刮板输送机的顺序启动，停车应按相反的顺序进行操作。为便于桥式转载机下次的启动，应首先使刮板输送机停车，待卸空桥式转载机溜槽上的物料后，才能使桥式转载机停车。

2. 当桥式转载机溜槽内存有物料时，无特殊原因不应反转。

3. 减速器、链轮轴组、联轴节和电动机等传动装置处必须保持清洁，以防止过热，否则会引起轴承、齿轮和电动机等零件的损坏。

4. 链条的松紧程度必须合适。

5. 机尾和工作面刮板输送机的搭接位置应保证正确。因桥式转载机机尾卸载处与刮板输送机机头机械交接在一起，拉移时必须保证输送机过渡段推移同步或超前转载机拉移，否则会造成事故。拉移桥式转载机时，应保证行走部在带式输送机的导轨上移动，若歪斜，则

必须及时调整。

6. 每次锚固时，锚固柱窝必须选择在顶板坚固处，锚固必须牢固可靠。严禁用桥式转载机运送材料。

三、桥式转载机移动注意事项

桥式转载机在采煤工作面巷道中使用时，可按照工作面工艺整体移动。当采空区运输巷进行沿空留巷时，在工作面推进 5 m 的过程中，不必移动桥式转载机；当采空区运输巷随采煤工作面回撤时，桥式转载机应与工作面输送机同步前进。由于桥式转载机和可伸缩带式输送机的有效搭接长度为 12 m，所以桥式转载机移动 12 m 后，带式输送机必须缩短最大距离才能保证桥式转载机正常工作。

桥式转载机在采煤工作面平巷中工作时，其移动可以由绞车牵引或液压支架的推移油缸完成，推移油缸活塞杆也可设专用推移油缸，但安装位置要适当。推移油缸活塞与桥式转载机连接，推移油缸活塞杆与固定在顶板间的锚杆相连，操纵推移油缸实现桥式转载机的整体移动。

桥式转载机在掘进巷道中使用时，可由绞车牵引，也可由掘进机牵引。当桥式转载机行走小车移动到带式输送机机尾时，必须接长带式输送机，桥式转载机才能继续移动。

第五节　桥式转载机常见故障处理和事故案例分析

一、桥式转载机的常见故障、原因及处理方法

桥式转载机的常见故障、原因及处理方法与刮板输送机基本相同，见表 2—5。在生产实践中出现较多的故障有下述的两种。

表 2—5　　**桥式转载机常见故障、原因及处理方法**

故障	原因	处理方法
电动机不能启动或启动后缓慢停止	1. 负荷过大 2. 电气线路损坏 3. 电压下降	1. 减轻负荷，将上槽煤去掉一部分 2. 检查电路，更换损坏零件 3. 检查电压下降原因并处理
电动机及端部轴承部位发热	1. 超负荷运转时间太长 2. 电动机及端部轴承通风不良 3. 轴承缺油或损坏	1. 减轻负荷，缩短超负荷运行时间 2. 清除电动机周围浮煤及杂物 3. 注油或更换损坏的轴承
电动机声音不正常	1. 单相运转 2. 接线头虚接	1. 检查单相运转原因并处理 2. 检查接线并处理
减速器声音不正常	1. 齿轮啮合不好 2. 轴承或齿轮过度磨损或损坏 3. 减速器内的油中有金属等杂物 4. 第一轴轴承润滑不好 5. 轴承游隙过大	1. 检查并调整齿轮啮合情况 2. 更换损坏或磨损的轴承或齿轮 3. 清除减速器油中的金属等杂物 4. 检查第一轴轴承的润滑 5. 调整好轴承游隙量
减速器油温过高	1. 润滑油不合格或润滑油不干净 2. 润滑油过多 3. 冷却不良，散热不好 4. 减速器周围有煤粉等杂物	1. 按规定更换合格的新润滑油 2. 去掉多余润滑油 3. 检查冷却系统是否正常工作 4. 清除减速器周围煤粉等杂物

续表

故障	原因	处理方法
减速器漏油	1. 密封圈损坏 2. 减速器合口面不严 3. 各轴承盖螺栓未拧紧	1. 更换密封圈 2. 拧紧箱体合口面连接螺栓 3. 拧紧轴承盖螺栓
链子卡在链轮上	1. 舌板组件螺栓松动 2. 舌板组件丢失	1. 拧紧螺栓 2. 更换舌板组件
刮板链在链轮上跳齿或掉底链，剪断刮板与连接螺栓或断链	1. 圆环链缠结 2. 两条链长度超出规定的公差 3. 链轮过度磨损 4. 刮板链过度松弛 5. 刮板过度弯曲 6. 链条卡进异物	1. 接顺链条和接链环 2. 更换超差的刮板链 3. 更换链轮 4. 重新紧链 5. 更换刮板 6. 去除卡进的异物
刮板链掉道	1. 刮板链过度松弛 2. 刮板弯曲严重 3. 输送机过度弯曲	1. 重新紧链 2. 更换刮板 3. 输送机保证一定的直线度
刮板链振动大	1. 溜槽脱开 2. 溜槽搭接不平	1. 对接好溜槽 2. 调平接口
电缆与电缆槽刮卡	1. 连接螺栓松动 2. 电缆槽变形	1. 拧紧中部槽与电缆槽连接螺栓 2. 修整或更换变形的电缆槽
液力偶合器严重打滑	1. 液力偶合器液量不足 2. 转载机严重超载 3. 刮板链卡住 4. 紧链器处于工作位置	1. 按规定补足液量 2. 卸掉一部分煤 3. 处理被卡部位 4. 把紧链器手柄扳到非工作位置
机尾滚筒不转或发热严重	1. 机尾架变形，滚筒歪斜 2. 轴承损坏 3. 密封损坏，润滑油太脏	1. 矫正或更换机尾架 2. 更换轴承 3. 更换密封，清洗轴承并换油

1. 发生异常声响且转动不正常

（1）现象

轴承损坏后摩擦力增大，局部开始发热。当温度超过65℃时，运转有异响且转速不正常，甚至机尾滚筒不运转。

（2）原因

由于桥式转载机的工作环境恶劣，煤粉外溢，巷道淤积严重，机尾经常在煤水中工作，因此密封极易损坏，致使污物进入机尾，造成轴承损坏。

（3）预防及处理方法

改善机尾工作环境，及时清除积水、煤粉；加强机尾轴承的注油工作，发现轴承损坏及时更换。

2. 中间悬拱部分明显下垂

（1）现象

中间桥式部分有明显下垂，并影响正常运转。

（2）原因

连接螺栓松动或脱落，连接中板断裂或焊缝开裂。

（3）预防和处理方法

经常对连接部位进行检查，发现螺栓松动及时拧紧；发现焊缝、连接板有裂缝及时焊补；加强当班检查，发现故障及时处理。

二、桥式转载机相关人身事故案例分析

1. 事故经过

2003 年 7 月 10 日 23 时 05 分，某矿综采队在 S1403 工作面生产，此时采煤机割完机头，往机尾方向割煤，前端头作割煤准备。班长雷某安排在端头的魏某、杨某负责回收机头处的单体支柱。在回收了一根单体支柱后，杨某自己往外运单体支柱，魏某清理回收单体支柱处的浮煤。浮煤高 0.6 m，呈斜坡状，将单体手把埋住。当清货露出单体手把后，魏某在无人监护情况下将单体支柱泄压回收，回收单体支柱的同时顶板掉碎煤，魏某躲闪时掉入运转的转载机内，被拉到破碎机处挤伤致死。

2. 事故原因

（1）该矿对职工的安全教育不够，致使职工自我保护能力不强，安全意识差。

（2）安全措施执行不利，回收端头单体支柱时输送机、转载机没有停止运行。

（3）回收单体支柱时没有执行“一人回收、一人监护”的措施。

（4）无专职输送机及转载机司机，发生事故时不能及时停车。

（5）现场环境不佳，前三角点或端二支架处浮煤较多。

3. 防范措施

（1）施工单位的各项生产活动必须严格执行审批的作业规程及安全措施。

（2）回收单体支柱时必须执行两人作业制，一人回收，一人监护。

（3）三角点回收单体支柱时输送机、转载机必须停止运行并闭锁。

（4）回收前将回收地点的浮煤清理干净，找好安全退路。

（5）输送机、转载机必须设专职司机。

（6）加强安全教育和安全培训，提高职工自我保护能力。

技能训练 2　SZZ1000/400 型桥式转载机安装、调试和故障处理

一、技能训练要求

1. 熟悉桥式转载机整体结构。
2. 掌握桥式转载机整体拆装、维修、操作的方法和步骤。

二、技能训练内容

1. 了解 SZZ1000/400 型桥式转载机基本特点

SZZ1000/400 型桥式转载机可以与 ZY1100 型自移装置、PCM200 型锤式破碎机及

ZY2700 型带式输送机机尾自移装置配套使用，其作用是将刮板输送机卸载下的煤炭经桥式转载机（包括破碎机破碎后）提升并卸载到带式输送机上。SZZ1000/400 型桥式转载机的主要特点如下：

（1）传动功率大，结构紧凑，整机体积小，高度低，整体可靠性高，机头距地最大高度约 2 150 mm，对巷道的尺寸要求低。

（2）本机设计有铰接槽，能垂直弯曲±3°，机头传动部相对于带式输送机机尾可左右摆动，上下转动，从而能在一定程度上适应巷道底板起伏。由于与自移带机机尾配合，适应性有很大的提高。

（3）本机设计要求与破碎机配合使用，由破碎机限制煤的块度，消除大块煤对传输带的不利影响。

（4）本机除闸盘加阻链器紧链外，还可通过伸缩机头在每 300 mm 范围内实现约 5 mm 的微调。

（5）本机设计与前后部输送机是端卸关系，通过推移槽与端头支架实现前移，也可配套桥式转载机迈步装置自己移动。

2. 熟悉 SZZ1000/400 型桥式转载机主要技术参数

SZZ1000/400 型桥式转载机主要技术参数见表 2—6。

表 2—6　　SZZ1000/400 型桥式转载机主要技术参数

项目		数据
出厂长度		70 m
输送量		2 500 t/h
刮板链速度		1. 8 m/s
爬坡角度		10°
电动机	型号	YBSD-400/200-4/8（抚顺）
	功率	400/200 kW
	额定电压	3 300 V
	转速	1 485/735 r/min
减速器	型号	53JS-375
	传动形式	圆锥、圆柱、行星三级
	传动比	24. 225
刮板链	形式	中双链
	圆环链规格	2-ϕ34×126-C
	刮板间距	200 mm
紧链方式		闸盘紧链和伸缩机头辅助紧链

3. 掌握 SZZ1000/400 型桥式转载机的主要组成部分结构及用途

SZZ1000/400 型桥式转载机主要由机头传动部、溜槽、机尾、调节链、刮板链、紧链装置等组成。桥式转载机通过链轮牵引的刮板链在溜槽中的运转，将输送机卸下的煤炭从井下工作面运到带式输送机上。

（1）机头传动部

机头传动部由电动机、机架、链轮组件和减速器、伸缩油缸、拨链器等组成。

1）电动机、减速器。电动机、减速器可根据现场工况安装在机头架的左、右任一侧，是整台转载机的动力来源。

2）机架。如图2—18所示，机架分为前机架（机头架）和后机架（后槽体）两大部分。前机架安装链轮组件、拨链器、刮板链、传动装置（减速器到电动机部分），与后机架插接，由千斤顶通过固定销将前后机架固定，微调紧链是通过千斤顶的伸缩来实现的。

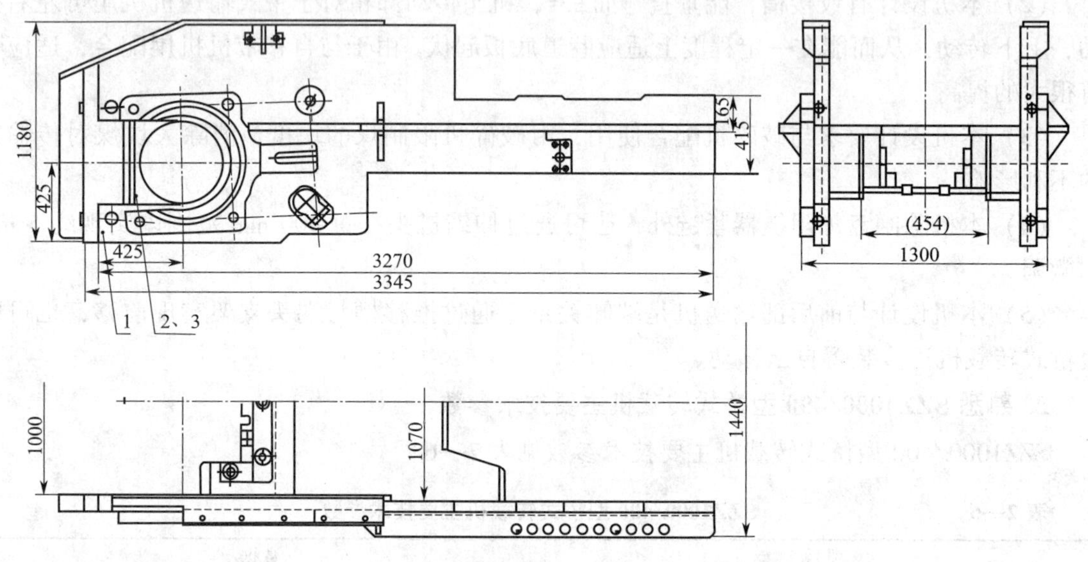

图2—18 机架

1—机头架体 2—左压板 3—右压板

3）伸缩油缸。如图2—19所示，伸缩油缸（千斤顶）是一个单伸缩双作用液压缸。当刮板链较松时，将操纵阀手柄打到伸长位置，使油缸活塞伸出，到合适位置后用定位销锁

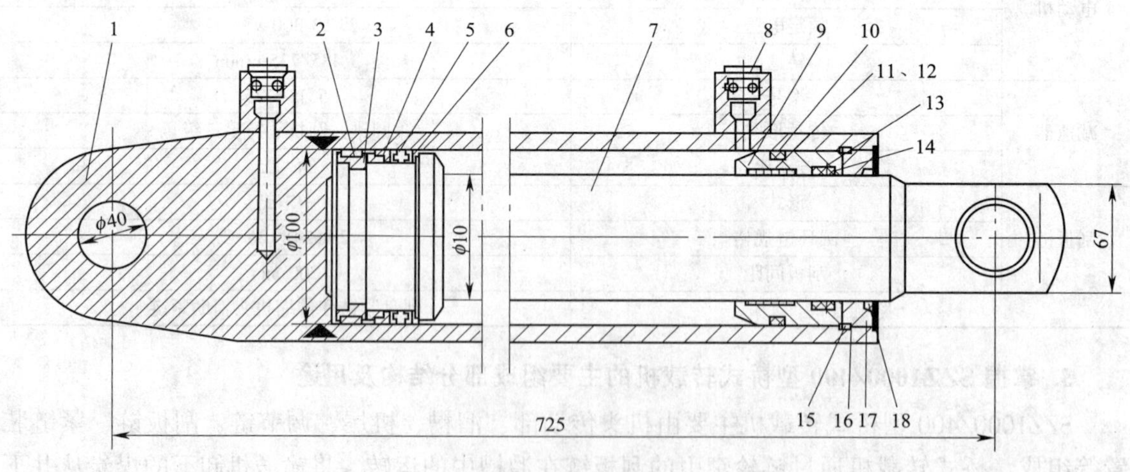

图2—19 伸缩油缸

1—缸体 2—卡箍 3—下卡环 4—小支撑环 5、11、13、14、16—密封 6—活塞导向环 7—活塞杆 8—堵塞 9—导向套 10—小导向套 12—垫圈 15—三半卡环 17—压盖 18—活塞

定；当刮板链较紧时，把操纵阀手柄打到缩回位置，使油缸活塞缩回，到合适位置后用定位销锁定。当伸缩油缸伸长到极限位置后，需将油缸活塞杆缩回，重新紧链。伸缩油缸的技术参数见表 2—7。

表 2—7　　伸缩油缸的技术参数

形式	工作压力	缸径	杆径	推力	拉力	行程
单伸缩双作用	31.4 MPa	100 mm	70 mm	264.5 kN	125.7 kN	360 mm

4）链轮组件。如图 2—20 所示，链轮组件装在机头传动部的机头架上。链轮轴承座在机头架上由压板、螺栓压紧。链轮组件可以在不拆传动装置（减速器到电动机部分）的情况下整体拆装。

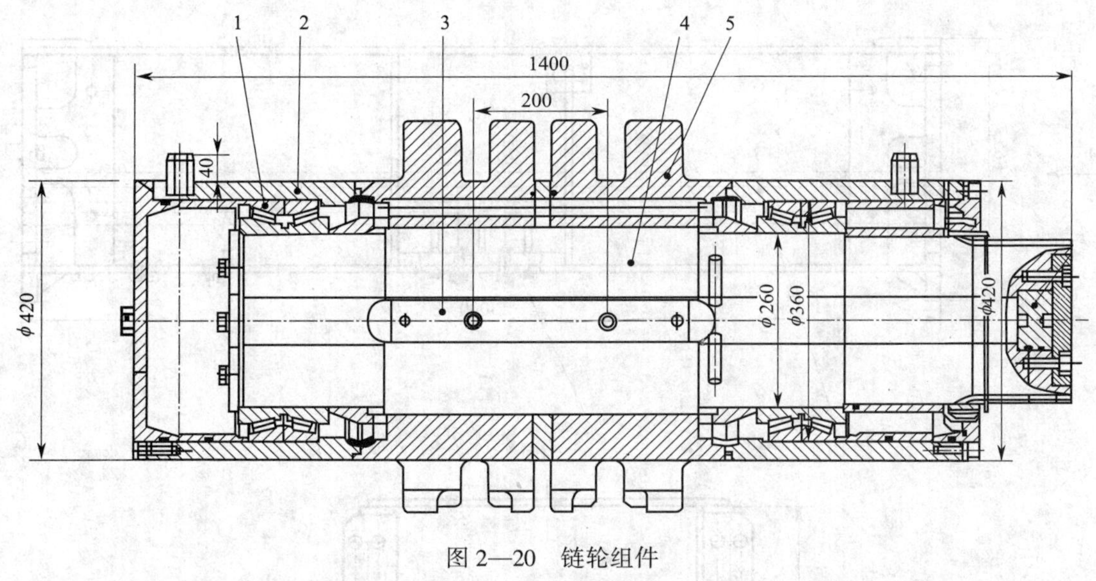

图 2—20　链轮组件

1—轴承　2—轴承座　3—键　4—链轮轴　5—链轮

5）拨链器。拨链器为焊接结构件，如图 2—21 所示。安装拨链器时，将拨叉插入链轮

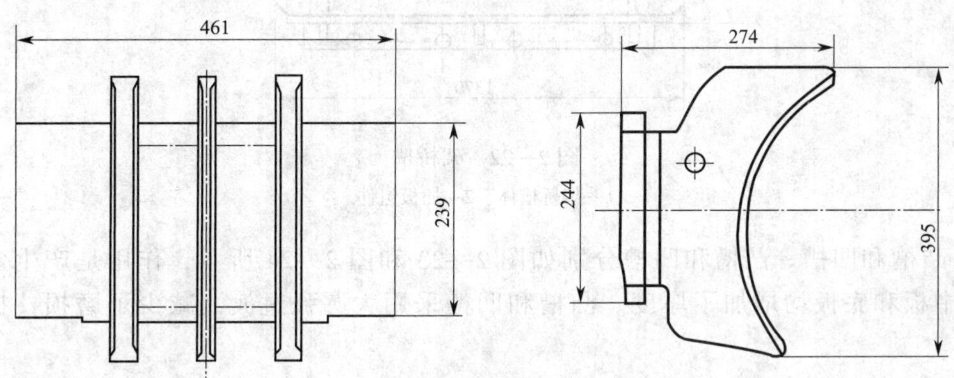

图 2—21　拨链器

齿的沟槽内，使刮板链的链条与链轮能顺利啮合和分离。拨链器的作用是：当桥式转载机卸载后，防止链环卡在链轮沟槽内而不能在正常分离点脱开。拨链器由舌板、螺栓固定在前机架上。舌板和拨链器是易磨损件，磨损后要及时更换。当更换拨链器时，拆卸舌板即可，不需要拆卸链轮。

（2）溜槽

桥式转载机采用整体箱型焊接全封闭溜槽，电缆槽挂在槽体侧面，根据工作面的不同，选择左、右悬挂方向。槽间除机尾部几个调节槽是哑铃连接外，其余都是由两个 ϕ50 mm 定位销和多条高强度 M30 螺栓刚性连接，加大了连接强度，提高了可靠性。底、中板采用高强度耐磨板，以满足过煤量的要求。

1）架桥槽。架桥槽如图 2—22 所示，长 3 000 mm，作用是延伸架桥段的长度，架桥槽可提供与带式输送机搭接的足够空间。

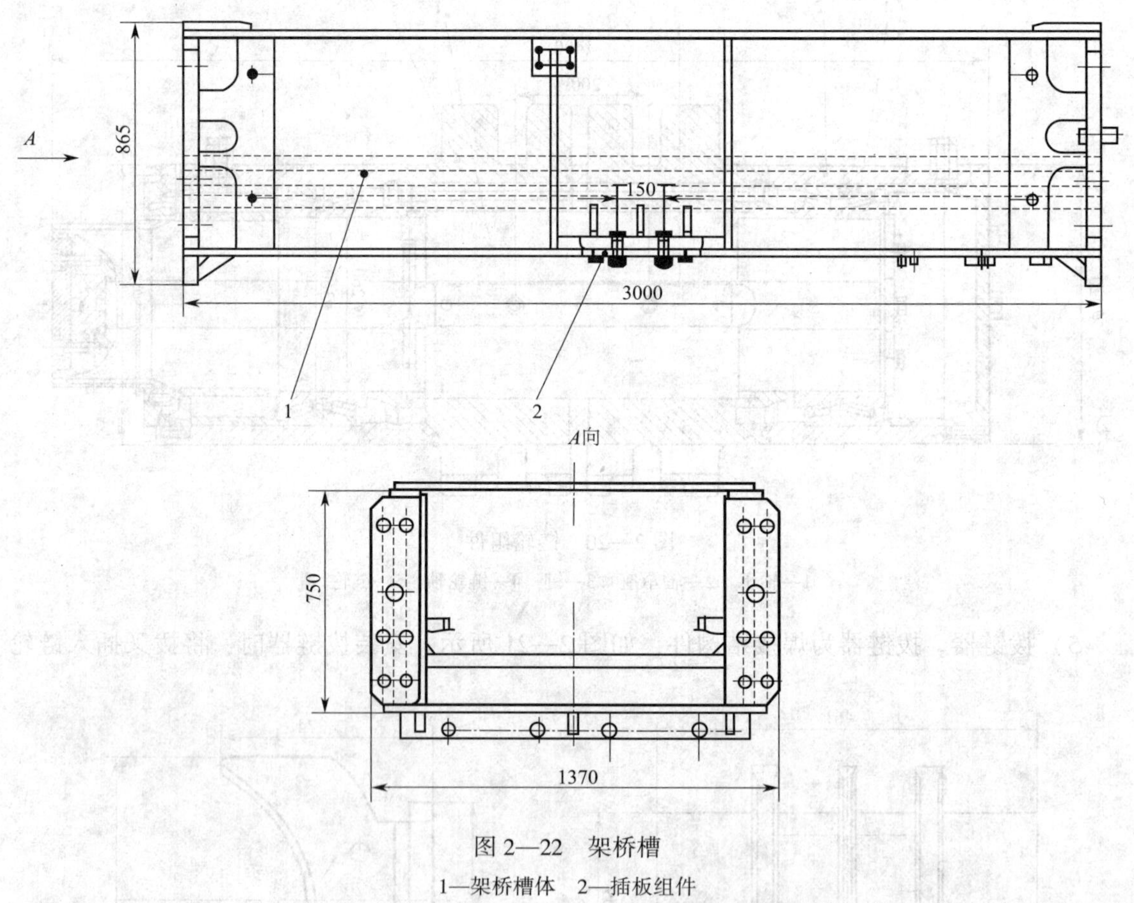

图 2—22　架桥槽

1—架桥槽体　2—插板组件

2）凸槽和凹槽。凸槽和凹槽分别如图 2—23 和图 2—24 所示，作用是产生弯曲角度，使中板和底板均增加了厚度。凸槽和凹槽采用大圆弧过渡，减少了磨损，提高了过煤量。

3）铰接槽和中部槽。如图 2—25 所示，铰接槽可使转载机抬起一定的高度，使其在爬坡段煤流通畅。铰接槽能垂直弯曲，以适应巷道底板的起伏不平和带式输送机机尾移动时引

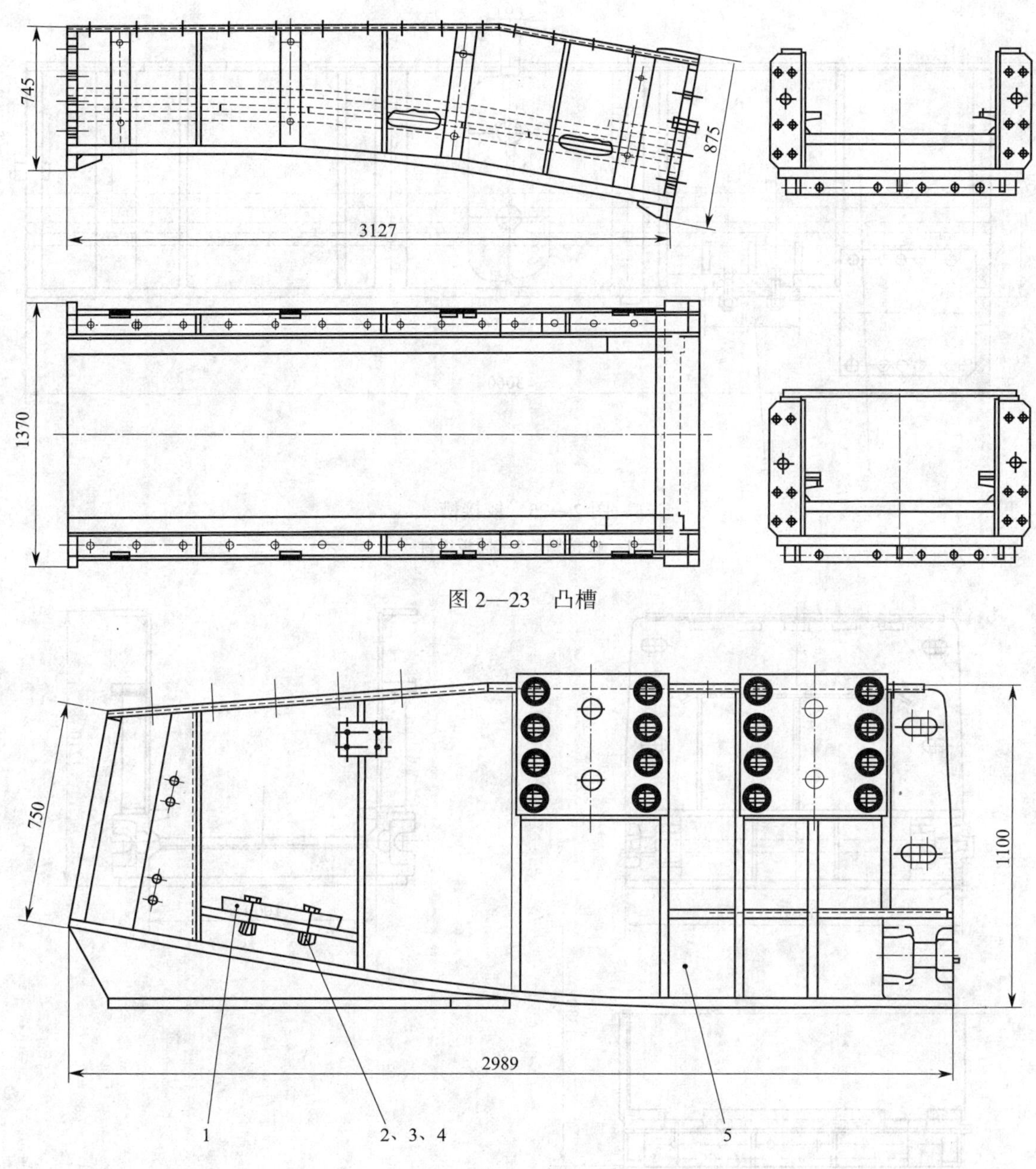

图 2—23　凸槽

图 2—24　凹槽

1—插板　2、3、4—螺栓、螺母、垫圈　5—凹槽槽体

起的高度变化。中部槽如图 2—26 所示，还有天窗，打开天窗维护时，可观察刮板链底链运行情况和排除刮板链底链故障。

（3）刮板链和调节链

刮板链是桥式转载机的重要部件，在工作过程中承受较大的静负荷和动负荷，并与溜槽相摩擦。因此，刮板链不仅要强度高、耐磨，而且要具有一定的韧性和抗腐蚀性。

1）刮板链。如图 2—27 所示，该桥式转载机的刮板链为中双链形式，由圆环链、刮板、

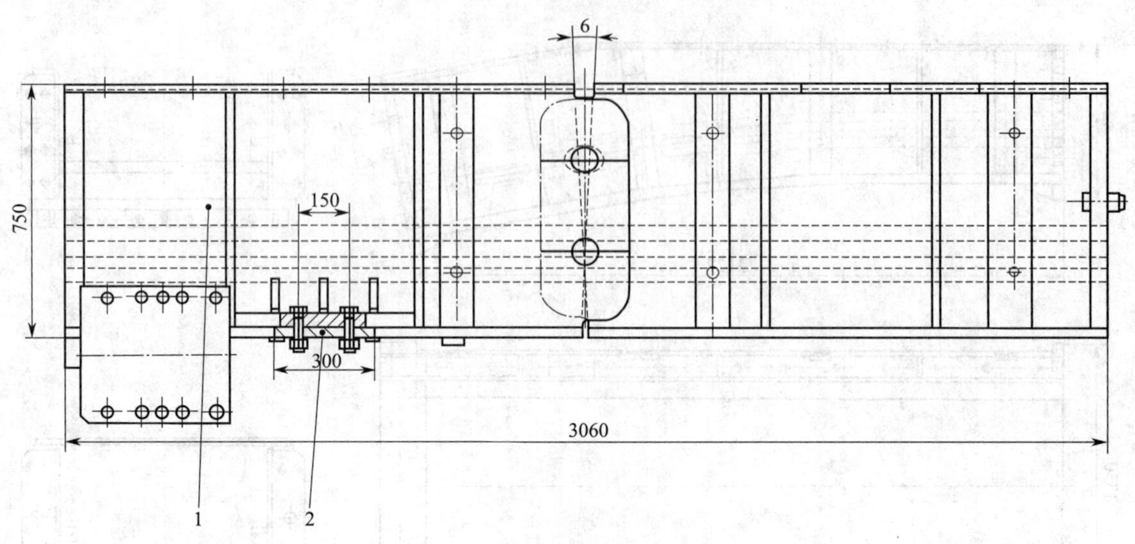

图 2—25　铰接槽

1—铰接槽　2—插板组件

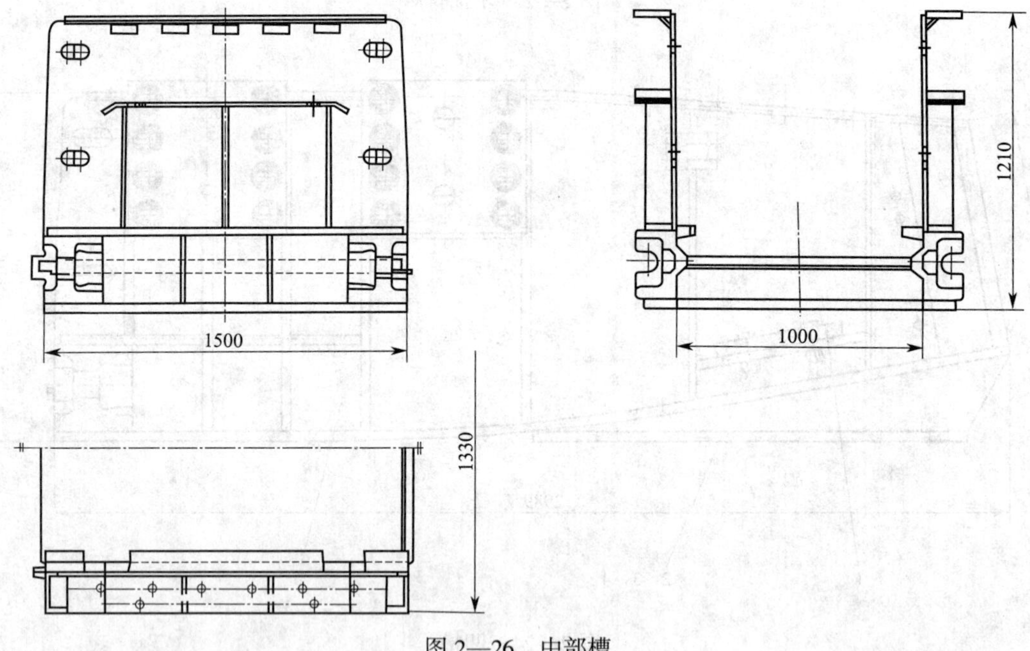

图 2—26　中部槽

U 形螺栓、接链环、螺母等组成。

圆环链规格为 ϕ34 mm×126 mm，矿用高强度圆环链的链间距为 200 mm，每段为 197 个环，长 24. 948 m，在每 7 个链环处安装一个刮板，刮板间距为 756 mm。

刮板由合金钢锻造而成，刮板与链条由螺栓和防松螺母紧固在一起，组装刮板时应注意刮板上标记的运行方向。使用中应经常检查螺栓是否松动，若有松动应立即紧固或调换。

2）调节链。如图 2—28 所示，调节链用于调节刮板链的长度，以适应转载机的长度变化。调节链的结构形式与刮板链完全相同。

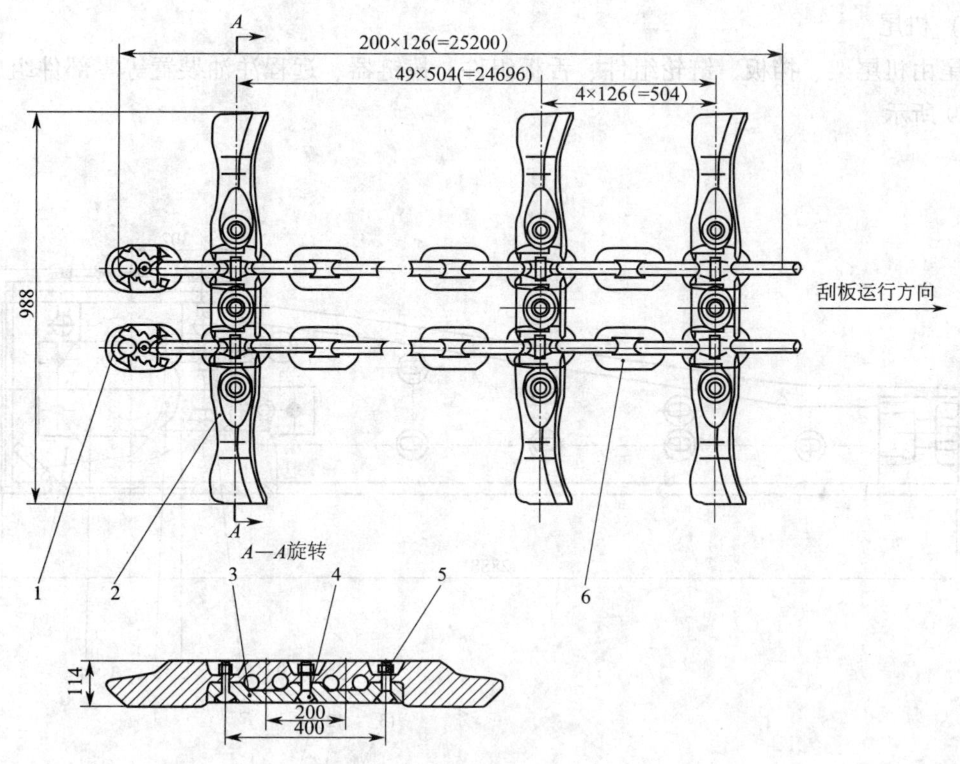

图 2—27 刮板链

1—接链环 2—刮板 3—横梁 4—U 形螺栓 5—螺母 6—圆环链

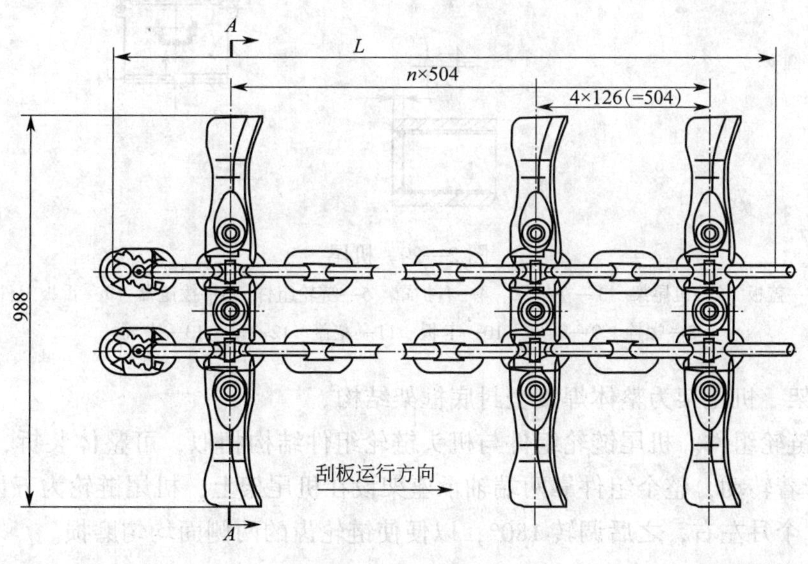

图 2—28 调节链

（4）机尾

机尾由机尾架、挡板、链轮组件、舌板组件、拨链器、远程注油装置等零部件组成，如图 2—29 所示。

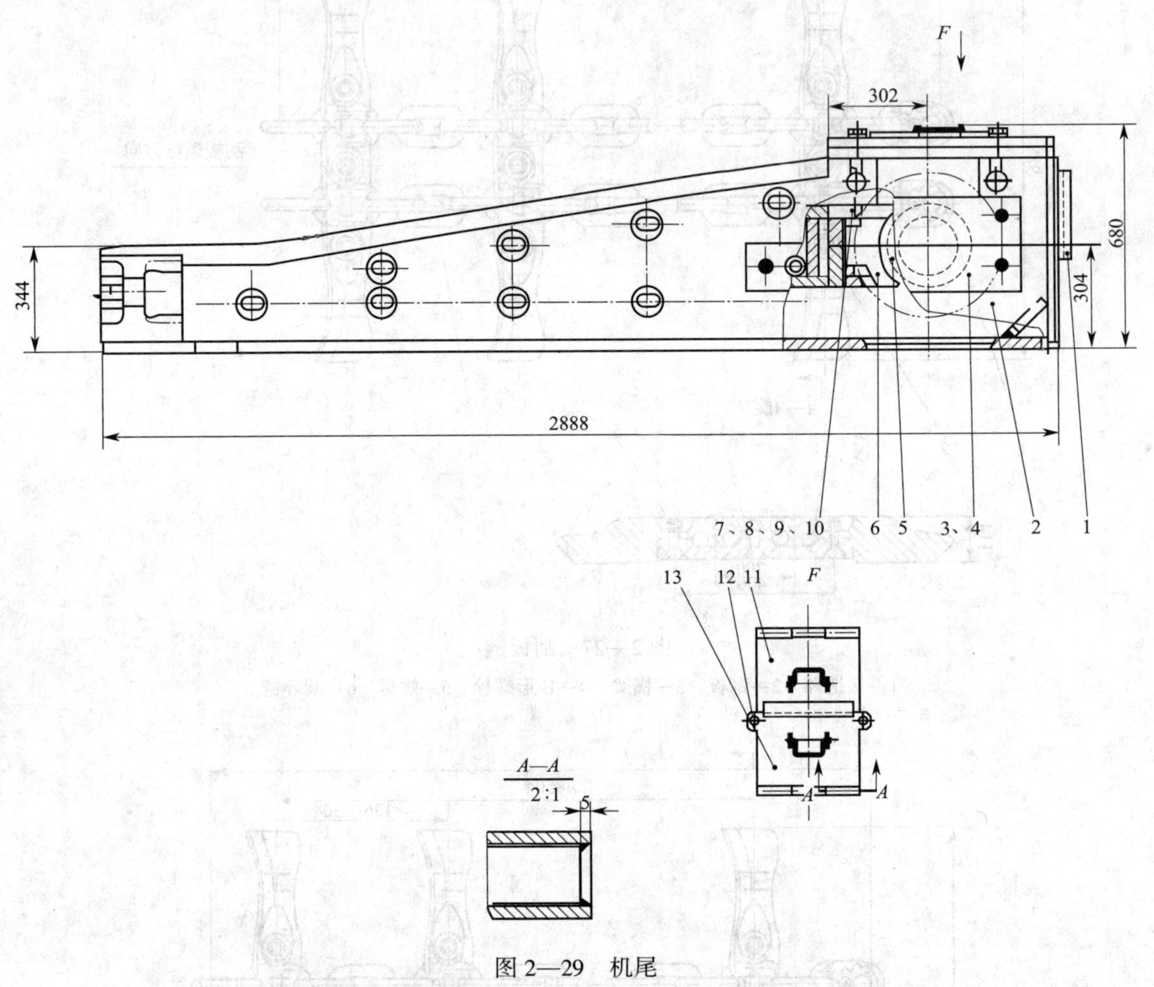

图 2—29　机尾

1—盖板　2—机尾架　3—左护罩　4—右护罩　5—链轮组件　6—拨链器　7—舌板组件　8—螺栓　9—螺母　10—卡板　11—左盖　12—销　13—右盖

1）机尾架。机尾架为整体焊接全封底框架结构。

2）机尾链轮组件。机尾链轮组件与机头链轮组件结构相似，可整体装拆，只是机尾链轮靠刮板链带着转动，整个组件靠两端轴承座架设在机尾架上，机尾链轮为五齿链轮。链轮组件应运行 6 个月左右，之后调转 180°，以便使链轮齿的两侧面均匀磨损。

（5）紧链装置

紧链装置由闸盘—阻链器和伸缩机头辅助紧链组成，如图 2—30 所示。刮板链的张紧力必须适中。张紧力过小，会导致在机头链轮轴下的链条松弛而掉链，链条和刮板链轮接合不紧而跳链，最终引起刮板跳出（尤其在机头）和链环扭结；张紧力过大，会导致链条、链轮、刮板与桥式转载机加速磨损，并且增大驱动桥式转载机的功率损耗。

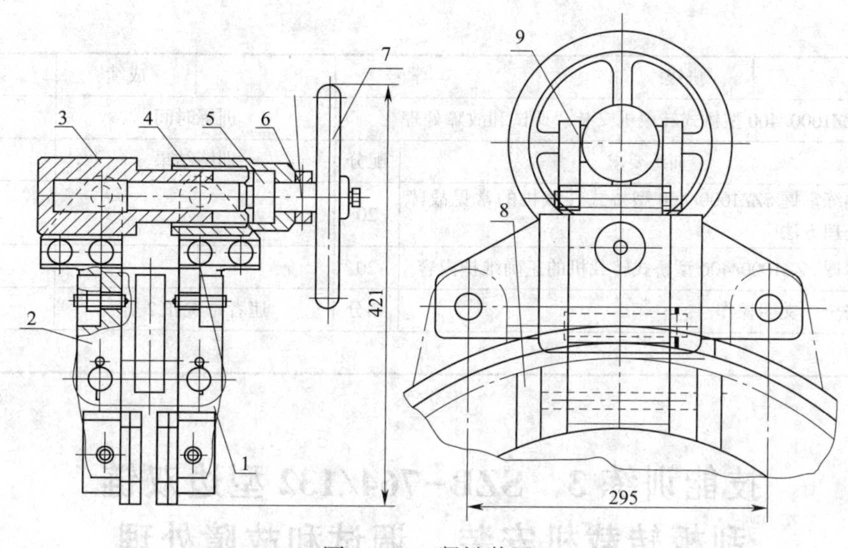

图 2—30 紧链装置

1—制动板 2—连接座 3—导向套 4—轴承 5—丝杠 6—套 7—手轮 8—闸板 9—夹板

◎ 知识拓展

转载机链条预张紧力由下列因素决定：

1. 转载机长度、校直情况和连接缝隙。
2. 链条形式。
3. 链条连接环尺寸和形状。
4. 链条可传递的最大负载。
5. 桥式转载机表面安装部分。

4. 掌握 SZZ1000/400 型桥式转载机的铺设和安装方法

SZZ1000/400 型桥式转载机的铺设和安装训练具体步骤见本章第三节。

5. 掌握 SZZ1000/400 型桥式转载机的故障及处理方法

能现场指出 SZZ1000/400 型桥式转载机的故障点、故障原因及处理办法。

三、技能训练评价标准

技能训练评价标准见表 2—8。

表 2—8　　技能训练评价标准

姓名		班级		学号		成绩	
训练名称	SZZ1000/400 型桥式转载机安装、调试和故障处理				训练时间		
序号	训练要求			配分	训练结果		得分
1	认识 SZZ1000/400 型桥式转载机的结构			20			
2	掌握 SZZ1000/400 型桥式转载机的安装拆卸步骤			20			
3	掌握 SZZ1000/400 型桥式转载机的试运转及正常运转			20			

续表

姓名		班级		学号		成绩	
训练名称	SZZ1000/400 型桥式转载机安装、调试和故障处理				训练时间		
序号	训练要求			配分	训练结果		得分
4	熟练掌握 SZZ1000/400 型桥式转载机的常见故障及处理方法			20			
5	掌握 SZZ1000/400 型桥式转载机的正确维护内容			20			
6	安全、文明操作			扣分	违者每次扣 2 分		
备注							

技能训练 3　SZB-764/132 型边双链刮板转载机安装、调试和故障处理

一、技能训练要求

1. 了解刮板转载机的整体结构。

2. 掌握刮板转载机整体拆装、维修、操作方法和步骤。

二、技能训练内容

以 SZB-764/132 型边双链刮板转载机为例。

1. 了解 SZB-764/132 型边双链刮板转载机的主要技术参数

SZB-764/132 型边双链刮板转载机的主要技术参数见表 2—9。

表 2—9　　SZB-764/132 型边双链刮板转载机的主要技术参数

长度	50 m
输送量	800 t/h
链速	1.3 m/s
电动机功率	132 kW 或 125 kW
中间槽内宽度	724 mm
圆环链规格	22 mm×86 mm
最大宽度	2.08 m
最大高度	1.79 m

2. 熟悉 SZB-764/132 型边双链刮板转载机的基本特点

SZB-764/132 型边双链刮板转载机由行走部、机头传动部、中部槽、刮板链、机尾、挡板和紧链器等组成，如图 2—31 所示。该机可使用 132 kW 或 125 kW 的电动机，并配以液力偶合器和连接罩。刮板转载机的机头及拱桥段相对于带式输送机的机尾在水平方向和垂直方向上均可偏转 10°，可与 SGB-760/264W 型刮板输送机配套使用，刮板转载机机头可骑在

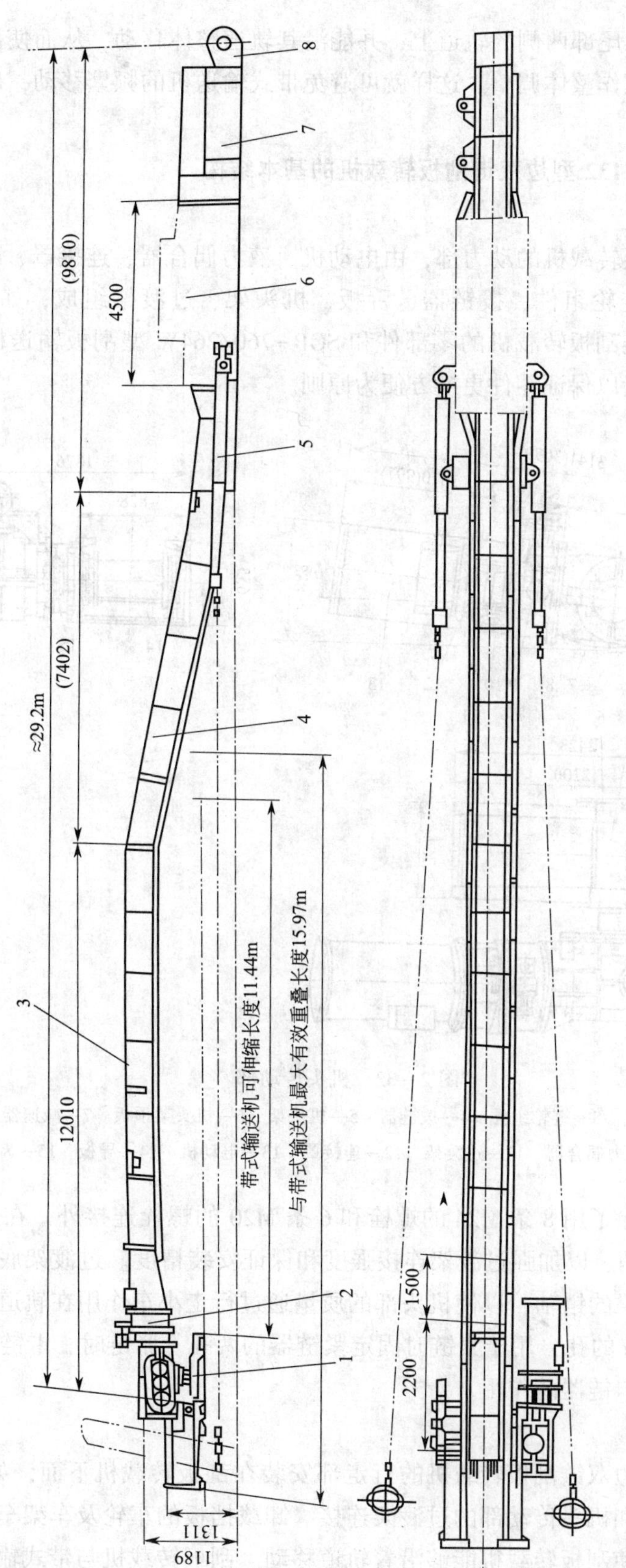

图 2—31　SZB-764/132 型边双链刮板转载机

1—行走部　2—机头传动部　3—中间悬拱段　4—爬坡段
5—拉移装置　6—破碎段　7—水平段　8—机尾

可伸缩带式输送机的机尾部两侧的轨道上，并能沿其轨道整体移动，从而使刮板转载机随工作面输送机的推移步距作整体调整。这样就可避免带式输送机的频繁移动，确保工作面生产循环的顺利进行。

3. 掌握 SZB-764/132 型边双链刮板转载机的基本结构

（1）机头传动部

机头传动部是刮板转载机的动力部，由电动机、液力偶合器、连接罩、闸盘紧链器、减速器、齿轮联轴器、链轮组件、拨链器、舌板、机头架、过渡架组成，如图 2—32 所示。SZB-764/132 型边双链刮板转载机的零部件和 SGB-760/264W 型刮板输送机完全相同，因此在选择设备时应尽量以保证零件更换方便为原则。

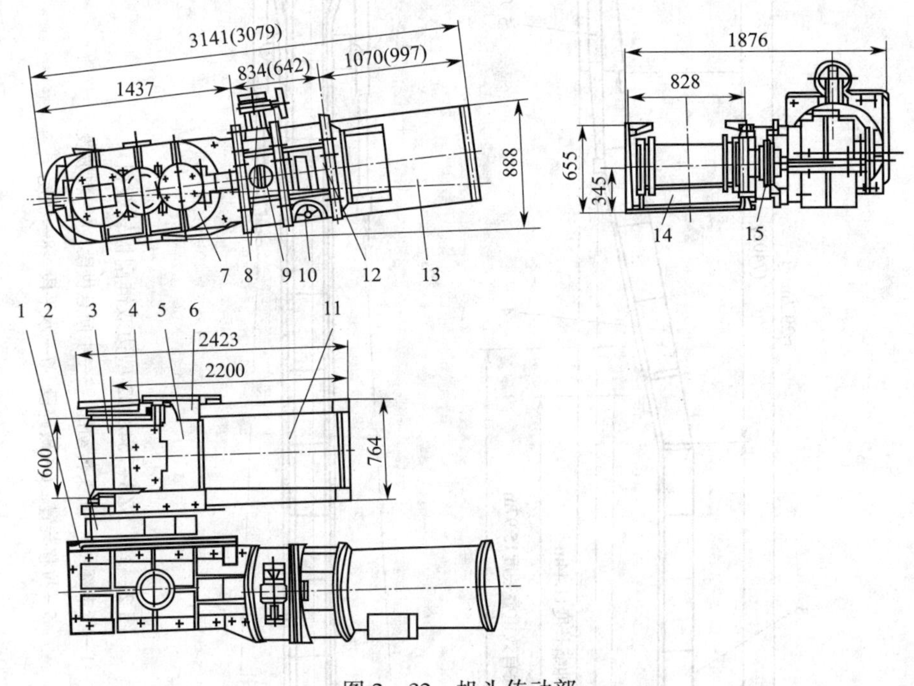

图 2—32 机头传动部

1—连接板 2—连接垫板 3—链轮组件 4—拨链器 5—机头架 6—机头架顶板 7—减速器 8—闸板紧链器 9—闸盘 10—液力偶合器 11—过渡架 12—连接罩 13—电动机 14—导板 15—齿轮联轴器

机头架与过渡槽除了用 8 条 M24 的螺栓和 6 条 M20 的螺栓连接外，在过渡架端面还有两个 ϕ65 mm 的定位销，以加强过渡架连接强度和保证安装精度。过渡架底板 ϕ91 mm 的孔用于连接行走部铰接梁的销轴，以使机头部的质量通过行走小车作用在轨道上。过渡架的中板上也有两个 ϕ34 mm 的孔，用于紧链时固定紧链器的两孔。紧链时，卡链器的两个销轴插入此孔内，并起固定卡链器的作用。

（2）行走部

SZB-764/132 型边双链刮板转载机的行走部安装在刮板转载机下面，如图 2—33 所示，通过铰接梁的定位销和机头传动部的过渡架连接。卸载挡板的车轮及车架车轮骑在带式输送机机尾架的轨道上，使刮板转载机能够沿着轨道移动。刮板转载机与带式输送机的重叠长度随刮板转载机的移动而改变。当刮板转载机随工作面推进而移动到 11.4 m 时，可将带式输送机的输送带缩短一次。行走部上装有缓冲装置，使从机头卸下的大块煤通过缓冲装置上的缓冲板滑到带式输送机上，以防损坏输送带。左右卸料挡板是为了防止煤落在输送机外面而设置的。

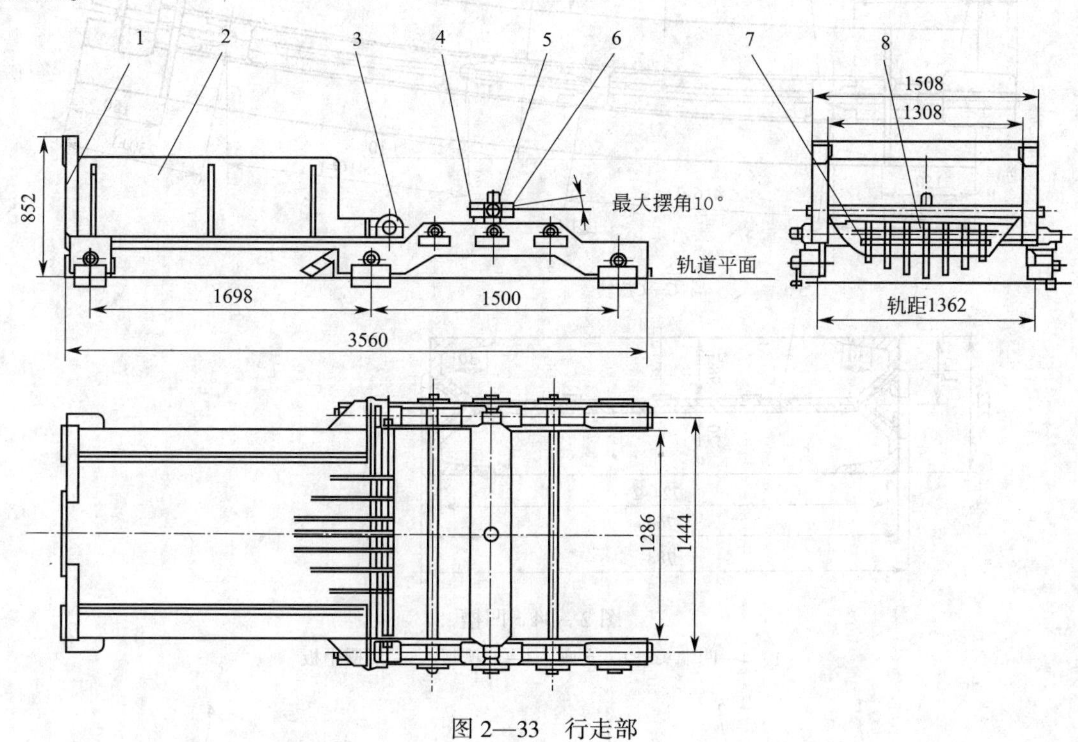

图 2—33　行走部

1—连接梁　2—卸料挡板　3—支架　4—车架　5—支座　6—铰接梁　7—托梁　8—缓冲装置

（3）中部槽

SZB-764/132 型边双链刮板转载机的中部槽和 SGB-764/264W 型刮板输送机的中部槽通用。

为了使刮板转载机与可伸缩带式输送机搭接，保证有足够的搭接长度和空间，由凹槽把地面水平段的中部槽引向爬坡。然后，通过凸槽把爬坡 10°的中部槽引向水平段，使中部槽与安装在行走部上的过渡槽相连接，以形成刮板转载机机头与带式输送机机尾的搭接空间。凸、凹槽的结构与中部槽基本相同，如图 2—34 和图 2—35 所示，只是各自向不同方向弯曲了 10°，并在槽帮钢中板弯曲段堆焊耐磨材料，以增加耐磨性。

（4）挡板和底板

SZB-764/132 型边双链刮板转载机与锤式破碎机配套时，挡板有架桥挡板（见图 2—36）和爬坡挡板（见图 2—37）等 11 种，并且从头到尾与中部槽组成三面的“U”形凹槽。除调整挡板和加高挡板外，其他挡板都有定位块限制挡板与溜槽之间的相对位置。挡板用 M27 特殊螺栓固定在中部槽上，除出入口挡板和调整挡板外，其余挡板都跨接在两节中部槽之间。当紧固挡板间的 M30 连接螺栓时，可使挡板和中部槽形成刚性体，因为架桥挡板具有足够的强度，保证了架桥段和爬坡段不会下落和垮腰。

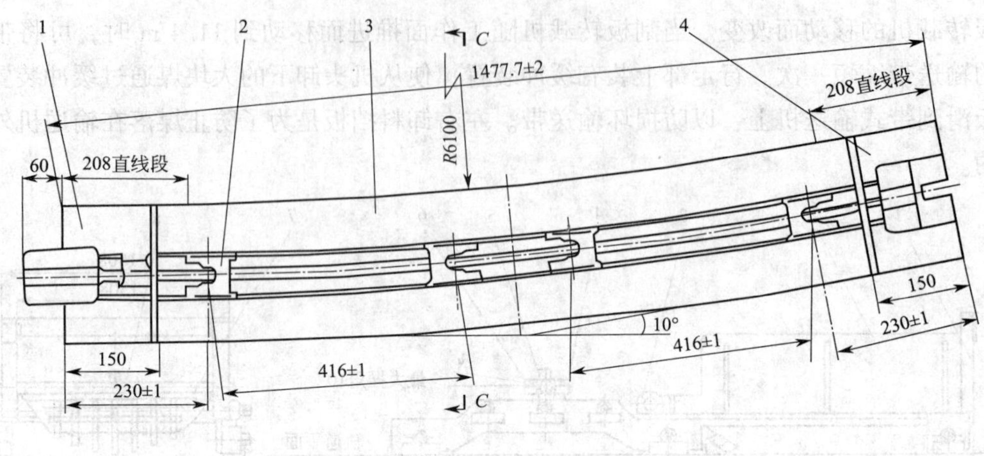

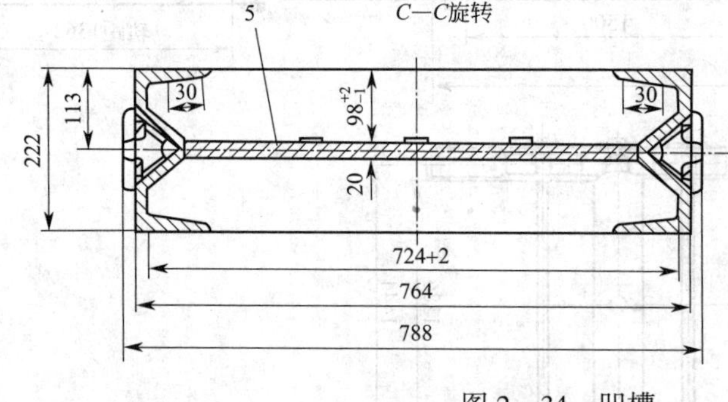

图 2—34　凹槽

1、4—凹端头　2—支座　3—凹槽帮　5—凹槽中板

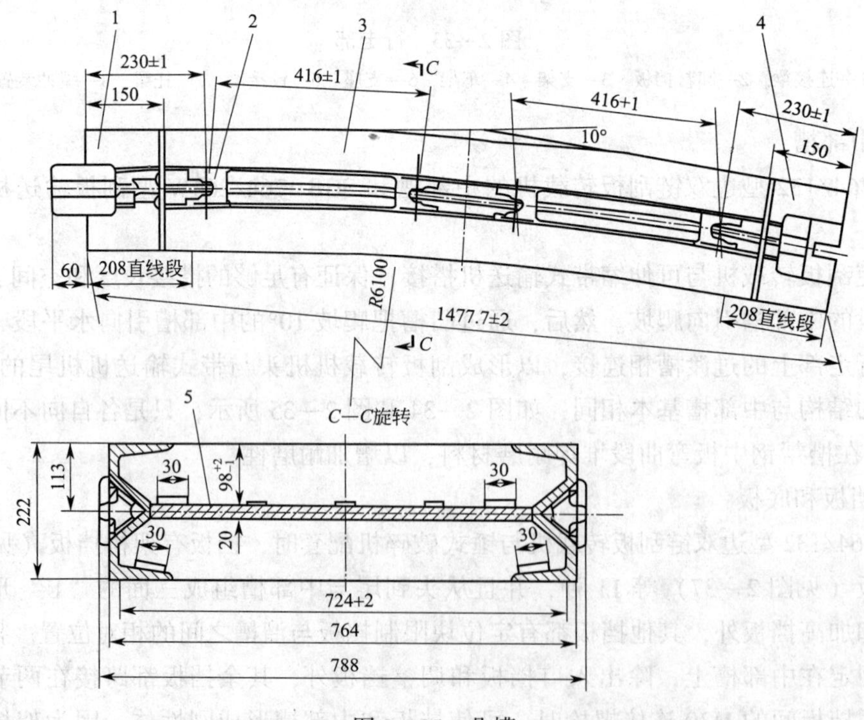

图 2—35　凸槽

1—凸端头　2—支座　3、4—凸槽帮　5—凸槽中板

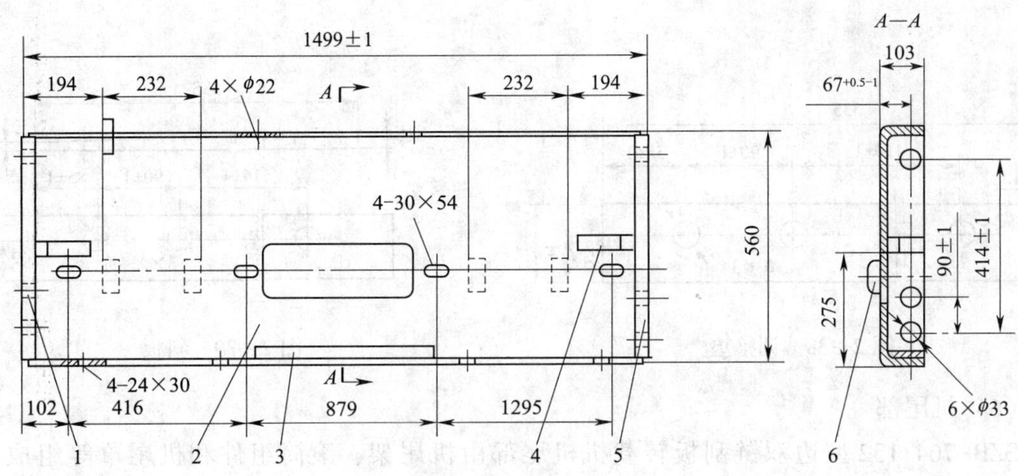

图 2—36　架桥挡板

1、5—侧板　2—弯板　3—加强板　4—筋板　6—定位块

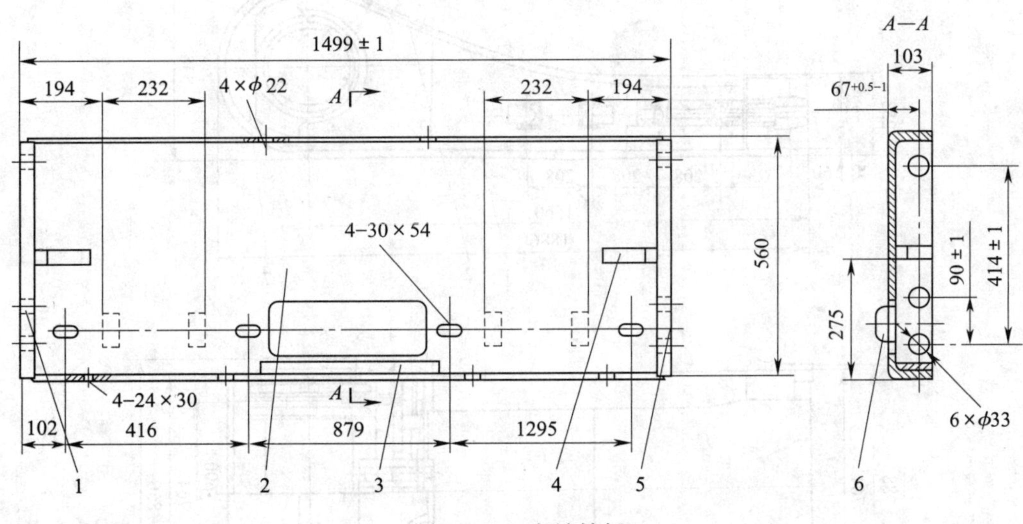

图 2—37　爬坡挡板

1、5—侧板　2—弯板　3—加强板　4—筋板　6—定位块

刮板转载机各段底部都用底板封死，以防止回煤到刮板转载机外。刮板转载机底部用 M20 螺栓与挡板连接，底板由接口板和底板组成，安装时应含有接口，板一端指向机头。

斜垫必须装在两块凸槽板之间，使架桥段和爬坡段凸起，以防止由于动力作用而使悬空部分下落垮塌。

（5）调整垫和斜板

如图 2—38 和图 2—39 所示，SZB-764/132 型边双链刮板转载机配有 8 块调整垫和 2 块斜板。调整垫可根据挡板的组装情况，安装在从机头开始的 1、2 或 3、4 节架桥挡板之间，以及爬坡板 1、2 之间，并用于调整挡板安装时的累积误差，以保证中部槽之间有一定的间隙。

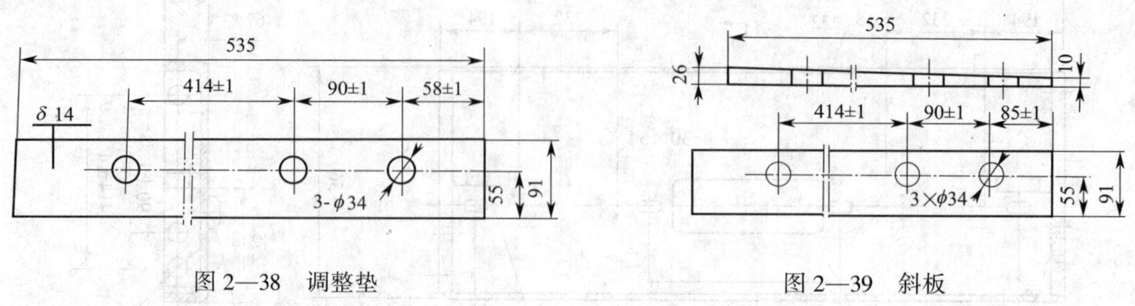

图 2—38　调整垫　　　　图 2—39　斜板

（6）机尾部

SZB-764/132 型边双链刮板转载机机尾部由机尾架、滚筒组件和机尾罩等组成，如图 2—40 所示。

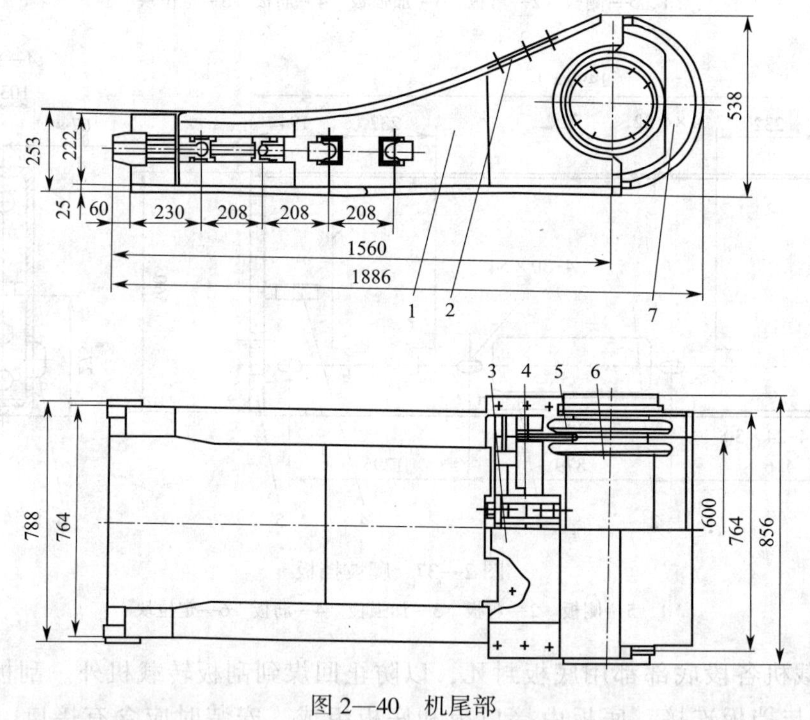

图 2—40　机尾部

1—机尾架　2—顶梁　3—舌板　4—固定架　5—拨链器　6—滚筒组件　7—机尾罩

机尾架是由两侧板、中板、凸端头和固定拨链器的横梁组成。上槽帮弯曲段焊有耐磨金属材料。

滚筒组件由两个滚筒轮和一根固定轴焊接而成，并安装在两端的轴承架上，使用时应经常按规定加油。

（7）拉移装置

SZB-764/132 型边双链刮板转载机的拉移装置是利用两根千斤顶来带动刮板转载机向前移动的，它由拉移圆环、拉移千斤顶和卡链体组成，如图 2—41 所示。

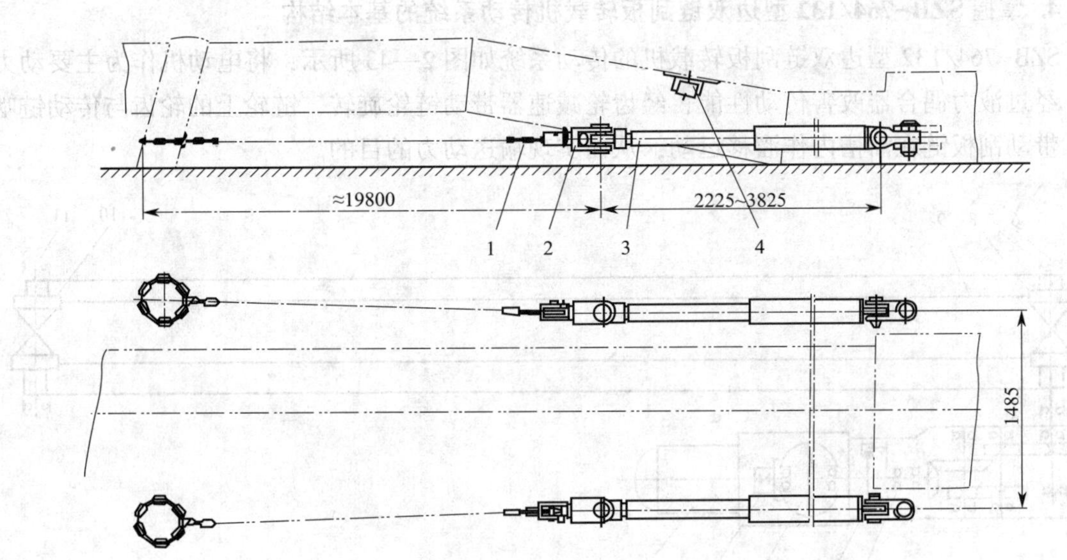

图 2—41 拉移装置

1—牵引链 2—卡链体 3—拉移千斤顶 4—操作阀

拉移千斤顶如图 2—42 所示，其一端通过销轴与锤式破碎机相连接，另一端通过卡链体与拉移圆环链连接。拉移圆环链的一端有一个大链环，能够将圆环链穿入且套在锚固柱上。拉移圆环链由 ϕ18 mm×64 mm 圆环链和 18 mm×64 mm 锯齿式接链环组成，其破断力不小于 343 kN，使用时两边牵引力链的长度相同。拉移千斤顶采用内回油双作用液压缸，并且活塞缸上有供液口。拉移千斤顶是利用安装在挡板上的操作阀来控制的。拉移装置的液压系统中的工作液体是由为工作面液压支架供液的乳化液泵站系统提供的。

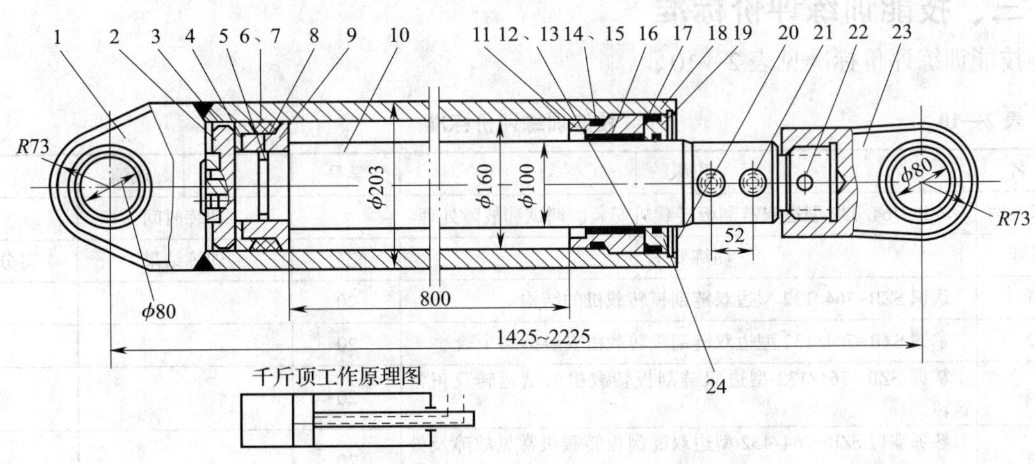

图 2—42 拉移千斤顶

1—缸体 2—小卡环 3—卡箍 4—压紧盖 5、6、12、14、18、24—密封圈 7—挡板 8—活塞导向环 9—活塞 10—活塞杆 11—导套 13、15、20—挡板 16—导向套 17—三半卡环 19—压盖 21—堵头 22—销 23—活塞杆接头

4. 掌握 SZB-764/132 型边双链刮板转载机传动系统的基本结构

SZB-764/132 型边双链刮板转载机的传动系统如图 2—43 所示，将电动机作为主要动力源，经过液力偶合器改善传动性能，经齿轮减速器带动链轮旋转，链轮上的轮齿与传动链啮合，带动刮板链在溜槽内作溜移运动，从而实现输送动力的目的。

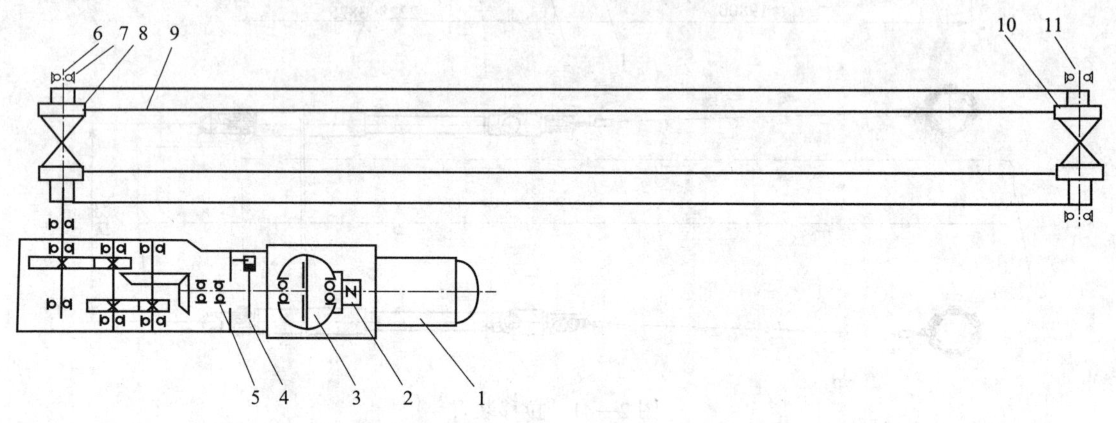

图 2—43 传动系统

1—电动机 2—弹性连接盘 3—液力偶合器 4—摩擦盘、紧链器 5—减速器
6—链轮轴 7、11—轴承 8—链轮 9—刮板链 10—机尾链轮

5. 掌握 SZB-764/132 型刮板转载机的铺设和安装方法

铺设安装训练具体步骤见本章第三节。

6. SZB-764/132 型刮板转载机的故障与处理

能现场指出故障点，说明故障原因和处理办法。

三、技能训练评价标准

技能训练评价标准见表 2—10。

表 2—10 技能训练评价标准

姓名		班级		学号		成绩	
训练名称	SZB-764/132 型边双链刮板转载机安装、调试和故障处理				训练时间		
序号	训练要求			配分	训练结果		得分
1	认识 SZB-764/132 型边双链刮板转载机的结构			20			
2	掌握 SZB-764/132 型边双链刮板转载机安装拆卸步骤			20			
3	掌握 SZB-764/132 型边双链刮板转载机的试运转及正常运转			20			
4	熟练掌握 SZB-764/132 型边双链刮板转载机常见故障及处理方法			20			
5	掌握 SZB-764/132 型边双链刮板转载机的维护内容			20			
6	安全文明操作			扣分	违者每次扣 2 分		
备注							

思考练习题

1. 桥式转载机由哪几部分组成？
2. 桥式转载机有什么特点？在综合机械化采煤工作面运输系统中起何作用？
3. 简述桥式转载机的现场安装过程。
4. 桥式转载机试运转和正常运转时应注意哪些问题？
5. 桥式转载机的维修内容是什么？
6. 桥式转载机有哪些常见故障？如何处理？

第三章 可伸缩带式输送机

学习目标

1. 了解可伸缩带式输送机的工作原理、分类、主要结构和主要参数。
2. 掌握可伸缩带式输送机的具体安装、调整方法及要求。
3. 掌握煤矿机电设备完好标准对可伸缩带式输送机的规定。
4. 能对可伸缩带式输送机进行定期维护和检修。
5. 能判断和处理可伸缩带式输送机的常见故障。

可伸缩带式输送机（也可简称带式输送机或输送机）是为适应综合机械化采煤工作面高速作业、快速推进而迅速发展起来的一种输送机。可伸缩带式输送机的运输能力大、阻力小、耗电量低，运输过程中抛撒煤量少，能适应综合机械化采煤工作面走向长度大、设备拆移次数少、推进速度快的要求，不但是综合机械化采煤工作面下巷道的主要运输设备，而且是井下上山、下山、运输大巷、副井运煤的主要设备。它的使用也标志着矿井现代化水平的提高。

可伸缩带式输送机用于巷道运输时，机尾配桥式转载机与工作面输送机相连接，用于巷道掘进运输时，机尾配带式转载机与掘进机相连接。可伸缩带式输送机所配套的电动机、电气设备等都具有隔爆性能，以适应有煤尘和瓦斯的矿井环境。

第一节 可伸缩带式输送机概述

一、可伸缩带式输送机的类型

可伸缩带式输送机种类繁多：按机身结构不同，可分为钢架吊挂式、钢架落地式、绳架落地式和绳架吊挂式四种类型，如图 3—1、图 3—2、图 3—3 和图 3—4 所示；按运行功能不同，可分为近水平式（≤4°）和缓倾斜式（≤±15°）；按驱动方式不同，可分为单电动机驱动、双电动机驱动和三电动机驱动等类型，如图 3—5 和图 3—6 所示；按用途不同，可分为单向可伸缩带式输送机、双向可伸缩带式输送机和单点可伸缩带式输送机，在综合机械化采煤工作面下巷道常用的是单向可伸缩带式输送机。

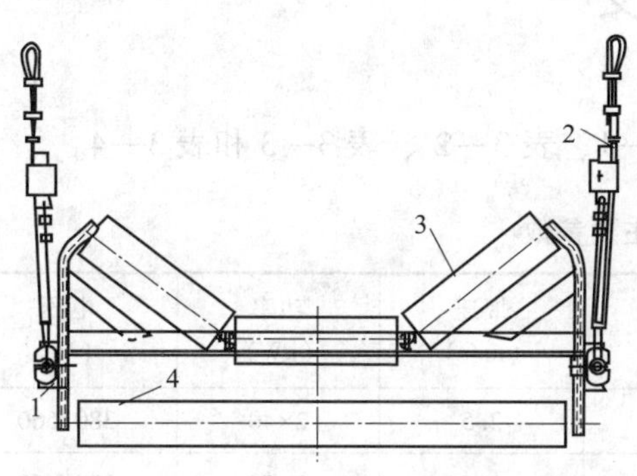

图 3—1　钢架吊挂式

1—槽钢纵梁　2—吊绳

3—上托辊　4—下托辊输送机中间架

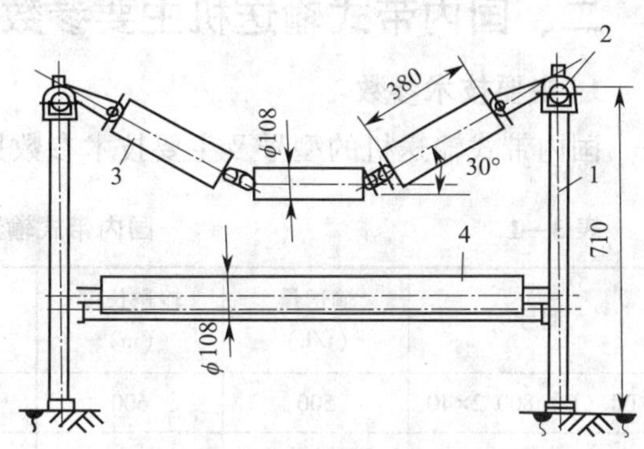

图 3—2　钢架落地式

1—H 形中间架　2—纵梁

3—上托辊　4—下托辊

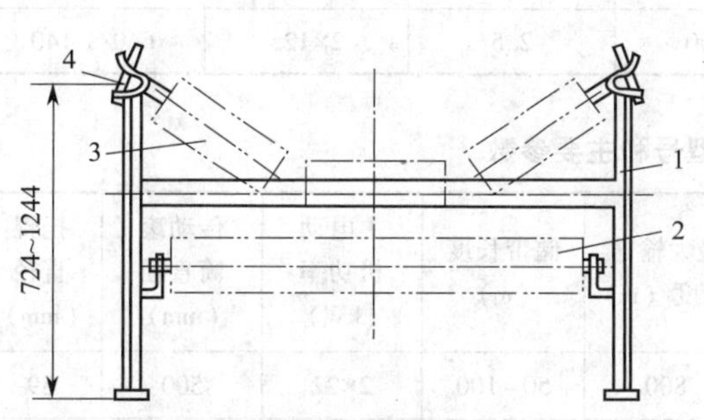

图 3—3　绳架落地式

1—H 形中间架　2—下托辊

3—上托辊　4—机身钢丝绳

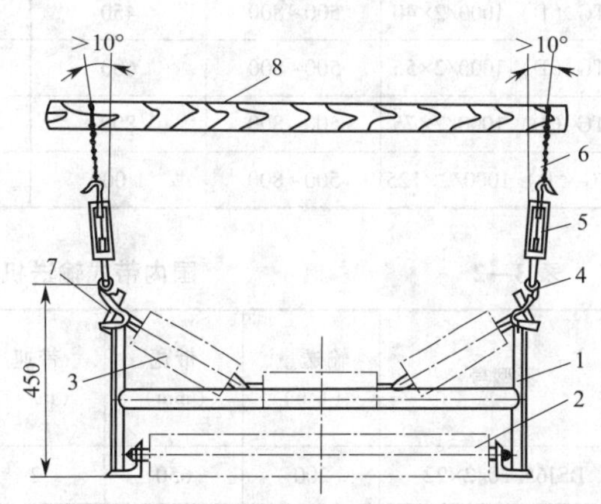

图 3—4　绳架吊挂式

1—H 形吊架　2—下托辊　3—上托辊

4—吊钩　5—紧绳器　6—吊绳　7—机身钢丝　8—顶梁

图 3—5　三电动机驱动输送机

图 3—6　双电动机驱动输送机

可伸缩带式输送机的机头传动装置可根据巷道条件任选一侧安装。机身为可伸缩部分，有吊挂式和落地式两种结构形式，机尾为可移动部分，其余为固定部分，不需打基础安装。非固定部分的机身采用无螺栓连接的快速可拆支架，其结构简单、拆装方便。机身通过收放输送带装置、储带装置和张紧装置来实现快速伸缩。

二、国内带式输送机主要参数及含义

1. 主要技术参数

国内带式输送机的型号及主要技术参数见表 3—1、表 3—2 、表 3—3 和表 3—4。

表 3—1 国内带式输送机的主要参数

型号	输送量（t/h）	输送长度（m）	带宽（mm）	带速（m/s）	功率（kW）	电压（V）
STG（D）800/2×40	500	600	800	2. 5	2×40	380/660
STG（D）800/2×55	500	900	800	2. 5	2×55	380/660
STG（D）800/2×75	500	1 200	800	2. 5	2×75	660/1 140
STG（D）800/2×125	500	据倾角定	800	2. 5	2×125	660/1 140
STG（D）1000/2×40	500~800	450	1 000	2. 5	2×40	380/660
STG（D）1000/2×55	500~800	600	1 000	2. 5	2×55	380/660
STG（D）1000/2×75	500~800	800	1 000	2. 5	2×75	660/1 140
STG（D）1000/2×125	500~800	1 000	1 000	2. 5	2×125	660/1 140

表 3—2 国内带式输送机的新型号和主要参数

新型号	输送量（t/h）	带宽（mm）	带速（m/s）	最大输送长度（m）	储带长度（m）	主电动机功率（kW）	传动滚筒直径（mm）	托辊直径（mm）
DSJ65/20/2×22	200	650	2	800	50~100	2×22	500	89
DSJ65/10/40	100	650	1. 6	1 000	50~100	40	500	108
DSJ80/40/2×40	400	800	2	800	50~100	2×40	500	89
DSJ80/40/90	400	800	2	1 000	50~100	90	630	89
DSJ100/63/2×75	630	1 000	2	1 000	50~100	2×75	630	108
DSJ100/63/125	630	1 000	2	1 000	50~100	125	630	108
DSJ100/80/160	800	1 000	2. 5	1 000	50~100	160	630	108
DSJ120/100/250	1 000	1 200	3. 15	1 000	50~100	250	830	133/159
DSJ120/120/2×250	1 200	1 200	3. 15	1 000	50~100	2×250	830	133/159
DSJ120/150/2×315	1 500	1 200	3. 15	1 500	50~100	2×315	830	133/159
DSJ120/200/3×315	2 000	1 200	3. 15	1 200	50~100	3×315	830	133/159
DSJ140/300/3×315	3 000	1 400	3. 15	1 000	50~100	3×400	1000	159

表 3—3 SJ-80 型带式输送机和 DSP-1010/650 型带式输送机的主要技术参数

型号	输送量（t/h）	输送长度		带速（m/s）	传动滚筒直径（mm）	托辊直径（mm）	与转载机接头最大长度（m）	储带长度（m）	电动机			液力联轴器型号
		出厂长度（m）	最大长度（m）						型号	功率（kW）	电压（V）	
SJ-80	400	600	800	2	500	89	12	50	DSB-40	40×2	380/660	YOX400
DSP-1010/650	100	1 000	1 100	2	500	89	12	100	DSB-40	40	380/660	YOX400

表 3—4 SPJ-80（1000）型带式输送机的主要技术参数

型号	输送量（t/h）	输送长度（m）	带速（m/s）	传动滚筒直径（mm）	托辊直径（mm）	输送带	
						类型	宽度（mm）
SPJ-80（1000）	350	300	1.63	450	108	普通橡胶带	800（1 000）

2. 主要参数的含义

一般根据物料搬运系统的要求、物料装卸地点的各种条件、有关的生产工艺过程和物料的特性等来确定带式输送机各主要参数。

（1）输送能力

输送能力是指单位时间内输送的物料量。在输送散状物料时，以每小时输送物料的质量或体积计算；在输送成件物品时，以每小时输送物品的件数计算。

（2）输送速度

提高输送速度可以提高输送能力。在以输送带作牵引件且输送长度较大时，输送速度日趋增大，但高速运转的带式输送机需注意振动、噪声和启动、制动等问题。输送速度应按生产工艺要求确定。

（3）构件尺寸

带式输送机构件尺寸是指输送带宽度，它直接影响输送机的输送能力。

（4）输送长度和倾角

输送线路长度和倾角大小直接影响带式输送机的总阻力和所需要的功率。

（5）带宽

带宽为带式输送机输送物料的有效宽度。

（6）输送长度

输送长度为带式输送机运送物料的距离。

第二节 可伸缩带式输送机结构和工作原理

一、可伸缩带式输送机的结构

可伸缩带式输送机主要由卸载部、驱动装置、固定滚筒、储带装置、活动小车、张紧装置、输送带、胶带收放装置、机尾牵引滚筒、托辊、机架、机尾、清扫器和检测保护装置等部分组成，如图 3—7 所示。

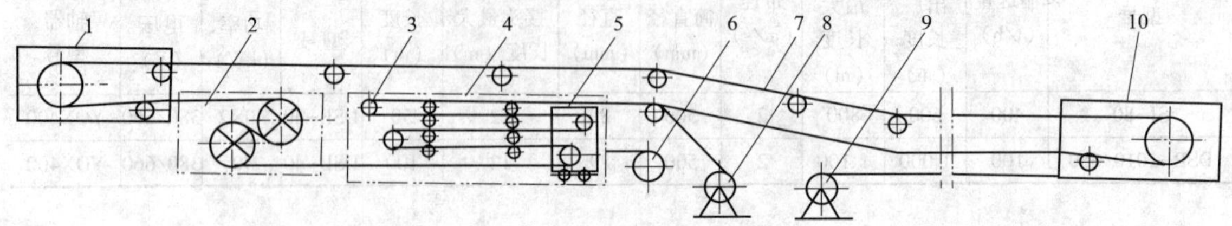

图 3—7 可伸缩带式输送机的结构

1—卸载部 2—驱动装置 3—固定滚筒 4—储带装置 5—活动小车及活动滚筒 6—张紧装置 7—输送带 8—胶带收放装置 9—机尾牵引滚筒 10—机尾

绕过各个滚筒后，输送带被连接成一个具有上、下分支的闭合环路，分支分别由上、下托辊支撑，一般上分支输送物料。输送散状物料时，上托辊用槽形托辊，增大物料堆积断面面积并防止漏料；输送成件物品时，上托辊用槽形托辊或托板。下托辊一般用平形托辊，当带宽大于 1 200 mm 时，也可用两个辊子组成槽形托辊。如图 3—8 所示为上、下托辊实物。

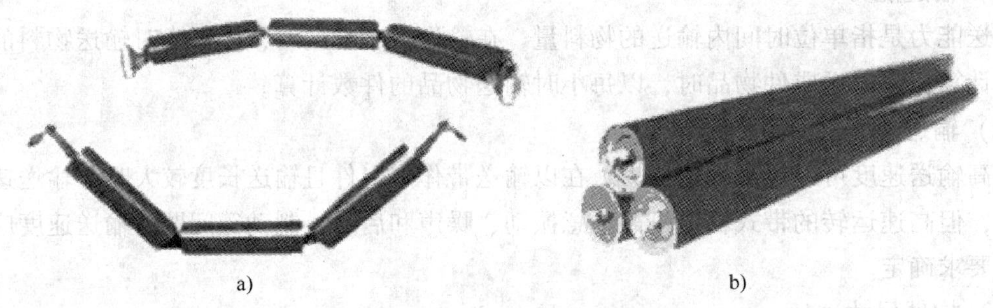

a)　　b)

图 3—8 上、下托辊实物

a）上托辊组 b）下托辊组

1. 卸载部

可伸缩带式输送机的卸载部在机头的最前端，由卸载臂和卸载滚筒组成。胶带运来的货物经卸载滚筒卸下，胶带经卸载滚筒返回到传动滚筒。在卸载滚筒下面装有一个胶带清扫器，以便清除卸载后粘在可伸缩带式输送机上的碎屑。可伸缩带式输送机的卸载臂和卸载滚筒安装在其前端。

不同机型的卸载部结构基本相同。由于维护需要，卸载部又可加长外伸的延伸架，卸载滚筒安装在延伸架的顶端，其轴线位置可通过两侧的螺栓进行控制，以调节胶带在机头部的跑偏。延伸架上还装有托辊座和速度保护装置。延伸架的一端通过斜撑与连接架相连，另一端与三脚架铰接。三脚架由螺栓固定在底座上。延伸架是框架结构，它利用斜撑下部支撑位置的变化，使机头传动装置的卸载角度有一定的变化，以满足卸载高度的要求。支撑机头传动装置的底座由三部分拼接而成，以便于运输。在机头底座安装完毕后，打地锚和打点柱双向固定。如图 3—9 所示为 SSJ1000/200×2 型可伸缩式带式输送机卸载部。

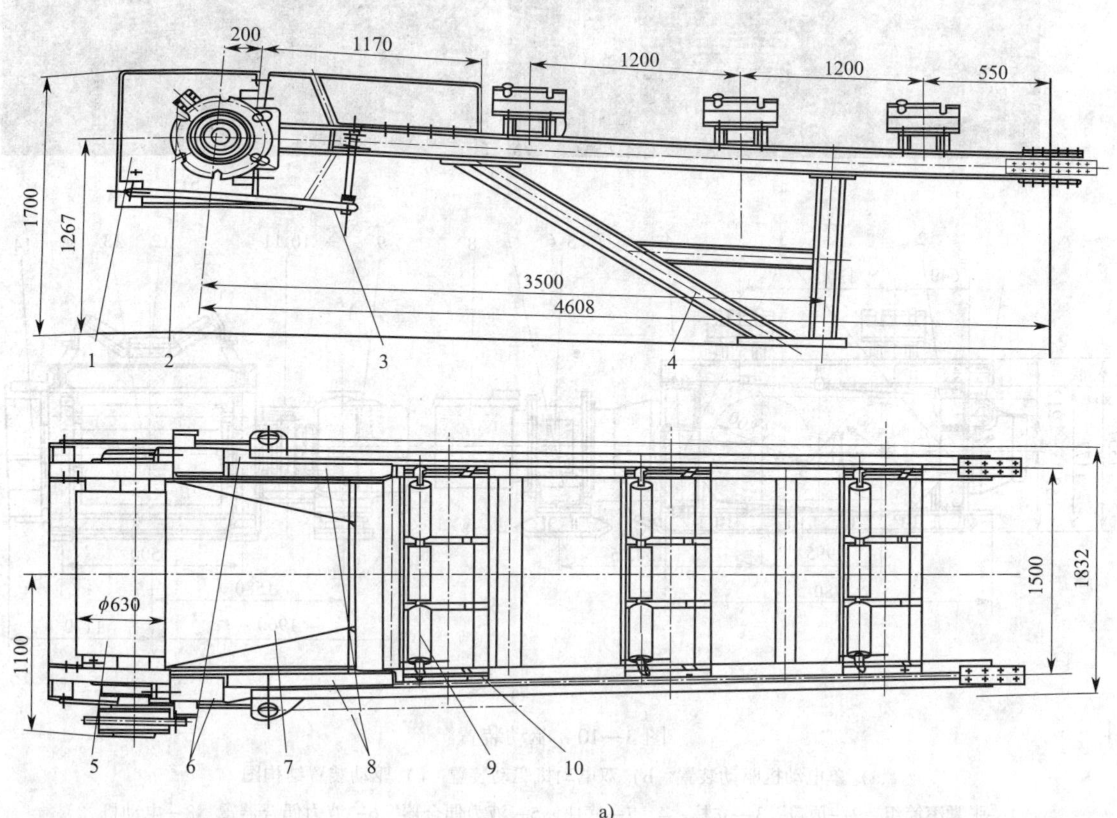

a)

b)

c)

图 3—9　SSJ1000/200×2 型可伸缩带式输送机卸载部

a）卸载部结构图　b）、c）两种不同机头卸载部实物图

1—前护架　2—速度保护器　3—弹簧保护器　4—支架　5—卸载滚筒

6—卸煤架　7—中间护板　8—左、右侧护板　9—托辊　10—托辊支架

2. 驱动装置

如图 3—10 所示，可伸缩带式输送机的驱动装置由电动机、减速器、制动轮弹性联轴器和传动滚筒等组成。

a)  b)

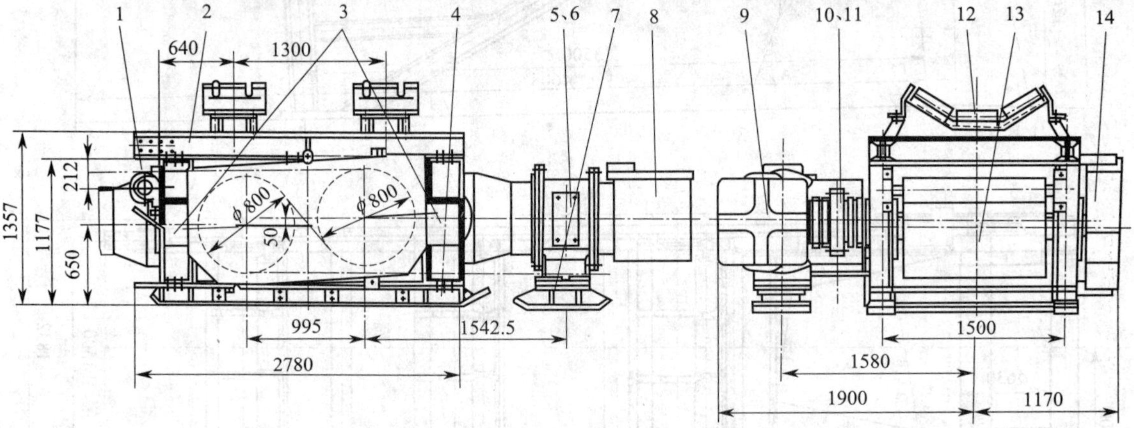

c)

图 3—10 驱动装置

a）单电动机驱动装置 b）双电动机驱动装置 c）驱动装置结构图

1—张紧滚筒组 2—顶盖 3—立柱 4、7—底座 5—液力偶合器 6—液力偶合器罩 8—电动机 9—减速器 10—法兰盘 11—联轴器 12—托辊 13—传动滚筒 14—齿轮罩

电动机和减速器通过连接法兰分别连接到制动轮弹性联轴器的两端，构成一体。减速器大多采用三级齿轮减速，第一级为螺旋圆锥齿轮，第二级、第三级为斜齿轮和直齿轮，从而使总传动比有较合理的比值。传动滚筒外层包胶，对防止打滑、减少初张力具有较好的效果。驱动装置分为头部驱动装置、头尾驱动装置和复合驱动装置，如图 3—11 所示。驱动装置还可分为双滚筒共同驱动装置和双滚筒分别驱动装置，如图 3—12 所示。

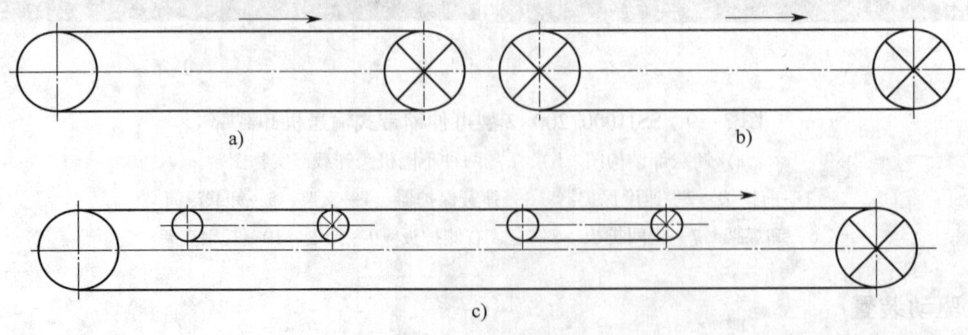

图 3—11 驱动装置

a）头部驱动装置 b）头尾驱动装置 c）复合驱动装置

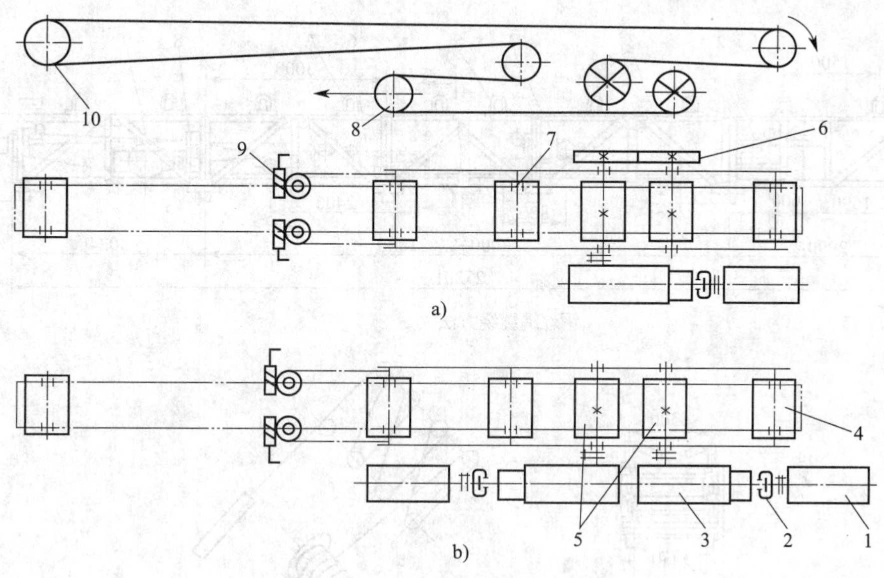

图 3—12 双驱动滚筒驱动方式

a）双滚筒共同驱动装置 b）双滚筒分别驱动装置

1—电动机 2—液力偶合器 3—减速器 4—卸载滚筒 5—驱动滚筒

6—齿轮连接器 7—换向滚筒 8—拉紧滚筒 9—手动蜗轮滚筒 10—机尾换向滚筒

3. 储带装置

可伸缩带式输送机的储带装置是用来储存或放出胶带的设备，包括储带转向装置、储带仓架、游动小车、张紧装置、张紧绞车等，如图 3—13 所示。如图 3—14 所示为另一种手动储带装置。

a)

b)

c)

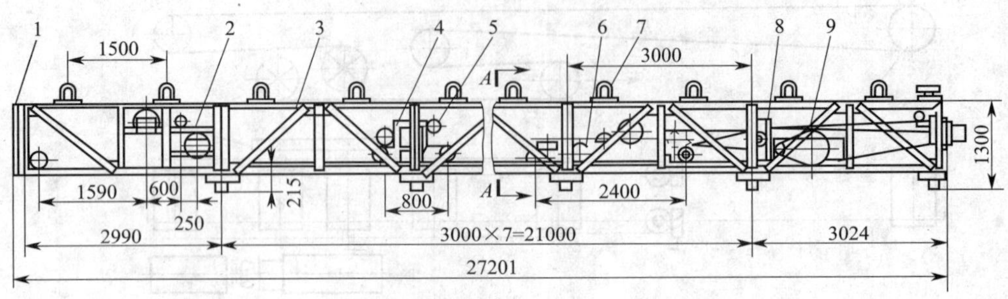

钢丝绳缠绕方法

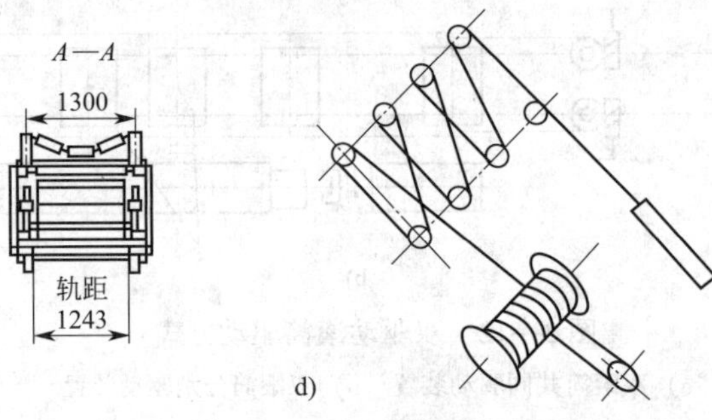

d）

图 3—13　储带装置

a）张紧绞车实物图　b）游动小车实物图　c）张紧装置实物图　d）储带装置结构图

1—过渡架　2—储带转向装置　3—储带仓架　4—托辊小车　5—平托辊

6—游动小车　7—铰接托辊　8—张紧装置　9—张紧绞车

图 3—14　手动储带装置

1—手动张紧装置　2—储带仓　3—张紧滚筒　4—导向滚筒

储带装置的骨架由框架和支架用螺栓铰接而成。储带转向架上的固定换向滚筒与游动小车上的换向滚筒一起，通过胶带在储带装置中往返导向。架子上面安装固定槽形托辊和平托辊，以支撑胶带，架子内侧有轨道，供游动小车行走。

机型不同，固定换向滚筒的直径大小不同，但其结构都为定轴式，作用是储带装置换向。

游动小车由车架、换向滚筒、滑轮组、车轮等组成。滑轮组装在车身后部并与另一组滑轮组相配合，其位置可保证受力时车身不被抬起，这样对保持车身稳定、防止换向滚筒上胶带跑偏的效果较好。游动小车下部还装有止爬钩，用以防止车轮脱轨、掉道。游动小车按如图 3—15a 所示方向移动时，胶带储进，机身缩短，通过钢丝绳拉紧游动小车可使胶带得到适当的张力。游动小车按如图 3—15b 方向移动时，胶带放出，机身伸长。

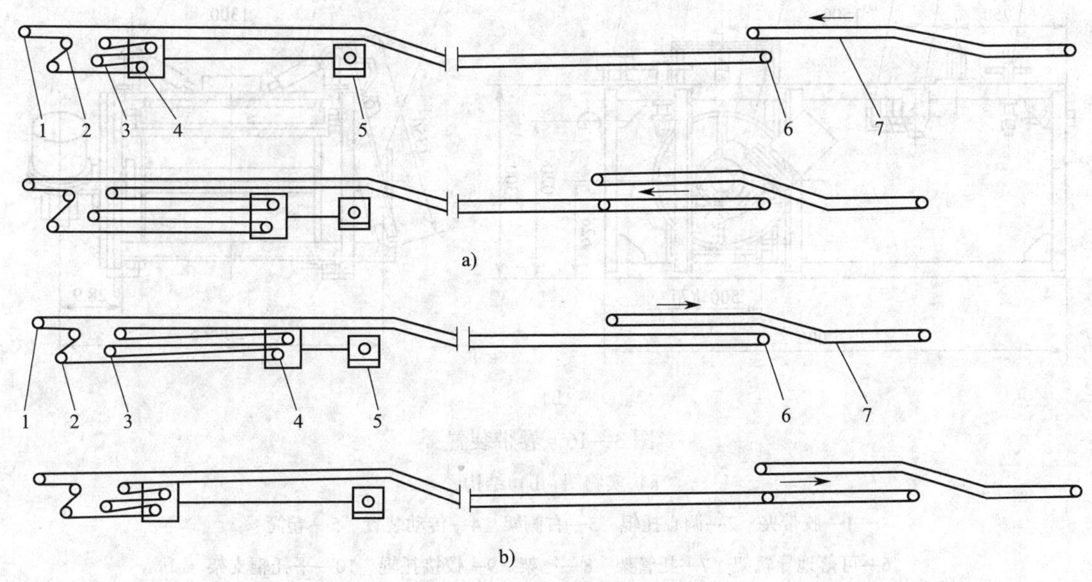

图 3—15　储带仓工作原理

a）后退式　b）前进式

1—换向滚筒　2—传动滚筒　3—固定滚筒　4—活动滚筒　5—张紧滚筒　6—机尾滚筒　7—转载机

在储带装置的后边装有张紧绞车、胶带张力指示器和张力缓冲器。张力缓冲器的作用是在可伸缩带式输送机启动时使胶带始终保持一定的张力，减少胶带的下垂度和胶带层间的拍打。

4. 卷带装置

可伸缩带式输送机的卷带装置设在储带仓后面，由机架、电动机、蜗杆副减速器、卷筒、可落地导轨架、顶针小车和手动夹板等组成，如图 3—16 所示。不同机型的卷带装置结构大同小异，主要在输送机伸缩时起收放带作用。

5. 制动装置

可伸缩带式输送机的制动装置有逆止器和制动器。逆止器用于倾角大于 4°且向上运输的满载输送机突然断电或发生事故时的停车制动。制动器用于各种情况的制动。

（1）逆止器

如图 3—17a 所示为塞带式逆止器，如图 3—17b 所示为滚柱式逆止器。

a）

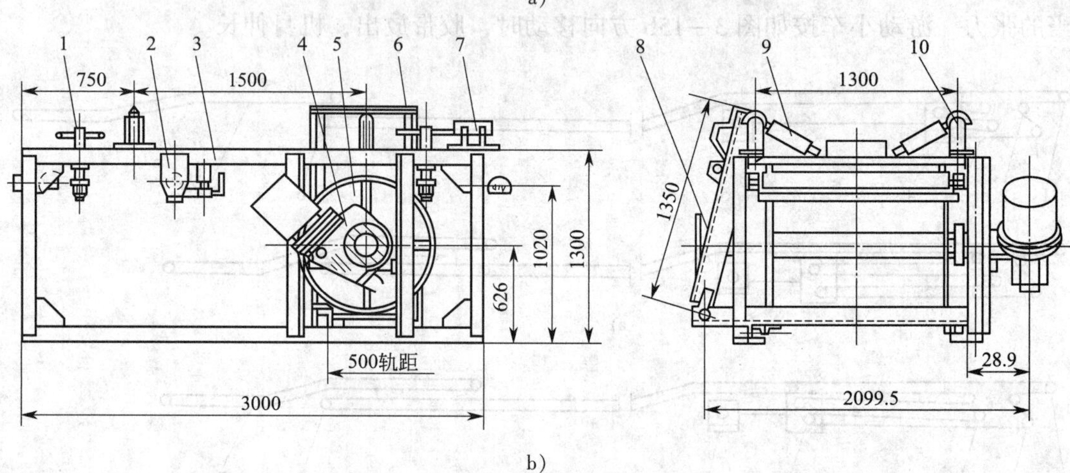

b）

图 3—16　卷带装置

a）实物图　b）结构图

1—胶带夹　2—调心托辊　3—右侧架　4—传动装置　5—卷筒

6—可落地导轨架　7—托管架　8—尾架　9—铰接托辊　10—平托辊支架

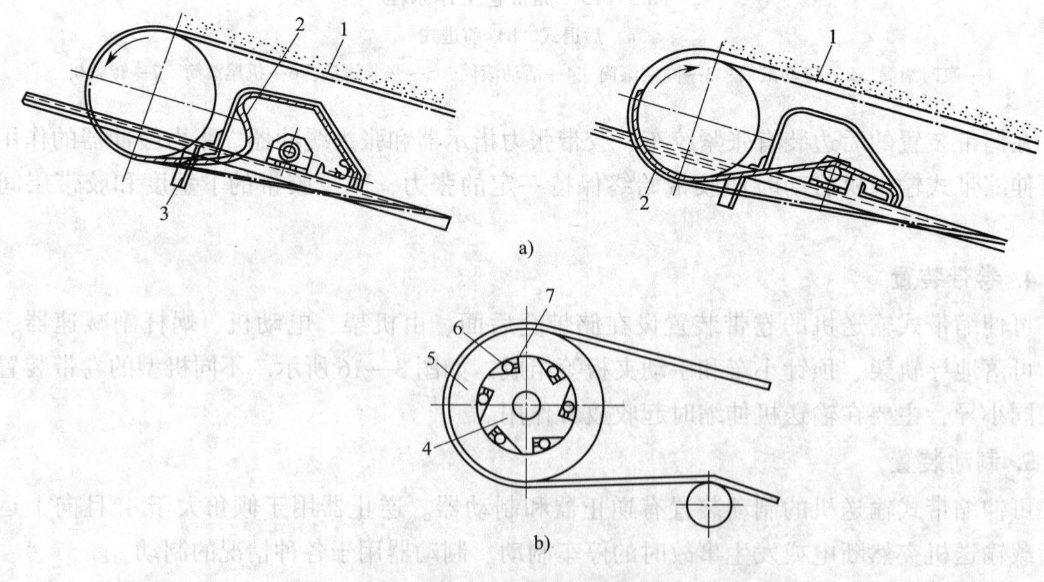

图 3—17　输送机逆止器

a）塞带式逆止器　b）滚柱式逆止器

1—胶带　2—制动带　3—固定挡块　4—星轮　5—固定圈　6—滚柱　7—弹簧

（2）制动器

1）电动液压推杆制动器如图 3—18 所示。

2）盘式制动器如图 3—19 所示。

6. 张紧装置

可伸缩带式输送机的张紧装置用于张紧输送带，使传动滚筒与输送带之间有传递牵引力所必需的张力，并保证输送带在托辊之间不过度下垂。如图 3—20 和图 3—21 所示分别为重力张紧装置和螺旋张紧装置。

清扫器可清除黏附在输送带两面的污物，有刮、洗、振、吹、刷等几种类型，可按物料的特性选用。

检测保护装置用来保证输送机的正常运转，防止意外事故。根据可伸缩带式输送机的重要性和工作特点设置检测保护装置，主要有防输送带跑偏装置、速度检测装置、打滑检测装置和输送带纵向撕裂检测装置等。

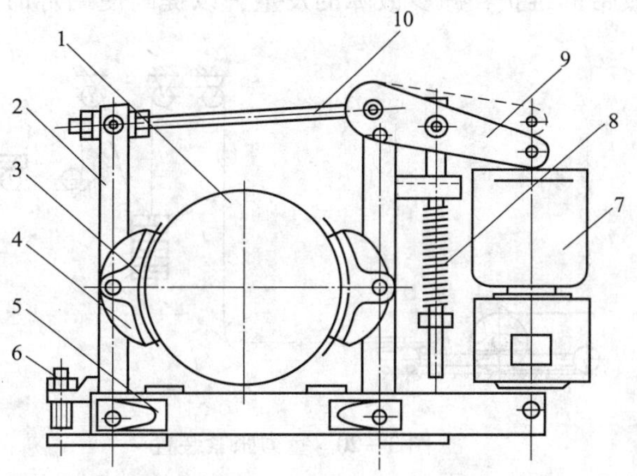

图 3—18 电动液压推杆制动器

1—制动轮 2—振动臂 3—制动瓦衬垫 4—制动瓦块 5—底座 6—调整螺钉 7—电液驱动器 8—制动弹簧 9—制动杠杆 10—推杆

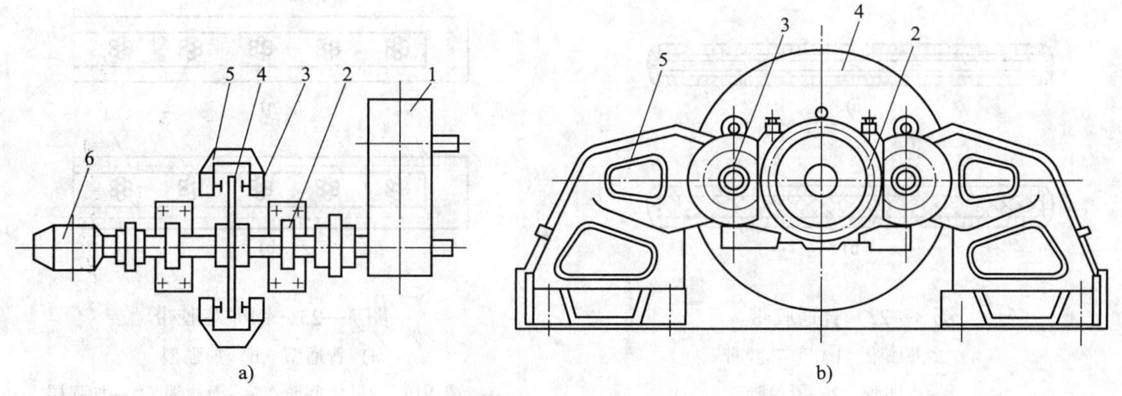

图 3—19 盘式制动器

a）总体布置 b）盘式制动器组成

1—减速器 2—制动轴承座 3—制动缸 4—制动盘 5—制动缸支座 6—电动机

7. 胶带

（1）胶带的作用

胶带是可伸缩带式输送机的重要组成部分。胶带贯通可伸缩带式输送机的全长（其长度是可伸缩带式输送机的两倍），既是承载机构，又是牵引机构。胶带质量的好坏对可伸缩带式输送机的影响非常大，所以对其质量要求很高。从承载的角度来讲，要求胶带柔软，成形性好；从牵引角度来讲，则要求胶带的抗拉强度大。可伸缩带式输送机的铺设长度与胶带的抗拉强度有很大的关系。胶带的价值占整台设备的50%，因此，在使用过程中要加强对胶带的维护，减少故障的发生，以提高使用寿命，降低运输成本。

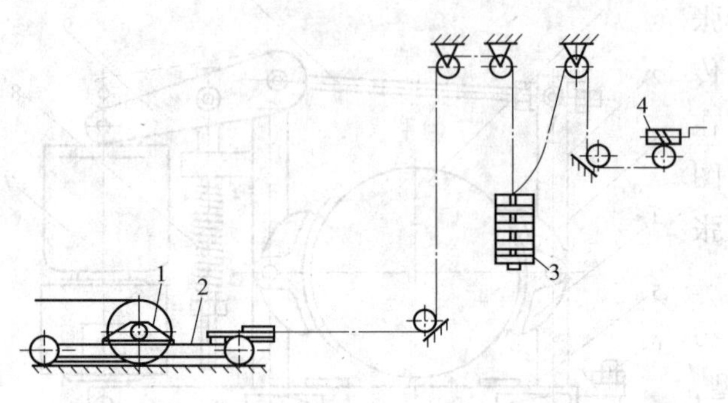

图 3—20 重力张紧装置

1—拉紧滚筒 2—滚筒小车 3—重砣 4—手摇绞车

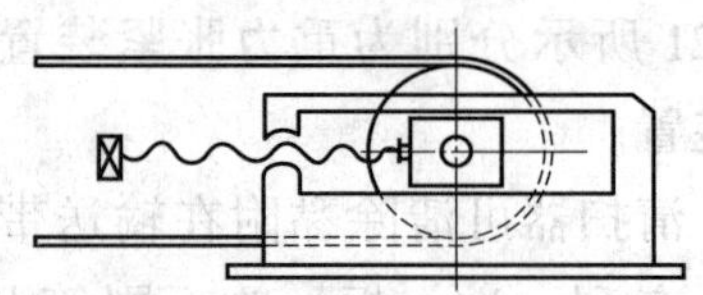

图 3—21 螺旋张紧装置

(2) 胶带的种类和结构

胶带的种类和结构分别如图 3—22 和图 3—23 所示。

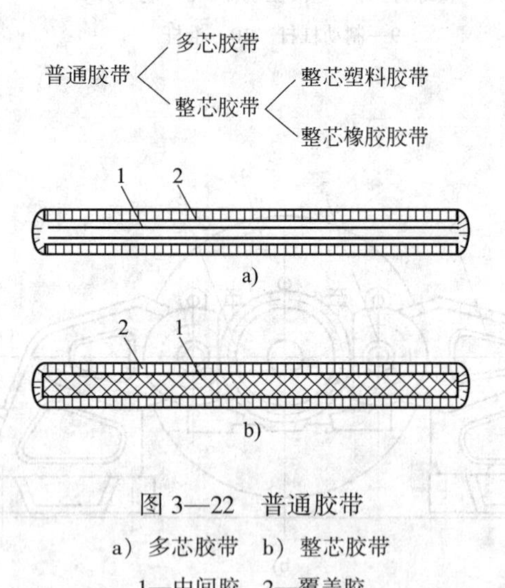

图 3—22 普通胶带

a）多芯胶带 b）整芯胶带

1—中间胶 2—覆盖胶

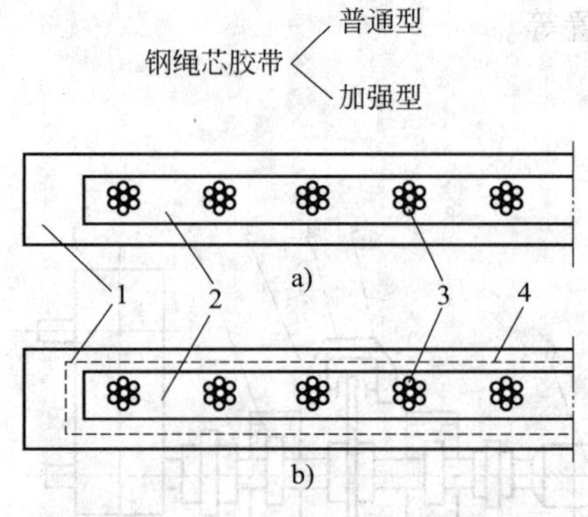

图 3—23 钢绳芯胶带

a）普通型 b）加强型

1—覆盖胶 2—中间胶 3—钢丝绳 4—加强层

胶带的连接方法有机械连接法、硫化连接法、冷粘连接法和塑化连接法，其中机械连接法又包括合页连接法、夹板铆接法和钩卡连接法等，如图 3—24 所示。

8. 托辊

(1) 作用及结构

托辊托起胶带以减少运行摩擦力，并使胶带处于滚动摩擦状态。沿可伸缩带式输送机的全长都安装有托辊。托辊的结构随布置方式、安装位置不同而不同，但其基本结构都是相同的，所不同的是托辊两端的连接形式和钢管直径的大小，或因安装位置不同，钢管外部、内部装了缓冲层或缓冲装置。如图 3—25 所示是托辊基本结构及实物。

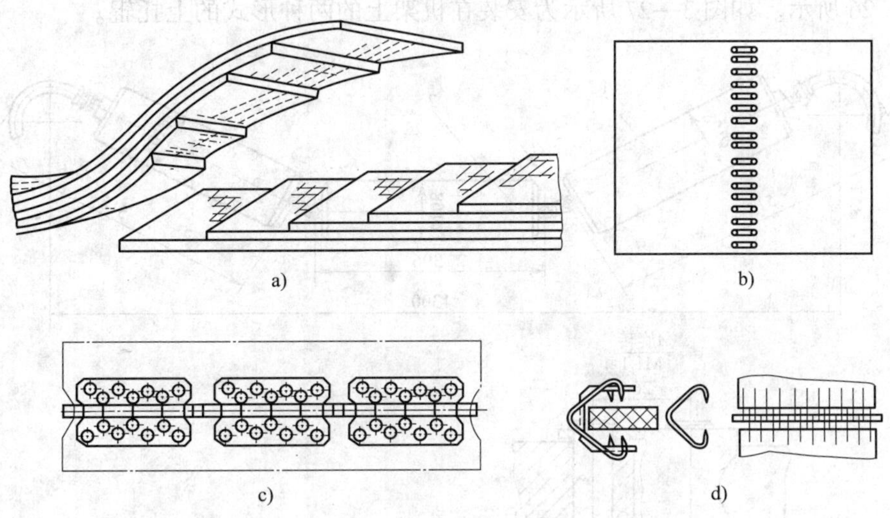

图 3—24　胶带的连接方法

a）硫化连接法　b）夹板铆接法　c）合页连接法　d）钩卡连接法

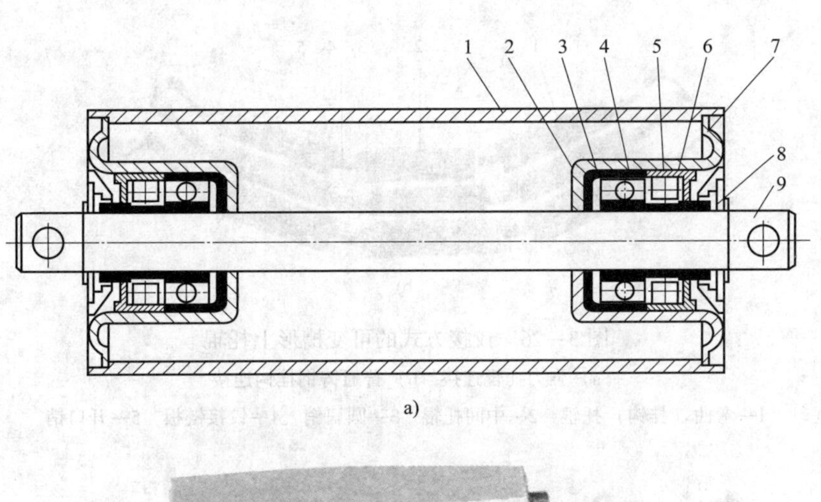

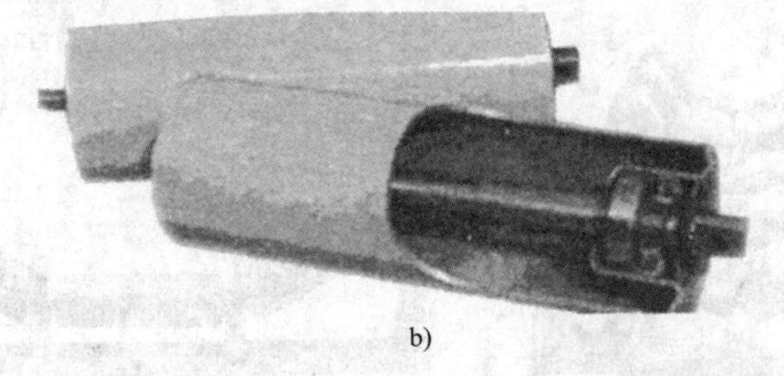

图 3—25　托辊

a）结构图　b）实物图

1—辊体　2、7—垫圈　3—轴承座　4—轴承　5、6—密封圈　8—挡圈　9—心轴

（2）种类

托辊可分为上托辊、下托辊和缓冲托辊。

上托辊是安装在重载输送带下的承载托辊，基本形式为槽形，铰接方式的可变槽形上托辊如图 3—26 所示。如图 3—27 所示为安装在机架上的两种形式的上托辊。

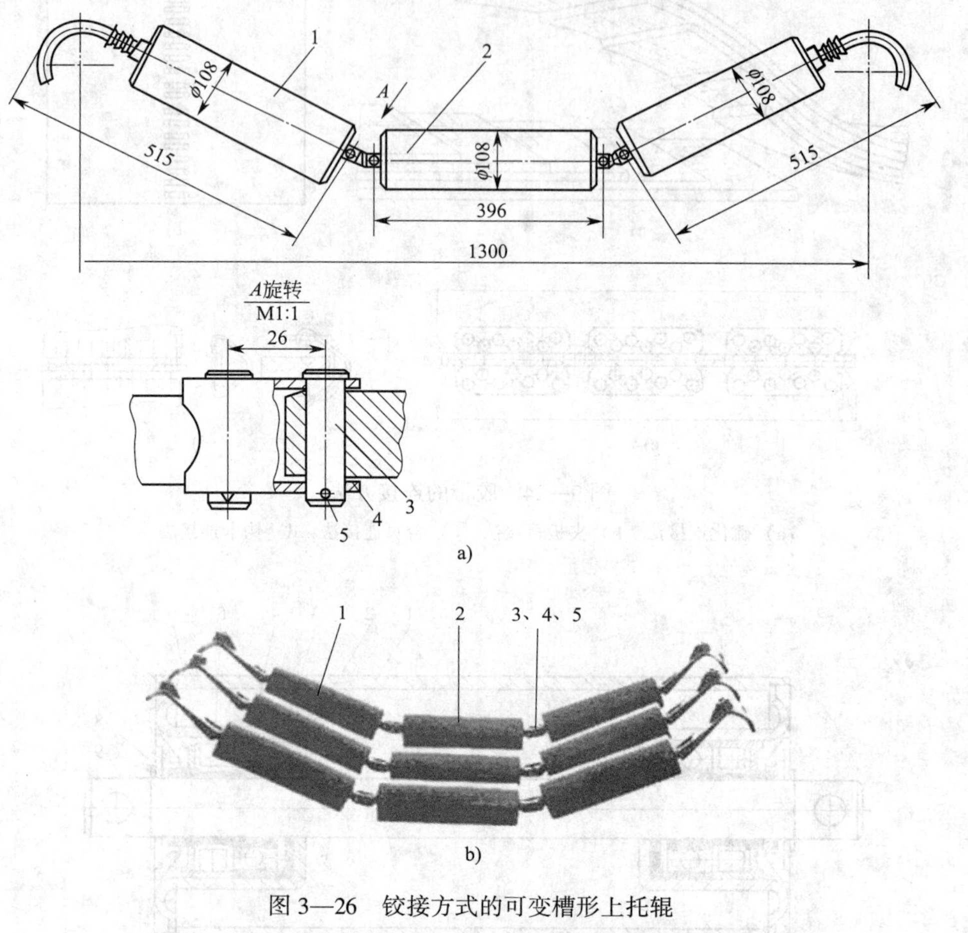

图 3—26　铰接方式的可变槽形上托辊

a）强力托辊连接　b）普通铸钢挂钩连接

1—弯曲（挂钩）托辊　2—中间托辊　3—圆扁销　4—铰接链板　5—开口销

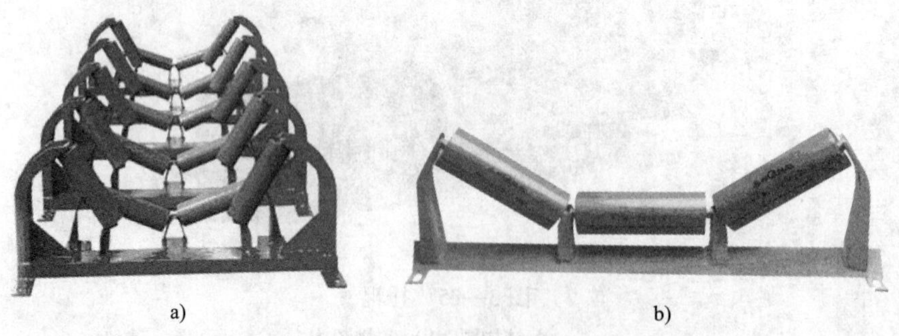

图 3—27　安装在机架上的两种形式的上托辊

下托辊使用平单托辊，其长短因胶带宽度的不同而不同，连接方式因机型而异，如图 3—28 所示是其中的一种。

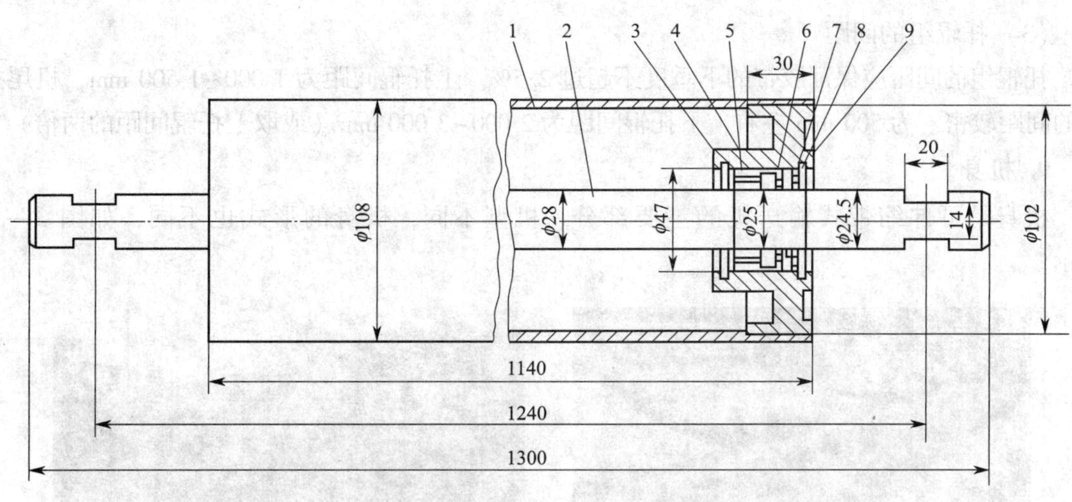

图 3—28　平托辊

1—辊体　2—轴　3—挡油盘　4—轴承座　5—轴承　6—内密封圈　7—外密封圈　8—钢丝挡圈　9—毛毡圈

缓冲托辊一般安装在机尾，其作用为承接转载机运送煤炭时对可伸缩带式输送机向下的冲力。缓冲托辊在辊管的外面还包了一层橡胶，起缓冲作用，以保证可伸缩带式输送机正常运转，避免砸毁胶带，如图 3—29 和图 3—30 所示。

图 3—29　缓冲托辊实物

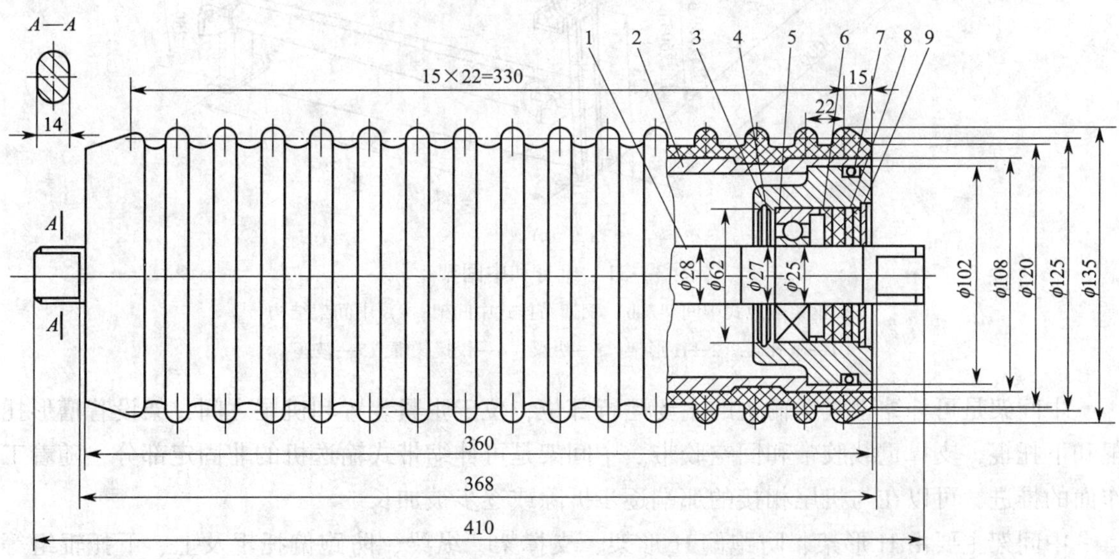

图 3—30　缓冲托辊结构

1—轴　2—挂胶辊管　3—轴承座　4—挡油盘　5—轴承
6—内密封圈　7—O 形密封圈　8—外密封圈　9—防水圈

（3）托辊组的间距

托辊组的间距应保证胶带的下垂度不超过 2.5%。上托辊间距为 1 000～1 500 mm，机尾托辊的间距较密，为 500 mm 左右，下托辊间距为 2 000～3 000 mm（或取上托辊间距的两倍）。

9. 机身

机身是可伸缩带式输送机的主要部分。机型不同，机身的形式也不同，如图 3—31 所示。

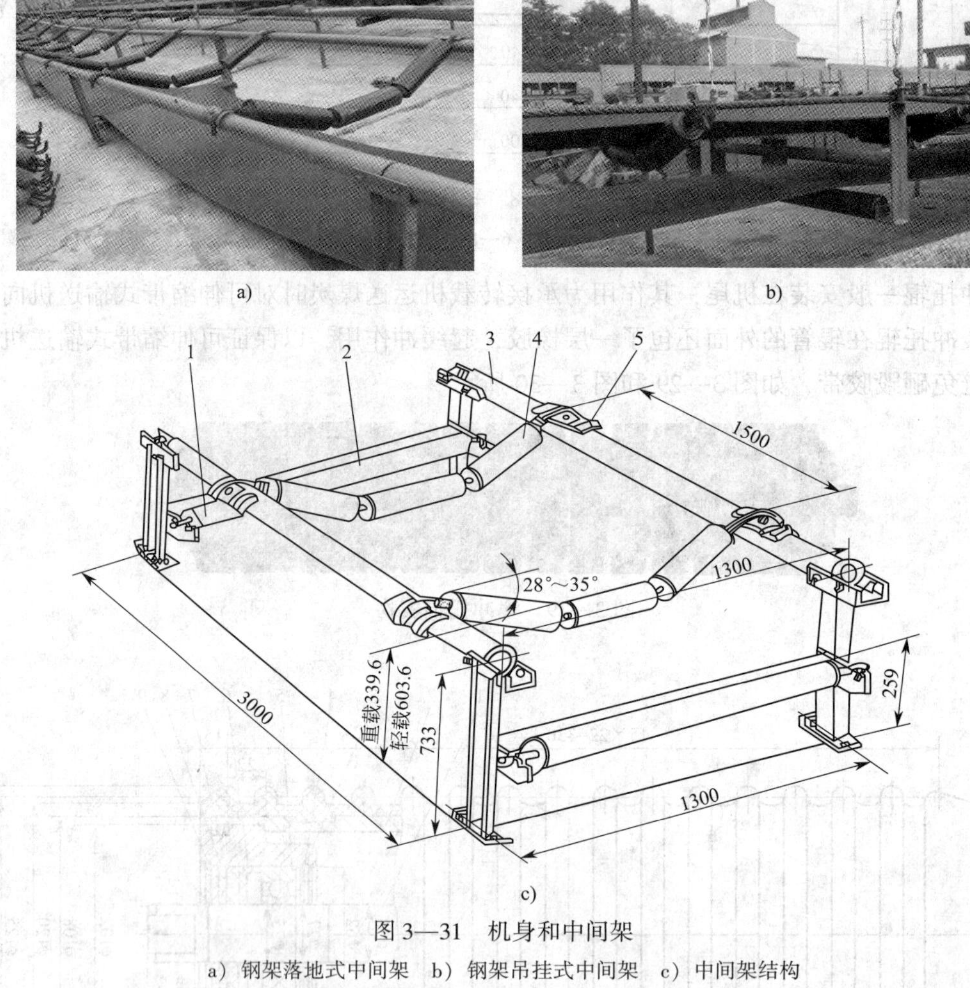

图 3—31　机身和中间架

a）钢架落地式中间架　b）钢架吊挂式中间架　c）中间架结构

1—下托辊　2—H 形架　3—纵梁　4—铰接托辊　5—鞍座

中间架是可伸缩带式运输机的主要运行部位，位于张紧装置和机尾之间，架设着槽形托辊和下托辊，支撑重载胶带和回空胶带。中间架是可伸缩带式输送机的非固定部分，随着工作面的推进，可以在与机尾相接的那端逐步拆除或逐步被加长。

中间架主要由 H 形架、防跑偏 H 形架、支撑架、纵梁、防跑偏托辊及上、下托辊组等部件组成。H 形架与纵梁采用螺栓连接，能够快速装拆，定位性好。每一组纵梁都由一组支撑架支撑，加大了纵梁的支撑强度。上托辊组为 30°槽形铰接托辊组，托辊直径为 108 mm，下托辊组为平行下托辊组，防跑偏 H 形架、托辊每隔 3 m 装一组。

H 形架也可用钢丝绳吊挂等结构，如图 3—1、图 3—2、图 3—3 和图 3—4 所示。

10. 机尾

如图 3—32 所示，机尾由底座、卷筒座、导轨、机尾滚筒和缓冲托辊等组成，导轨支撑在底座上，方便移动。机尾滚筒（见图 3—33）与机头导向滚筒（见图 3—34）的结构相同，其轴线位置可用螺栓调节，避免胶带在机尾的跑偏。机尾滚筒前设有刮泥板，可将滚筒表面的碎煤或煤粉刮下，并将其收集在集泥槽中，然后用拉泥板取出。机尾架上装有缓冲托辊，可降低煤块对胶带的冲击，提高胶带的使用寿命。

a)

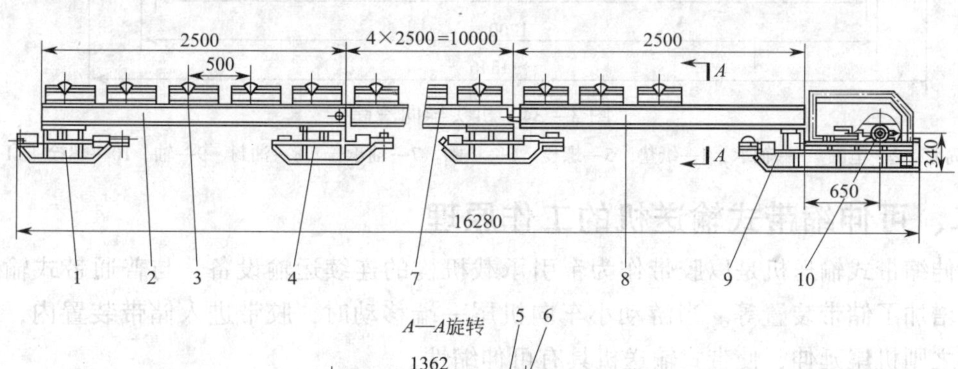

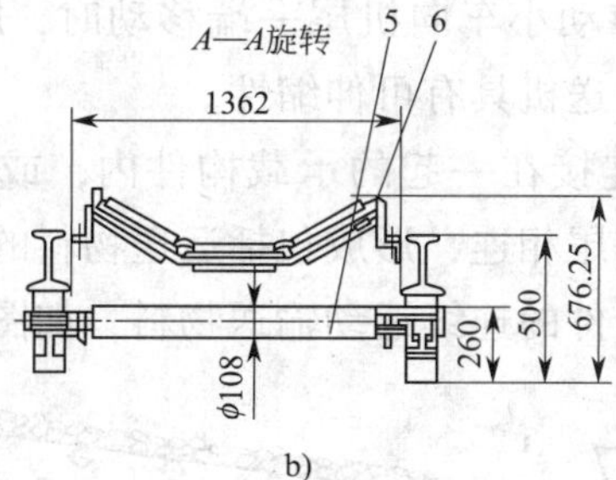

b)

图 3—32 机尾

a）两种不同的机尾实物图 b）机尾结构图

1—左前支座 2—前部左导轨 3—挂胶托辊 4—左半支座 5—平托辊 6—托辊支架 7—中部左导轨 8—尾部左导轨 9—左尾支座 10—机尾滚筒

11. 电气保护装置

在机头传动装置处装有胶带打滑保护装置，当胶带在滚筒上打滑或者胶带横向断裂时起保护作用。在机头固定部分和机尾部分各装有胶带跑偏限位开关，起胶带跑偏保护作用。在机身部分设有沿线停车装置，以备紧急停车。另外，还有多种其他保护装置。

图 3—33 机尾滚筒

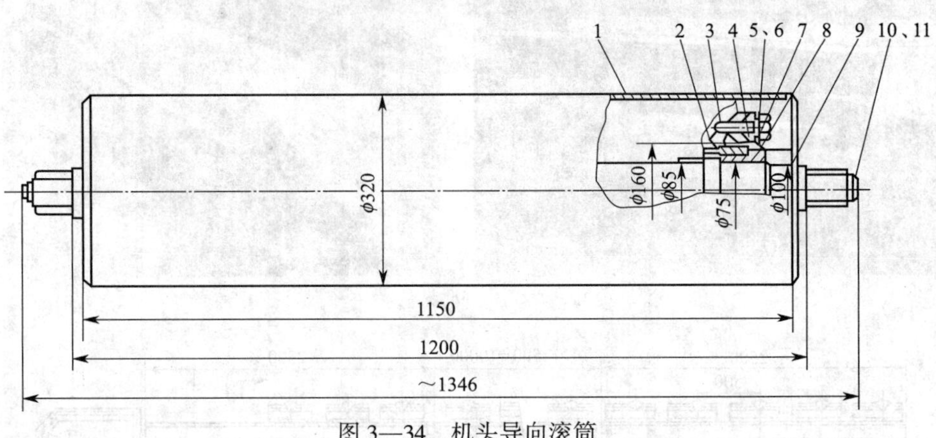

图 3—34 机头导向滚筒

1—筒管 2—毡圈 3—轴承 4—纸垫 5—螺栓 6—垫圈 7—轴承盖 8—油封 9—轴 10—螺栓 11—垫

二、可伸缩带式输送机的工作原理

可伸缩带式输送机是以胶带作为牵引承载机构的连续运输设备，与普通带式输送机相比，它增加了储带装置等。当游动小车向机尾一端移动时，胶带进入储带装置内，机尾回缩，反之则机尾延伸，使带式输送机具有可伸缩性。

被运送物料装在与牵引件连接在一起的承载构件内，或直接装在牵引件（如输送带）上，牵引件绕过各滚筒或链轮首尾相连，形成包括运送物料的有载分支和不运送物料的无载分支的闭合环路，从而利用牵引件的连续运动输送物料，如图 3—35 所示。

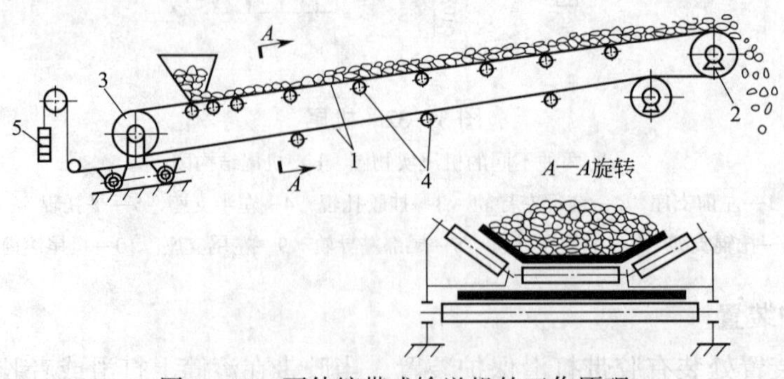

图 3—35 可伸缩带式输送机的工作原理

1—胶带 2—主动滚筒 3—机尾换向滚筒 4—托辊 5—拉紧装置

第三节 可伸缩带式输送机安装和调试

一、带式输送机的安装

1. 安装前的准备

(1) 可伸缩带式输送机下井前要在地面试装和编配好。在条件允许的情况下，能装配到一起下井的零部件可一车运输。

(2) 可伸缩带式输送机在工作面下巷道中和桥式转载机配套使用，在安装可伸缩带式输送机前，桥式转载机的机头部应先安装到位，并且桥式转载机机头小车的运行轨道也要一并安好。

(3) 在确定前两项工作完成后，设备可装车运输，并指定专人负责将每车设备卸到安装位置，准备好起吊设备和支撑材料，以便安装时起吊设备，搭临时木垛。

(4) 检查工作地点的顶板、煤帮、支护及其他设施安全情况。

2. 安装

(1) 首先确定带式输送机的安装中心线和机头的安装位置，将这些基准点在顶、底板相应的位置上标示出来。

(2) 清理巷道底板（从机头安装位置到过渡架的 50 m 范围内的巷道），以便安装带式输送机的固定部分。安装非固定部分的巷道也要求进行一般性平整，固定部分的巷道断面除供机头传动装置外，机身的一侧还要求能铺设一条轻便轨道，以便运输胶带及其他物料。

(3) 按顺序将带式输送机的各部件运至安装点的巷道旁，即机尾、支腿、槽形托辊、平托辊、纵梁、储带装置（包括张紧绞车、游动小车、托辊小车、储带仓架、储带转向架等）、机头传动装置。然后，根据已确定的基准点，按带式输送机安装图要求，顺序安装机头传动装置、储带装置等直至机尾。安装好的机头、机尾滚筒中心线应在同一条直线上，整个机身要平整，各连接件的螺钉应拧紧。

(4) 铺设上、下胶带并连接好胶带接头（先铺设辅机胶带，再铺设主机胶带）。

(5) 传动装置安装时，首先应校正传动滚筒轴上的联轴器法兰盘，使其外端面相对传动滚动轴的中心线端面的圆跳动值不大于 0.08 mm。传动装置减速器输出轴的联轴器的法兰盘外端面相对于减速器输出轴中心线的端面圆跳动值也不得大于 0.08 mm。

◎ 知识拓展

带式输送机的安装要求

1. 机头部底座与电动机座应安装牢固。

2. 机身钢丝绳的两端必须固定牢靠，不允许有松动。两根钢丝绳的高度应相同，张紧程度应一致，钢丝绳不应有打折现象。

3. 机尾的固定钢丝绳必须绑扎牢固，不允许松动。保证机头、机身和机尾的中心线成一条直线。

4. 机头和机尾的各个滚筒、铰接托辊和吊架的位置，必须与带式输送机的中心线垂直。

5. 胶带接头必须牢固。

二、带式输送机的试运转与调整

1. 试运转

（1）整机安装好后，需要进行调整试运转，方可投入运行。在调试前先检查各部件安装情况，清除影响运转的障碍，检查电控保护装置的动作，各润滑部位要注油。

（2）先点动电动机，观察传动滚筒运转方向是否正确及运转是否正常。

（3）张紧装置要保证调整方便，移动灵活。带式输送机在启动和运行过程中要保证输送带松紧适当，不得打滑。

（4）清扫器性能应稳定，清扫效果良好。

（5）各机械保护装置的反应灵敏可靠。

（6）沿带式输送机方向，不得有妨碍设备运转的任何障碍。

（7）带式输送机应平稳可靠，正常负荷运转时不应有不转动的托辊存在。

2. 胶带跑偏调整

（1）胶带跑偏是带式输送机运转过程中的一种不应有的现象，必须通过试运转加以调整，使胶带在托辊中部运转。调整胶带跑偏应在空载运转时进行，首先从机头卸载滚筒处开始，沿着胶带运行方向先调回空段，后调承载段。

（2）若机器处于运转过程中，胶带在一处或数处跑偏，则应根据胶带运转方向和跑偏方向确定跑偏原因，并分别调整托辊和各个换向滚筒。调托辊时，将胶带所偏向那边的一个或数个托辊向前移动一个拨叉即可。这种调整往往不能立即产生效果，应观察一段时间后再判断。如调整后胶带又偏向另一边，则应在调过的托辊中重新进行局部调整，不宜调整另一侧的托辊。

（3）胶带在改向滚筒处跑偏时，一般是往哪边偏即往哪边调整，通过滚筒轴座处的调节螺栓来调整滚筒位置。

（4）胶带的一部分或几部分在带式输送机所有各点上均跑偏，往往是由于胶带弯成弓形或接头不正所造成。弯曲轻微者有时可通过带式输送机的满载拉紧胶带矫正过来，弯曲严重者部分应予更换。若胶带接头不正，则割掉重钉，必须保证对准胶带中心线。

（5）如上述几种情况同时出现，则先按前两种情况进行调整。仔细观察胶带运行若干周期，并初步调整后，就较易于看清胶带的运行状况，以便进一步调整胶带跑偏。

3. 输送带张力的调整

带式输送机正常工作时，其初张力必须满足不打滑条件。

初张力随着输送量和输送长度的变化而变化，张力过大会导致输送带提前损坏，张力过小会使输送带产生打滑。为此，必须对输送带初张力予以调整。调整程度以输送带在传动滚筒上不打滑为宜。

调整时，根据运输量和运输距离的长短，确定所需张紧力。由于在运转过程中张紧力也有变动，所以需要经常检查张力。

4. 调整吊挂式带式输送机胶带跑偏

调整吊挂式带式输送机胶带跑偏可按以下步骤进行：

（1）从传动装置开始，按胶带运行方向调整下胶带跑偏。

（2）从机尾装载点开始进行上胶带调整。

（3）胶带向哪侧跑偏，就要在胶带跑偏的地方顺着胶带运行的方向向前移动托辊轴那端的安装位置，使托辊轴端向前倾斜，但要注意不能同时移动托辊的两端。调整时，要适当多调几个托辊，每个托辊少调一点，调整方法如图 3—36a 所示。

（4）如果胶带在卸载滚筒、拉紧滚筒或机尾滚筒处发生跑偏，可借助滚筒轴座上的调整螺钉调整滚筒轴来校正跑偏，如图 3—36b 所示。在移动滚筒前，先把滚筒两侧架子上的调整螺钉放松一些，以便于移动滚筒，否则可能导致滚筒架损坏。每次调整后，要让胶带在新的情况下运转一段时间，看是否调好。当滚筒调好后，必须重新调整刮板清扫器。

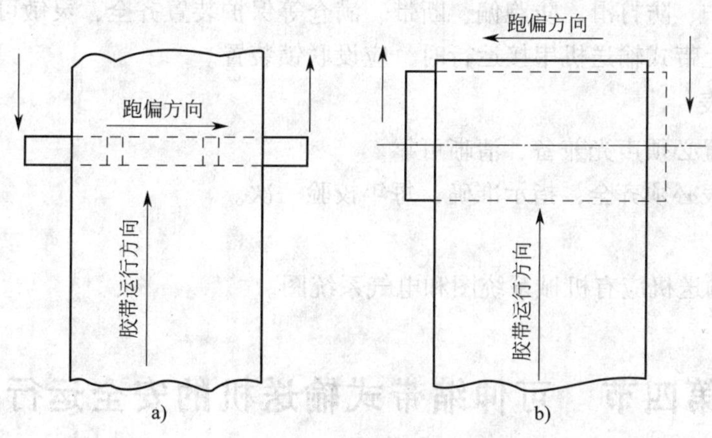

图 3—36　胶带跑偏的调整

三、煤矿机电设备完好标准对带式输送机的规定

1. 滚筒、托辊

（1）滚筒无破裂，键不松动。胶面滚筒的胶层与滚筒表面紧密贴合，不得有脱层或裂口。

（2）托辊齐全，转动灵活，无异响，无卡阻现象，定期注油。缓冲托辊表面胶层磨损量不得超过原厚度的 1/2。

2. 机体

（1）机头架、机尾架和拉紧装置架无开焊和变形，机尾架滑靴应平整，连接紧固。

（2）中间架平直无开焊，吊绳（上部宽度应大于下部宽度）、机架完整，固定可靠，无严重锈蚀。

3. 胶带、拉紧装置和伸缩装置

（1）胶带无破裂，横向裂口不得超过带宽的5%，保护层脱皮不超过0.3 mm^2，中间纤维层破损面宽度不超过带宽的5%。

（2）接头卡子牢固、平整，硫化接头无裂口、鼓泡或碎边。

（3）运行中胶带不打滑、不跑偏。上部胶带不超出滚筒和托辊边缘，下部胶带不磨机架。

（4）牵引小车架无损伤、无变形。车轮在轨道上运行无异响。牵引绞车符合有关规定。

（5）拉紧装置的调节余量不小于调节全行程的1/5，伸缩牵引小车行程不小于17 mm。

4. 制动装置、清扫器

（1）制动装置各传动杆件灵活可靠，各销轴不松旷、不缺油。闸轮表面无油迹，液压系统不漏油。

（2）松闸状态下，闸瓦间隙不大于2 mm；制动时闸瓦与闸轮紧密接触，有效接触面积不得小于闸瓦面积的60%，制动可靠。

5. 安全保护装置

（1）速度保护、防打滑、防跑偏、断带、满仓等保护装置齐全，灵敏可靠。

（2）两台以上带式输送机串接运行时，应设联锁装置。

6. 信号、仪表

（1）信号装置必须声光兼备，清晰可靠。

（2）各种仪表必须齐全，指示准确，每年校验一次。

7. 记录资料

主提升胶带输送机应有机械系统图和电气系统图。

第四节 可伸缩带式输送机的安全运行

一、可伸缩带式输送机操作者须知

1. 熟悉设备性能和结构，会操作，会保养，会排除一般故障；坚守工作岗位，严格按操作规程作业，要正确使用和操作机器，保证机器安全运转。

2. 掌握运转情况，经常检查各部件和保护系统是否动作可靠，保持设备完好状态。

3. 紧固各部螺栓，调整胶带跑偏，调整清扫器，检查张紧装置。

4. 清除驱动滚筒至下部带式输送机机尾范围内的浮煤、浮矸（也可安排专人清除浮煤、浮矸），保持机头部设备清洁卫生。

5. 操作中发现问题，按有关规定及时处理，处理不了向上级汇报。

二、可伸缩带式输送机操作人员应做工作

1. 检查各部件是否有损坏，是否紧固，有无障碍物。

2. 检查驱动滚筒及托辊处有无浮煤和其他障碍物，如有要及时清理。检查可伸缩带式输送机滚筒、轴承座是否牢固。

3. 检查各部油量是否符合规定。

4. 将机器空运转一周，检查胶带的接头是否牢固、完整，胶带是否跑偏，张紧程度是否正常，托辊是否转动灵活。

三、可伸缩带式输送机操作时应注意的问题

1. 如果信号不清、保护装置不灵、电动机及减速器埋住或油温超过 80 ℃、机械设备有异常，或者故障没有处理好，不许开车 。

2. 经常监视各部运转情况，发现故障及时停车处理。

3. 不准使用可伸缩带式输送机运送坑木及机械零部件或工具等。

4. 在正常情况下停机时，应将可伸缩带式输送机上的货物放空。

5. 停机后清扫各部，保持周围清洁卫生。

四、可伸缩带式输送机的安全操作

1. 当完成三项工作后方可开车正常运转

为了保证可伸缩带式输送机的正常运行，对其进行定期的维护和保养是至关重要的。为做到预防为主，必须坚持每天沿可伸缩带式输送机进行巡视，发现问题及时处理。

2. 张紧绞车的使用与操作

使用张紧绞车张紧输送带时，应先通过旋转手把合上离合器，形成电动机—联轴器—减速器—传动轴—离合器—卷筒的传动系统，然后开动电动机，达到所需张紧力后停车。当松带需要放绳时，先不要松开离合器，应使电动机反转，放松钢丝绳，然后停止电动机，松开离合器。

3. 储存、拆除可伸缩带式输送机胶带的操作步骤

（1）缩回可伸缩带式输送机机尾时，应先拆去机尾的中间架 3~4 架，用千斤顶和牵引链把机尾缩回，然后开动拉紧绞车，储存和拉紧胶带。胶带缩减后应将千斤顶缩回。

（2）当储存段已经存满胶带时，应将胶带拆除，拆除后应保证胶带不跑偏，机尾要固定牢固（吊挂式胶带应保持钢丝绳松紧一致)。

（3）拆下的胶带应用卷筒卷起来，存放到干燥的地点或上井入库，不能随意割断胶带。

◎ 知识拓展

1. 操作可伸缩带式输送机应遵守的纪律

（1）操作期间禁止与人闲谈、睡觉和打闹。

（2）操作时精力集中，不得擅离工作岗位。

（3）工作期间不得做与本职工作无关的事。

2. 可伸缩带式输送机巡回检查工作内容

（1）检查各发热部位温度是否符合要求。

(2) 检查制动系统是否工作正常，间隙是否合理。

(3) 检查电动机和减速器运转有无异响。

(4) 检查安全保护装置是否动作可靠。

3. 交接班制度

(1) 交接班要按时到达现场，做到“手交手、口交口，你不来、我不走”，并做好记录。

(2) 发现接班人存在酗酒、生病等不正常情形时，不能进行交接班，应及时上报。

(3) 接班时应对信号、保护装置进行试验。

(4) 交接明确后，在交接簿上签字。

4. 可伸缩带式输送机运行时注意事项

(1) 避免频繁启动及带负荷启动。严禁使用可伸缩带式输送机运送工具、材料、设备和人员。

(2) 各轨道上不允许有杂物阻碍行走。输送带与滚筒打滑时，严禁在输送带与滚筒间楔木板和缠绕杂物。

(3) 严禁攀越输送带。

(4) 清扫滚筒和托辊时，可伸缩带式输送机必须停机上锁，并有专人监护。清扫工作完毕后解锁送电，并通知有关人员。

(5) 经常检查减速器有无泄漏现象，按期检查充油量是否合适，并及时调整补充。

(6) 传动卷筒如有刺耳的声音，说明胶带打滑，应检查胶带是否张紧。

(7) 应经常检查胶带接头，发现有受损处，应及时割除重接，重接时必须注意割口与胶带中心线垂直。

(8) 机头机尾清扫装置的刮板应紧贴胶带，不允许碎煤和煤粉越过清扫装置而黏附于卷筒表面。

(9) 装载点应保证货卸在胶带的中心，不允许在较大的高度内直接卸载。

(10) 维修时必须停机上锁，并有专人监护。

(11) 在地下或暗道内用电焊、气焊或喷灯焊检修可伸缩带式输送机时，必须制定安全措施。

第五节　可伸缩带式输送机维护检修和常见故障处理

一、可伸缩带式输送机的维护检修

1. 日常检测内容

(1) 检查电动机、液力偶合器、减速器的运转声音和发热情况是否正常。

（2）检查所有滚筒的运转声音和温度是否正常。

（3）检查清扫器是否正常接触输送带，及时更换已磨损的橡胶刮板。

（4）检查输送带的张紧力是否正常，张紧绞车工作是否正常。

（5）检查输送带的接头是否磨损，输送带是否跑偏，带边是否拉毛等。

（6）检查减速器及各油路连接处是否有渗漏现象。

（7）检查电气控制和安全装置是否正常。

（8）检查托辊的运转和与输送带的接触是否正常。

2. 月检查内容

除日常检验项目，月检查还要检查以下项目：

（1）检查减速器的油位，以及减速器是否要加油。

（2）检查张紧绞车的钢丝绳是否磨损，滑轮转动是否灵活，并清理游动小车等处的污物，重新调整空带张力。

（3）检查各部件的紧固件是否有松动，发现松动立刻拧紧。应特别注意旋转过程中经常处于振动状态下的紧固件，如驱动装置、传动架、张紧绞车和滚筒安装定位螺栓等。

（4）各滚筒轴承按工作情况定期注油，可伸缩带式输送机主要部件润滑周期见表 3—5。

表 3—5　　可伸缩带式输送机主要部件润滑周期

序号	润滑点	注油方式	润滑剂	注油量	润滑周期
1	减速器	注油孔注入	工业齿轮油	169 L	定期检查注油
2	滚筒轴承	油枪注入	钙钠基润滑脂		3 个月
3	张紧减速器	注油孔注入	20 号齿轮油		12 个月
4	电动机轴承	油枪注入	1 号工业锂基润滑脂		运转 12 个月后重新注油
5	张紧轴承	油枪注入	钙钠基润滑脂		6 个月
6	钢丝绳滑轮	油枪注入	50 号以上机油		每个月

3. 大修内容

可伸缩带式输送机大修的时间可根据运转情况和使用条件确定。

（1）对于使用条件较差的可伸缩带式输送机，其传动装置、机尾部、拉紧绞车和胶带张紧车等，可根据实际情况进行季修或半年修。

（2）对于使用条件较好的可伸缩带式输送机，各传动装置使用一年后可进行年检。

二、可伸缩带式输送机常见故障及处理方法

可伸缩带式输送机常见故障及处理方法见表 3—6。

表 3—6　　可伸缩带式输送机常见故障及处理方法

故障现象	原因	预防及处理方法	备注
胶带跑偏	1. 滚筒和托辊安装不正，水平误差太大 2. 胶带接头接口与中心线不垂直 3. 给料偏于一边 4. 下带下方积煤过多 5. 机道底鼓造成机架歪斜 6. 机身钢丝绳高低不一致 7. 吊挂链受力不均 8. 拉紧装置调整不当	1. 调整滚筒和托辊 2. 重新接头，要求达到平直 3. 调整溜煤嘴的中心线与胶带中心线重合 4. 清理下带下方的积煤 5. 平整机道底板 6. 调整机身钢丝绳高度，使其高低一致 7. 调整吊挂链，使其受力均匀 8. 重新调整拉紧装置	
胶带打滑	1. 机道淋水较大或水煤严重 2. 超载运行 3. 胶带张紧力不足 4. 满载停车后再开车时，胶带被煤压住 5. 驱动滚筒和胶带间的摩擦因数设计值与实际不符合	1. 采取防淋水措施，增设上带非工作面清扫装置 2. 控制给煤量，禁止超载运行 3. 核对原设计数据，调整重锤质量 4. 停车前，关闭给煤机闸门，放空胶带。胶带被煤压住时，应先清除一部分胶带上的煤再开车 5. 增大备用摩擦因数或减小胶带与滚筒相遇点的张力	
逆转飞车	1. 超负荷运转 2. 闸的制动力矩不足 3. 误操作，使货载反向运动	1. 控制给煤量，禁止超负荷运转 2. 调整闸的制动力矩，使其满足制动要求 3. 精神集中，按操作规程开车	飞车事故处理步骤 1. 检查电动机、减速器、联轴器及制动器等部件是否损坏，如果损坏，应及时更新 2. 清除机尾堆煤，调整闸轮与闸瓦的间隙 3. 慢速空载运转，注意倾听各部有无异响 4. 载少量负荷运转，注意倾听各部有无异响 5. 轻试车，确认无问题后，再投入运行使用
胶带纵向撕裂	1. 胶带接头处有严重的变形及损坏 2. 大块物料或铁器卡住胶带 3. 胶带跑偏 4. 有杂物、煤或矸石卷入滚筒与胶带之间 5. 绳卡上的斜楔没有打紧	1. 及时更换胶带接头金属卡子，维修严重变形或破损的胶带接头或重新连接胶带 2. 控制大块物料及铁器给到带式输送机上；发现带式输送机有塞夹物，应及时清除 3. 增加调心托辊和防跑偏保护装置 4. 及时清除胶带与滚筒之间的杂物 5. 将绳卡上的斜楔打紧	胶带撕裂处理步骤 1. 采取临时措施，用铁丝将裂口缝合，维持胶带输送机运转 2. 利用检修班检修时间进行冷补或硫化热补

续表

故障现象	原因	预防及处理方法	备注
断带	1. 胶带张力不够 2. 胶带超期使用,严重老化 3. 水煤冲砸胶带,大块物料及铁器等卡住或冲砸胶带 4. 胶带接头质量低劣 5. 胶带接头严重变形或损坏;胶带金属接头卡子损坏 6. 胶带跑偏被机架卡住 7. 胶带张紧装置作用在胶带上的力过大	1. 更换符合要求的胶带 2. 胶带达到寿命期限,应及时更换 3. 严格控制水煤、大块物料及铁器给到胶带上 4. 去掉质量低劣的胶带接头,重新连接胶带 5. 去掉严重变形或损坏的胶带接头,重新连接胶带;更换金属卡子 6. 增加调偏托辊及防跑偏装置;发现胶带跑偏被机架卡住,应及时停车处理 7. 将张紧装置的张紧力调整合适	发生断带事故处理步骤 1. 清除断带处的浮煤 2. 用卡板卡住断带的一头 3. 用钢丝绳锁住断带的另一头 4. 松开胶带张紧装置 5. 用绞车牵引胶带 6. 裁齐胶带断头 7. 用金属卡子、冷粘或硫化方法连接胶带 8. 经试运转,确认无误后,再正式投入使用
减速器漏油	1. 轴端漏油,轴承和减速器内回油口堵塞;毡垫和胶圈损坏或老化,密封失效 2. 轴承压盖螺栓孔漏油或轴承压盖端面与减速器外壳接合面漏油,轴承压盖螺栓不紧固或垫片损坏 3. 减速器外壳对口平面处漏油,减速器外壳对口平面变形;对口螺栓连接不紧或密封胶损坏失效 4. 减速器注油孔盖与减速器外壳接合面处漏油,注油孔盖螺栓不紧固;垫片损坏;注油孔盖变形 5. 减速器外壳底部漏油,减速器外壳破裂损坏	1. 疏通减速器内回油口,在轴上加装挡油盘;更换毡垫及密封胶圈 2. 紧固轴承压盖螺栓,更换损坏的垫片 3. 减速器外壳对口处采用耐油橡胶垫,紧固对口螺栓,重新更换密封胶 4. 紧固注油孔盖螺栓;更换损坏的垫片;修整或更换注油孔盖 5. 修补减速器外壳破损处,破损严重时,更换减速器外壳	

三、可伸缩带式输送机相关事故案例分析

1. 输送带着火事故

（1）事故案例

1982 年 9 月 7 日，某矿采煤工作面运输平巷使用非阻燃带式输送机，司机班中睡觉，未能及时发现带式输送机过负荷，输送带打滑，造成摩擦起火事故，死亡 3 人，全矿停产 11 天。

1989 年 8 月 23 日，某矿为加快运输速度，在南一采区北侧 401 工作面运输平巷安装一条 420 m 长的带式输送机代替矿车运输。在试运转过程中，由于拉紧装置出现故障，输送带松弛造成打滑。司机不顾运转异常，听到信号工发出的开车信号就开机，致使输送带打滑，摩擦起火，死亡 15 人。

1990 年 5 月 8 日，某矿斜井安装带式输送机时，用气焊切割钢板时点燃非阻燃输送带，造成输送带着火，死亡 80 人，直接经济损失 567 万元。

（2）原因分析

1）使用非阻燃输送带或不合格的阻燃输送带。

2）带式输送机超载压住输送带，或由于输送带严重跑偏及部分托辊不转或输送带松弛

等原因使输送带打滑，如不及时停机处理，驱动滚筒与输送带摩擦生热，易引起火灾。

3）液力偶合器使用不合格的易熔塞或易熔塞安错位置和使用可燃性介质，致使液力偶合器喷油，引起火灾。

4）高速转动的机械、输送带长时间与煤粉、矸石、木块、电缆、管线等摩擦，导致起火。

（3）预防措施

1）司机必须经过培训，考核合格后持证上岗，认真执行岗位责任制，发现问题及时处理。

2）使用合格的阻燃输送带。

3）带式输送机巷道应保持清洁，做到无杂物、浮煤，无淤泥、积水，电缆、管线吊挂整齐。

4）机道要设置防灭火水管，每隔 50 m 设一个管接头和阀门。机头部要备有不少于 0.2 m^3的内装黄沙的沙箱和两个以上的灭火器，同时必须备有 25 m 消防软管。

5）液力偶合器必须使用合格的易熔塞，必须使用难燃液体或水介质。

6）定期巡检，加强输送机的维护和保养，确保输送带运行不跑偏，输送带张力适当，托辊、滚筒转动灵活。

2. 输送带打滑事故

（1）事故案例

1983 年 10 月 25 日，某矿采区带式输送机由于负载大、输送带打滑、驱动滚筒空转，摩擦生热导致着火，将输送带烧穿。

1986 年 8 月 21 日，由于仓满，某矿采区带式输送机停机后输送带下滑。司机用木楔塞入机头滚筒，力图制动滚筒，结果将胳膊卷进滚筒，挤伤胸肺死亡。

（2）原因分析

1）输送带张力不够，致使输送带与驱动滚筒之间摩擦因数减小。

2）输送带与驱动滚筒的接触面浸入泥水、煤水时，摩擦因数降低。

3）托辊被煤、矸、淤泥等埋压，使大量托辊不运转，阻力增加。

4）负载过大，阻力加大。

5）输送带跑偏严重，增加输送带阻力，或输送带卡挤在机架上，不能移动。

（3）预防措施

1）定期张紧，使输送带与驱动滚筒间有足够的摩擦力。

2）装载均匀，防止局部超载和偏载。

3）定期巡检，保证托辊运转灵活。

4）加强带式输送机运行管理，教育司机增强责任心，发现打滑及时处理；使用输送带打滑保护装置，当输送带打滑时，通过打滑传感器发出信号，自动停机。

3. 连接输送带、爬乘输送带、清扫输送带等伤人事故

（1）事故案例

1982 年 8 月 2 日，某矿采区带式输送机连接输送带时，由于机头端输送带短，就开倒车拉伸输送带，站在机头架上拉输送带的职工，因振动跌入驱动滚筒，被挤致死。

1994 年 11 月 24 日，某矿一防尘工去井下处理防尘水，途经带式输送机，因联采一区挑顶的矸石堆积在人行道侧，人员不好通过，便爬上输送带行走，输送带突然运行，将其拉倒，被挤在棚梁下，身体多处受伤致死。

1995 年 1 月 8 日，某矿采煤工作面安装带式输送机，试运转时，机尾工人发现正在运转的底输送带与机尾滚筒间有一块矸石，便将右手伸入机尾滚筒，准备把矸石扒掉时，右手被卷入滚筒，造成骨折。

（2）原因分析

1）人站在机头架驱动滚筒上方开倒车拉输送带，摔入驱动滚筒。

2）心存侥幸，违章在输送带上行走。

3）不停机清理输送机。

（3）预防措施

1）连接输送带时，不得站在机架上开倒车牵拉输送带。

2）在带式输送机巷道中，行人经常跨越带式输送机的地方，必须设置过桥。

3）禁止用手直接接触转动部位，输送机运行中严禁用锹或其他工具刮托辊或滚筒上的黏着物，不得用工具拨正跑偏的输送带。

4）带式输送机外露的转动部位，应按规定设防护罩或防护栏杆。

5）检修输送机时，必须认真执行停送电有关规定，防止误送电或误开机伤人。

6）检查维护工作中需接触转动部件时，必须停电进行。

◎ 知识拓展

1. 根据减速器的运转声音判断其工作状态

用耳靠近减速器听或将一个旋具与减速器外壳接触，并用耳贴在木柄上听减速器齿轮及轴承的声音。减速器正常的运转声音是比较平稳的。当听到周期性异响时，说明减速器齿轮的牙齿变形造成齿隙变小或齿间夹杂有金属异物；当在减速器轴承处听到频繁且不规则的异响时，说明轴承架损坏或滚动体损坏；当感到减速器异常振动时，说明齿轮整个啮合状况不好或地脚螺栓松动。若出现异常情况，必须及时处理。

2. 根据运转电流判断带式输送机的负荷情况

在额定电流及额定电流以下时，说明带式输送机在额定负荷下运转，工作正常；当运转电流超过额定值时，说明带式输送机超载运行；当运转电流突然上升且大大超过额定电流时，可能有卡阻物卡住胶带，应立即停机检查。

技能训练 4　SSD1000/125 型可伸缩带式输送机安装、调试和故障处理

一、技能训练要求

1. 熟悉可伸缩带式输送机的整体结构。

2. 掌握可伸缩带式输送机整体拆装、维修、操作方法和步骤。

二、技能训练内容

SSD1000/125 型可伸缩带式输送机与 SZD-75 或 SZD730/90 型桥式转载机配套使用，它适用于 3.5 m 以下中厚煤层综合机械化采煤工作面运输巷道运输。

SSD1000/125 型可伸缩带式输送机如图 3—37 所示。

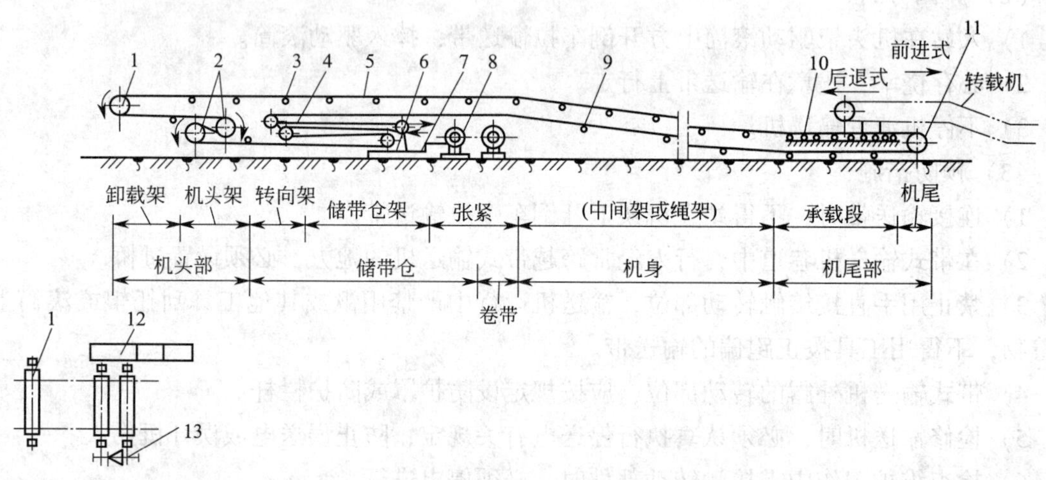

图 3—37　SSD1000/125 型可伸缩带式输送机

1—卸载（换向）滚筒　2—传动滚筒　3—上托辊（槽形）　4—固定折返（换向）滚筒　5—输送带　6—活动（换向）滚筒　7—游动小车　8—张紧装置　9—下托辊　10—缓冲托辊　11—机尾（换向）滚筒　12—驱动装置　13—联动齿轮

SSD1000/125 型可伸缩带式输送机由机头部、储带装置、卷带装置、机身（落地式中间架）、机尾部、移动机尾装置、托辊、输送带和配套电控系统组成。机身为可伸缩部分，机尾为可移动部分，其余为固定部分。

SSD1000/125 型可伸缩带式输送机的主传动系统由一套 125 kW 驱动装置、传动滚筒和联动齿轮组成。直接与驱动装置连接的主传动滚筒，通过联动齿轮箱中一对速比为 1 的联动齿轮带动的为副传动滚筒。

输送带绕经传动滚筒 2 和各换向滚筒 1、4、6、11 形成一个环形带。输送带由上托辊 3（槽形）和下托辊 9（平托辊）沿全长均匀支撑。张紧装置通过拉紧储带仓游动小车，为输送带提供正常所需的张紧力。

工作时，电动机通过液力偶合器、减速器、主传动滚筒、联动齿轮带动副传动滚筒，并通过两个传动滚筒之间产生的摩擦力使输送带循环运行。刮板输送机运送的煤经转载机到可伸缩带式输送机机头卸载滚筒处卸下，从而完成物料的输送。

1. 机头部

机头部是可伸缩带式输送机的驱动部分，SSD1000/125 型可伸缩带式输送机机头部包括卸载架和驱动装置，如图 3—38 所示。由传动滚筒、联动齿轮和一套 125 kW 驱动装置组成的本机传动系统均安装在机头架上。机头部与后部储带装置相连。

（1）卸载架

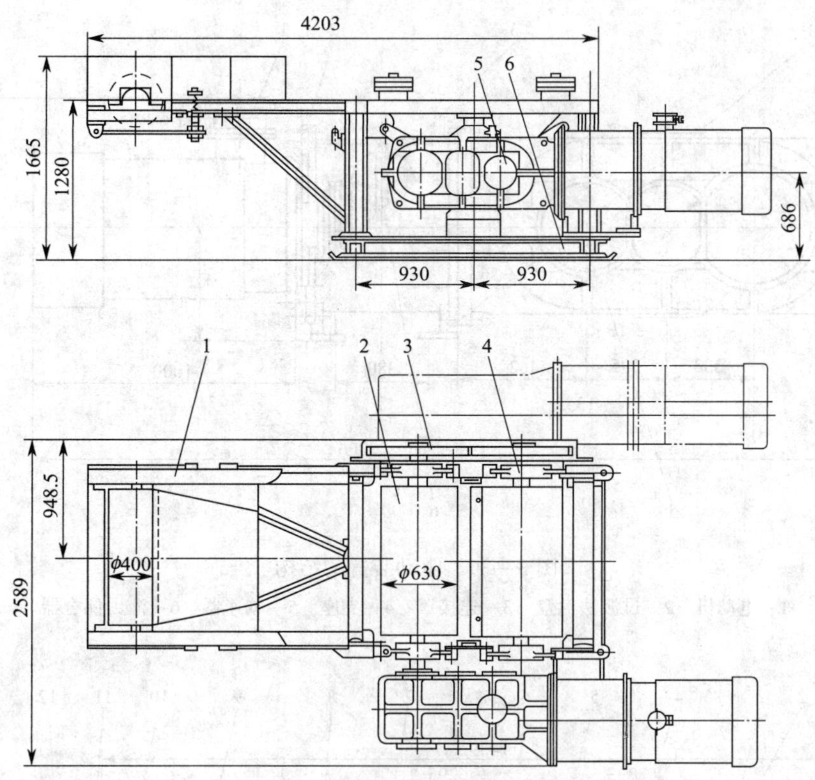

图 3—38　SSD1000/125 型可伸缩带式输送机机头部

1—卸载架　2—传动滚筒　3—同步（联动）齿轮　4—三角轴承架　5—驱动装置　6—机头架

为了便于卸载，在机头架前端伸出一个卸载架。卸载架的最前端装有卸载滚筒，来自输送带的物料经卸载滚筒卸下，输送带返回传动滚筒。

卸载滚筒采用定轴结构，工作时，滚筒固定在卸载架轴座之中不动，筒壳和筒毂通过轴承随输送带的运动而旋转。

在承载滚筒下部设有弹簧清扫器，用以清除卸载后粘在输送带上的碎煤，以免带进转动滚筒。

（2）机头架

机头架由底座、延伸底座、主立柱、前后立柱和上连接梁等构件组成。两个转动滚筒通过三支点轴承座安装在主立柱和前后立柱之间。在机头一侧（根据巷道布置，可安装在机头架左侧或右侧）安装有驱动装置，另一侧装有联动齿轮箱。机头架前端与卸载架相连，后面与储带装置相接。

（3）驱动装置

本机主传动系统驱动装置的结构如图 3—39 所示，它由一台 125 kW 电动机、YOX-500 型液力偶合器和减速器组成。液力偶合器保护罩两端的法兰盘分别与电动机、减速器端部法兰盘用螺栓连接。电动机通过液力偶合器将转矩传递给减速器，带动转动滚筒旋转。驱动装置中采用三级齿轮减速器，其结构如图 3—40 所示。

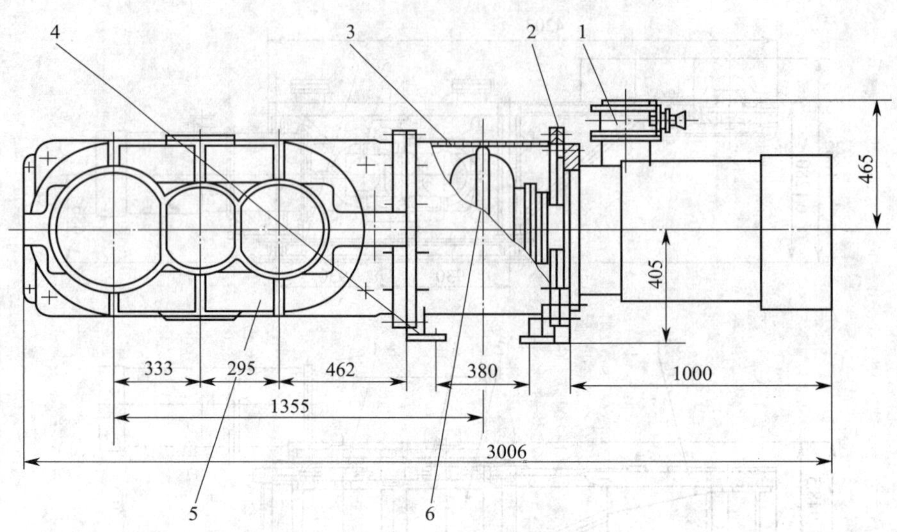

图 3—39 驱动装置的结构

1—电动机 2—过渡法兰盘 3—连接罩 4—支座 5—减速器 6—液力偶合器

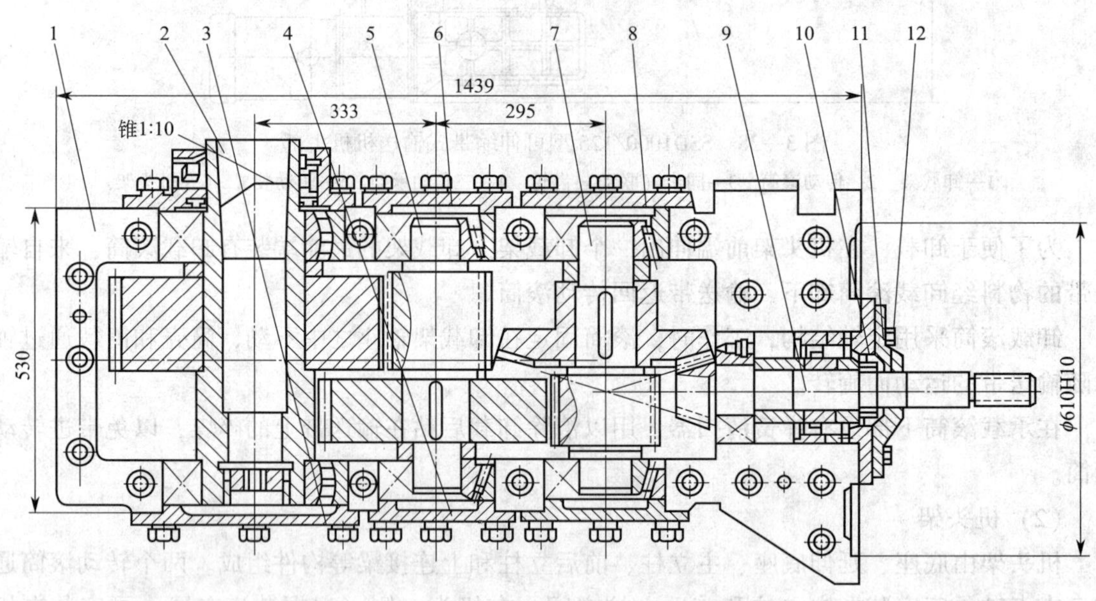

图 3—40 三级齿轮减速器的结构

1—下箱体 2—第四轴 3、4、6、8、11—轴承盖 5—第三轴 7—第二轴 9—第一轴 10—O 形密封圈 12—油封

2. 储带装置

储带装置位于机头部与卷带装置之间，其结构如图 3—13 所示，它由储带转向架、储带仓、换向滚筒、托辊小车、游动小车及张紧绞车等组成。在张紧车架上安装有表示绞车钢丝绳张力的传感器，其实际张力为压力表指示数值的 15 倍。

在带式输送机延伸或收缩的时候，储带仓可作为输送带的暂时储存装置，其工作原理如

图 3—16 所示。当采用后退式采煤时，储带仓中的游动小车初始位置处于机头端。当转载机与机尾搭接重叠 9 m 时，首先停机，并拆除第 3、4 节中间架；然后通过移机尾装置前移，使转载机搭接处位于最末端；再由张紧绞车引游动小车向后移动，将输送带张紧，同时将多余的输送带暂时存在储带仓中。当储带仓储满输送带（本机储带长度为 50 m，根据需要，可改为 100 m）时，可利用卷带装置或其他办法将输送带从储带仓中放出，使游动小车回复到初始位置。

当采用前进式采煤时，储带仓中先储满输送带，随着机尾的延伸，输送带从储带仓中逐步放出，放空后，再向储带仓补充一段新带。

（1）机架和换向滚筒

储带仓机架采用槽钢和角钢焊接成预制构件，采用螺栓连接形成 9 节框架结构。靠近机头的第一节为储带转向架，装有两个固定滚筒和一个压紧滚筒。最后一节为张紧绞车架，上面安装有一台张紧绞车。框架前横梁上安装有 1 个四轮滑轮，用来与游动小车上的四轮滑轮组成滑轮组。游动小车通过滑轮组所受的最大拉紧力为绞车牵引力的 8 倍。游动小车上装有两个可随小车一起运动的互动换向滚筒，其结构与固定换向滚筒完全相同，如图 3—35 所示。输送带绕经两个固定换向滚筒和两个活动换向滚筒形成四层储带。每层储带之间由托辊小车上的平托辊隔开，以免储带悬垂度过大而引起上、下层储带间的拍打和摩擦。中间 7 节为储带仓架，每节架长为 3 m。储带仓由侧架和上、下层连接横梁通过螺栓连接而成。侧架内侧底部安装有供托辊小车行走的导轨。机架上均装有上托辊和下托辊。

（2）张紧绞车

张紧绞车安装在张紧绞车架内。整套张紧绞车结构如图 3—41 所示，包含 1 台 4 kW 电动机、1 套筒式联轴器、1 个滚筒、1 个蜗杆蜗轮减速器、1 个中间传动轴、1 对圆柱齿轮和 1 个双作用离合器。绞车滚筒空套在传动轴上，离合器用花键与滚筒相连，用 1 套操纵机构（包括手把、螺杆、螺母、波动杆）可使离合器处于传动或制动位置。

张紧绞车的主要技术特性：钢丝绳最大牵引力为 6. 86 kN，钢丝绳最大运行速度为 8. 35 m/min，钢丝绳最小运行速度为 4. 57 m/min，总减速比为 275，容绳量为 270 m，钢丝绳直径为 12. 5 mm。

可伸缩带式输送机的张紧绞车有 3 个作用：

1）拉紧输送带，给输送带以一定张紧力，保证可伸缩带式输送机正常运行。

2）当需要储带时，通过牵引游动小车将输送带拉入储带仓中暂时储存起来。

3）当储带仓储满，需要从储带仓中取带时，游动小车在输送带张紧力的作用下往回运行，从而带动钢丝绳，使绞车反向运动，通过绞车装置给滚筒一定制动力，使游动小车运行平稳。

3. 卷带装置

卷带装置设在储带仓的后面，它由机架、4 kW 电动机、蜗杆蜗轮减速器、卷筒、可落地导轨架、顶针小车、手动夹板和调心托辊等组成，如图 3—16 所示。

蜗轮减速器的结构与张紧绞车用蜗杆蜗轮减速器基本相同，仅在电动机一端增加一级减

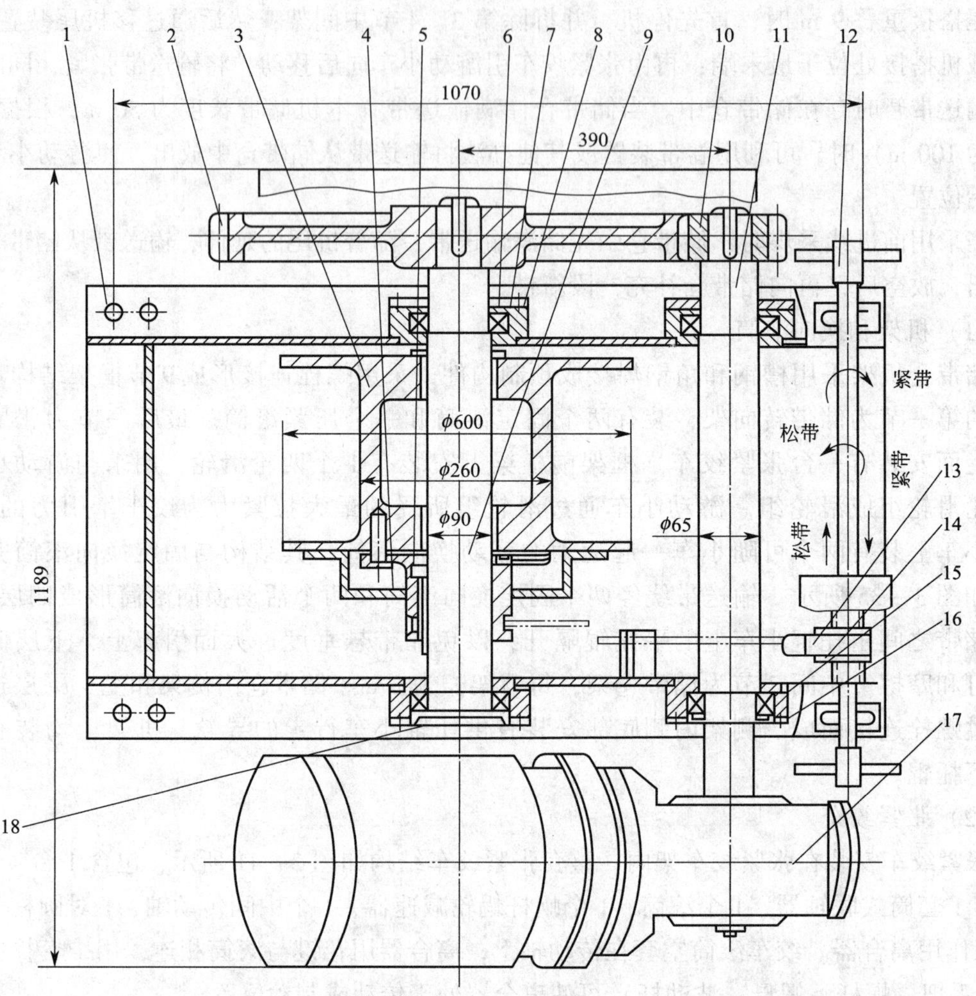

图 3—41 张紧绞车

1—底座 2—大齿轮 3—卷筒 4—离合器罩 5—离合器组 6、16、18—轴承盖 7、15—轴承 8、14—轴承座 9—主轴 10—小齿轮 11—传动轴 12—制动器 13—拨叉 17—减速器

速器，在蜗杆另一端减少一套阻尼装置。

4. 机身

机身位于卷带装置与机尾装置之间。整个机身由 H 形架、纵梁、中间架逐架组装连接而成，中间架结构如图 3—31c 所示。

H 形架为钢管和板材焊接的结构件，间距为 3 m。纵梁安装在 H 形架侧柱上方的 U 形槽口内，它们之间通过弹性开口胀销连接。H 形架下部焊有安放下托辊的座板，下托辊安放在座板槽口内。

纵梁为圆形钢管，其上装有鞍座，鞍座间距为 1.5 m，可变槽形托辊悬挂在鞍座上的槽口内。

在收放输送带装置的连接处有 6 架可调高 H 形架。调整这 6 架 H 形架的高度，可以使输送带从卷带装置的托辊上缓慢地过渡到机身托辊上。

随着工作面的推进，机身可以进机尾一端逐架拆装，以适应后退式或前进式采煤时运输长度的变化。

5. 机尾部

SSD1000/125 型可伸缩带式输送机的机尾部由机尾和承载段组成，结构如图 3—42 所示。回空段运输带绕经机尾滚筒返回到承载段，承接转载机卸下的物料。

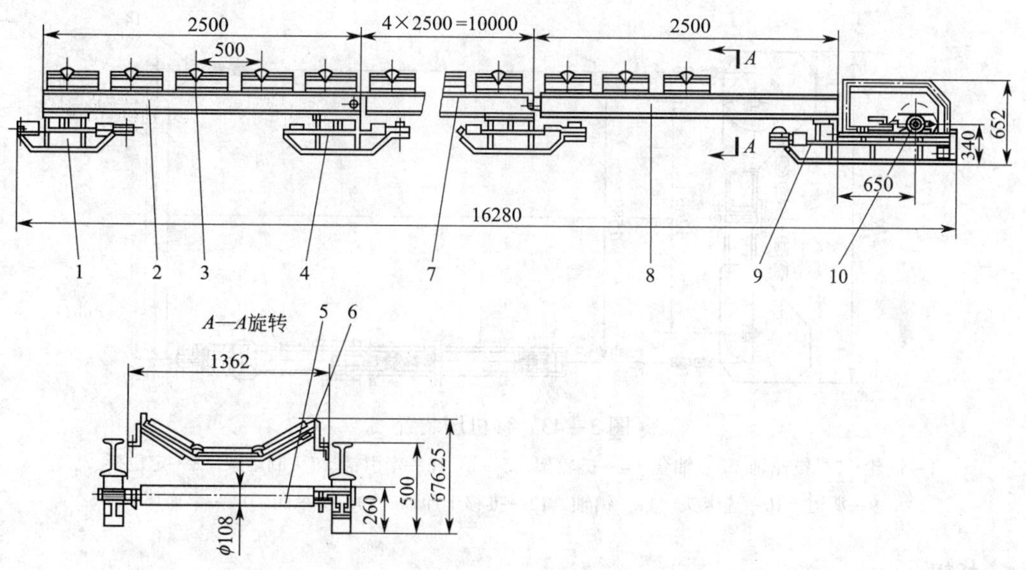

图 3—42 机尾部

1—左前支座 2—前部左导轨 3—挂胶托辊 4—左半托辊 5—平托辊 6—托辊支架 7—中部左导轨 8—尾部左导轨 9—左尾支座 10—机尾滚筒

整个机尾部除滚筒和托辊外均为型钢焊接件。承载段由工字钢制成的纵梁和型钢焊接的滑橇支座组成。为便于拆装和适应不平的底板，承载段分为六节，除首节和尾节外，中间节可以通用。机尾承载段缓冲托辊组固定在两根纵梁内侧的支座上，托辊间距为 0.5 m。桥式转载机的行走小车在两侧纵梁上移动。两侧支座用横梁连接，回空托辊安装在横梁的托辊支座槽口内。

机尾由两个滑橇用横梁连成支座，机尾滚筒安装在两个滑橇上的轴座内。通过调节轴座上的螺栓，可以调整滚筒的轴线位置，以纠正输送带在滚筒上的跑偏。

机尾前端的纵梁下面装有犁式清扫器，以清除黏附在回空带上的煤末。

移动机尾装置采用液压牵引，其结构如图 3—43 所示。该装置由滑橇、推移千斤顶、操纵阀、牵引链、链轮架、定位板、制动托架等构成。推移千斤顶采用工作面乳化液泵站供液，其压力为 31. 36 MPa。该移动机尾装置一般用于后退式采煤，这时整套装置安装在机尾承载段前面。当转载机与机尾重叠 9 m 时，即可停机，拆去紧接机尾的 3、4 架中间架，利用移机尾装置将机尾前移一段距离，从而使工作面继续正常生产。

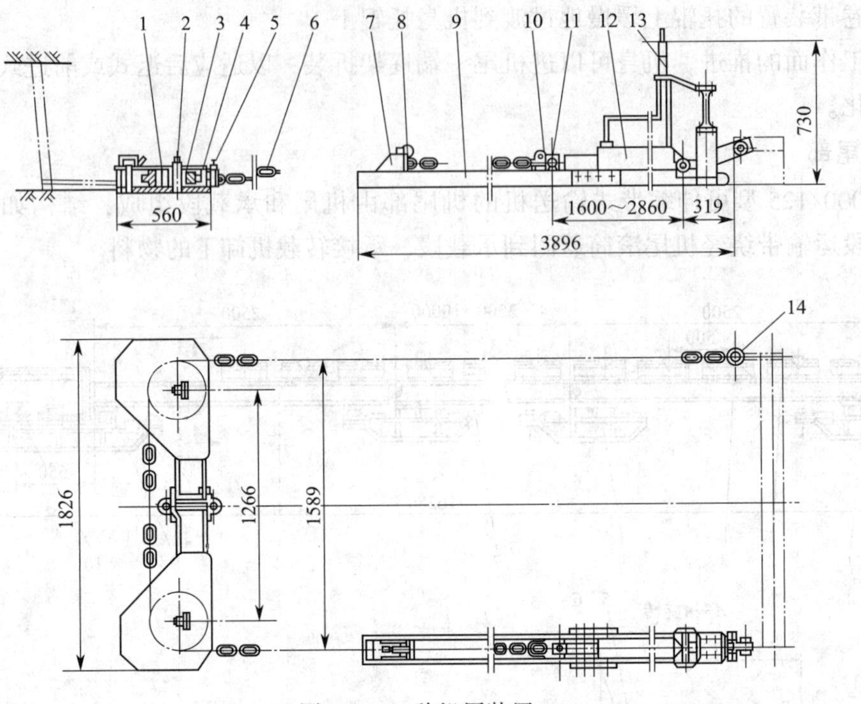

图 3—43 移机尾装置

1—链轮 2—链轮轴 3—轴套 4—链轮架 5—销 6—牵引销 7—制动架 8—定位板 9—滑道 10—连卡头 11—销轴 12—推移千斤顶 13—操纵阀 14—半连环

6. 托辊

为降低输送带运行阻力，使其在滚动摩擦状态下运行，沿输送带全长设有托辊支座。托辊所处位置不同，其结构和布置方式也有所不同。

储带仓架和机身的承载段采用可变槽形托辊组，如图 3—26a 所示，它由一个托辊和两个侧托辊铰接而成。侧托辊内部装有弹簧，随负荷增加，伞把状的弯轴可从托辊中拉一段距离，从而使托辊组的槽形角在 28°~35°范围内变化。由于可变槽形托辊能始终与输送带保持接触，所以可使整机运行平稳，且当输送带跑偏时容易得到调整。

机头架和机尾部承载段采用固定槽形托辊，它是用相同结构的 3 个缓冲托辊（见图 3—30）插入托辊支座中，托辊组的槽形角固定。机头架上的托辊间距为 1.5 m，而机尾承载段采用密集布置，其间距为 0.5 m。机尾托辊表面包有橡皮层，以缓冲煤块对输送带的冲击。因为机尾有可能泡在煤水中，故其托辊的密封防水性能较其他托辊为优。

整机回空段全部采用平托辊，其结构如图 3—28 所示，间距为 3 m。

7. 输送带

《煤矿安全规程》规定，采用滚筒驱动带式输送机运输时，输送带阻燃性能必须符合有关标准的规定。

可伸缩带式输送机随着运输长度的变化，需要经常拆卸输送带，故输送带一般采用便于快速连接和拆开的机械连接方式，因此只能采用高强度纤维编织带芯。

输送带既是带式输送机的承载构件，又是其牵引构件。输送带质量的好坏对可伸缩带式输送机的性能影响很大，要求其抗拉强度大、厚度小、弯曲性好，还要具有防火和抗静电的良好性能。可伸缩带式输送机的允许铺设长度与输送带的抗拉强度有关。

SSD1000/125 型可伸缩带式输送机选用聚乙烯耐燃输送带，其纵向扯断强度大于 580 kN/m，横向扯断强度不小于 245 kN/m，纵向扯断伸长率不小于 10%，每卷输送带出厂长度为 100 m。

8. 电控系统

该机选用 SDSJ 型电控系统，包括控制、沿线紧急停车、输送带跑偏、打滑或断带、游动小车限位、卷带到头限位、漏电闭锁保护和信号部分。

综上所述，SSD1000/125 型可伸缩带式输送机的结构特点为：

（1）采用单电动机驱动。

（2）减速器与传动滚筒采用锥轴加键连接。

（3）驱动装置通过罩筒支座与机头架延伸底座连接。

（4）电动机、液力偶合器和减速器一对圆弧伞齿轮及箱体与 SGW1-250 型刮板输送机通用。

（5）转动滚筒通过三支点轴承与机头立柱连接。

（6）转动滚筒表面包胶。

（7）STJ1000/2×75 型带式输送机在储带仓和卷带装置中通用。

（8）机身为刚性纵梁落地架式，采用无螺栓连接结构。

（9）上股承载段采用可变槽形托辊组。

（10）机尾采用密集包胶缓冲托辊组。

（11）选用耐燃输送带。

9. 安装、调试、检修与故障处理

参见本章第三、四、五节内容。

三、技能训练评价标准

技能训练评价标准见表 3—7。

表 3—7　　技能训练评价标准

姓名		班级		学号		成绩	
训练名称	SSD1000/125 型可伸缩带式输送机安装、调试和故障处理				训练时间		
序号	训练要求			配分	训练结果		得分
1	认识 SSD1000/125 型可伸缩带式输送机的整体结构			20			
2	掌握 SSD1000/125 型可伸缩带式输送机的安装、拆卸步骤			20			
3	掌握 SSD1000/125 型可伸缩带式输送机的安装、调试及试运转			20			
4	熟练掌握 SSD1000/125 型可伸缩带式输送机常见故障的处理			20			
5	掌握 SSD1000/125 型可伸缩带式输送机的正确检修方法			20			
6	安全、文明操作			扣分	违者每次扣 2 分		
备注							

技能训练5　DSJ120/100/2×200型带式输送机安装、调试和故障处理

一、技能训练要求

1. 熟悉带式输送机的整体结构。
2. 掌握带式输送机整体拆装、维修、操作方法和步骤。

二、技能训练内容

1. DSJ120/100/2×200型带式输送机的型号

DSJ120/100/2×200型带式输送机的型号含义如下。

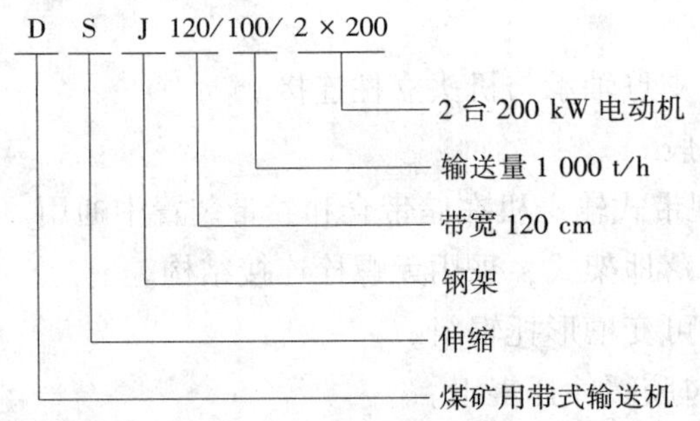

2. DSJ120/100/2×200型带式输送机用途及主要特点

DSJ120/100/2×200型带式输送机的机身为刚性纵梁落地结构，可与工作面巷道转载机配套，主要适用于3.5~4.5 m厚煤层的综合机械化采煤工作面巷道输送。

主要特点：

（1）张紧绞车中的游动小车采用悬挂式，行走畅通、阻力小、工作状态平稳。

（2）机尾轨道采用钢轨，其刚度好，在支座下面增加了底部滑轮。

（3）整机启动时，驱动装置由前到后顺序启动，时间间隔为1~1.5 s，有电气控制，并配有煤位、沿停、温度、速度和跑偏等综合保护。

（4）储带长度为100 m，适应国产输送带的出厂长度。

（5）改善启动性能，实现慢速启动及多机驱动的功率平衡。

3. DSJ120/100/2×200型带式输送机的结构

DSJ120/100/2×200型带式输送机由机头部、储带装置、机身、机尾组成，如图3—44所示。

（1）机头部

机头部由卸煤架、前立柱、机头立柱、底座、驱动部组成，如图3—45所示。

卸煤架在机头的前端与后立柱结构连接，上有卸载滚筒，滚筒下边有中锤式清扫器。机头立柱、后立柱通过前后梁起到支撑和连接作用。

两个主传动滚筒借助主轴承座都安装在主立柱上，底座是前、后底盘和主底盘用内、外

连接板连成一体的。延伸底座用螺栓连于前、后底盘上，采用可拆式结构，便于下井运输。

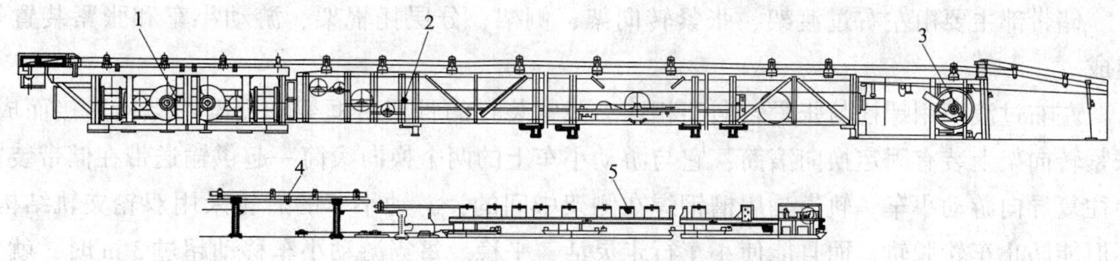

图 3—44 DSJ120/100/2×200 型带式输送机结构

1—机头部 2—储带装置 3—收放带装置 4—机身 5—机尾

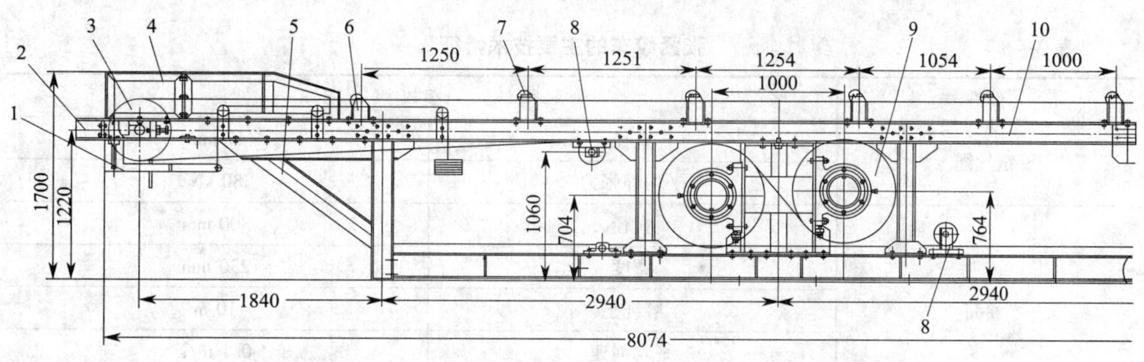

图 3—45 机头部

1—机头清扫器 2—卸煤架 3—卸载滚筒 4—机头挡板 5—斜支撑架

6—上托辊架 7—上托辊 8—压带托辊 9—传动滚筒 10—机架

如图 3—46 所示，驱动部由电动机、变频软起动器和销轴联轴器组成。电动机与减速器通过销轴联轴器两端构成一体。前端减速器通过销轴联轴器连接到主传动滚筒上，中后部依靠对轮罩上面的支座并用螺钉固定在延长座上。

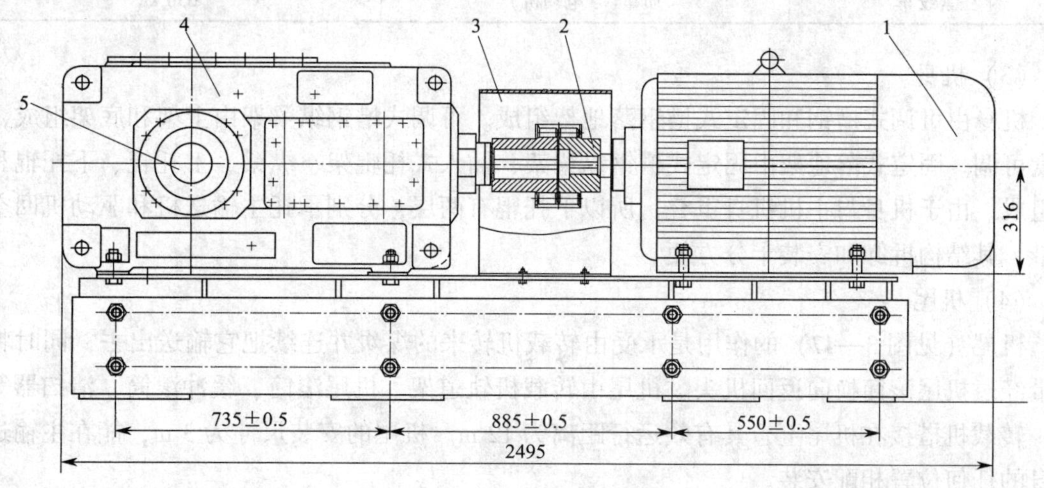

图 3—46 驱动部

1—电动机 2—联轴器 3—联轴器罩 4—减速器 5—驱动装置架

（2）储带部

储带部主要由左右过渡架、张紧转向架、侧架、分层托辊架、游动小车和张紧装置等组成。

左右过渡架用螺栓与张紧转向架相连。张紧装置的骨架由框架和支架用螺栓连接而成，张紧转向架上装有固定换向滚筒，它与游动小车上的两个换向滚筒一起供输送带在储带装置中往复导向游动小车。轨道是用槽钢焊在侧架中间的，游动小车的后轮采用双轮夹轨结构，不但能防止车轮脱轨，而且能使小车行走灵活、平稳。每当游动小车移动超过 3 m 时，就要拆除或安装一组分层托辊架。张紧装置及输送带的折返形式和其他带式输送机的结构相同。张紧绞车的主要技术特征见表 3—8。

表 3—8　张紧绞车的主要技术特征

部件	参数	
钢丝绳	直径	17 mm
	平均静张力	80 kN
卷筒	直径	300 mm
	宽度	230 mm
	容绳量	10 m
	平均绳速	0. 1 m/s
	减速器速比	195. 29
电动机	型号	YBK160L-6
	功率	11 kW
	电压	380V/660 V
	转速	970 r/min
	外形尺寸	1 634 mm×530 mm×722 mm
张紧绞车	质量(含电动机)	650 kg

（3）机身

机身由可调式槽钢和固定式槽钢落地架组成。可调式槽钢纵梁架由上架和底架组成，其高度可调。固定式落地架由固定式槽钢纵梁架、插入式托辊架、纵梁、上托辊、下托辊和销轴组成。由于机身与主机机身重叠，所以下托辊有两层，分别承托主输送机和驱动机回空输送带，其结构拆卸和安装十分方便。

（4）机尾

机尾（见图 3—47）的作用是承受由转载机转来的煤炭并连续把它输送出去，同时将输送带经过机尾滚筒换向返回机头。机尾由转载机轨道架、机尾滚筒、缓冲滚筒、清扫器等组成。转载机搭接在机尾上，其有效运行距离为 12 m。机尾的安装尺寸为 3 m，能在主输送机机身的任何位置相配安装。

4. DSJ120/100/2×200 型带式输送机的安全保护及监测装置

该输送机安装有带式输送机保护装置，可根据输送机系统的工艺和工况选择下列监测装置。

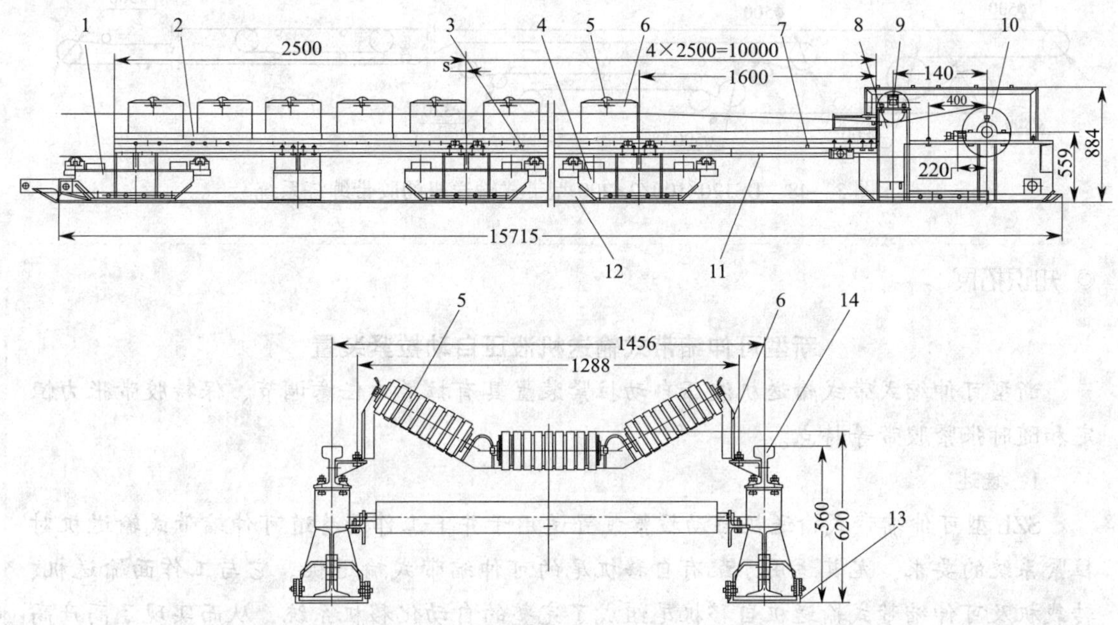

图 3—47　机尾

1—前支座　2—前部导轨　3—中部导轨　4—中支座　5—缓冲托辊　6—缓冲托辊架　7—后部导轨　8—机尾架　9—压带托辊　10—机尾滚筒　11—清扫器　12—前、后、中部底槽钢　13—下托辊　14—50 kg/m 导轨

（1）输送带跑偏监测装置

输送带跑偏监测装置安装在输送机两侧输送带绕入点或需要监测的位置。轻度跑偏达5%带宽时，发出信号并报警；重度跑偏达 10%带宽时，保护器动作并报警、停车。

（2）打滑监测装置

打滑监测装置用于监测传动滚筒和输送带之间的线速度之差，超过许可值时报警并停车。

（3）超速监测装置

超速监测装置用于运输下山，当带速达到额定带速的 115%～125%时报警并紧急停车。

（4）沿线紧急停止拉线开关

在机架两侧，沿着输送机全长每隔 60 m 安装一组开关，动作后自锁、报警并停车。

（5）其他监测装置

其他监测装置还有料仓堵塞信号、纵向撕裂信号和制动测温信号等，可根据需要安装。

5. DSJ120/100/2×200 型带式输送机的胶带缠绕系统

DSJ120/100/2×200 型带式输送机的胶带缠绕系统如图 3—48 所示。

6. DSJ120/100/2×200 型带式输送机的安装调试、检修故障处理

参见本章第三、四、五节的内容。

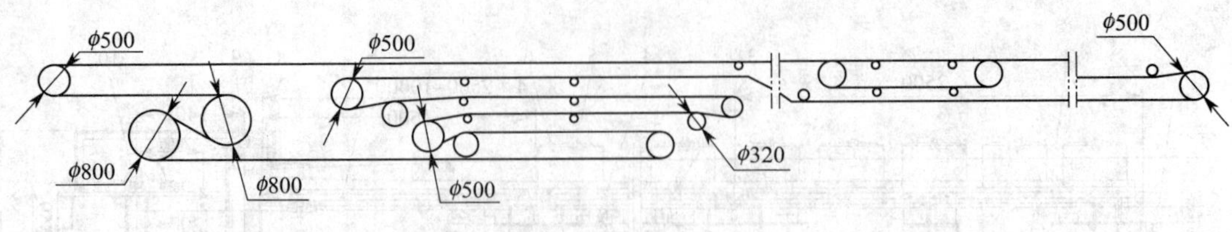

图 3—48　DS120/100/2×200 型带式输送机的胶带缠绕系统

◎ 知识拓展

新型可伸缩带式输送机液压自动拉紧装置

新型可伸缩式带式输送机液压自动拉紧装置具有拉紧力任意调节、保持胶带张力恒定和随时张紧胶带等特点。

1. 概述

SZL 型可伸缩带式输送机自动拉紧装置适用于井下工作面巷道可伸缩带式输送机对拉紧系统的要求，尤其适用于配有自移机尾的可伸缩带式输送机。它与工作面输送机、转载机及可伸缩带式输送机自移机尾组成了完整的自动化移机系统，从而实现了高产高效工作面不停机的要求。

2. 型号及参数

SZL 型可伸缩带式输送机型号及参数含义如下。

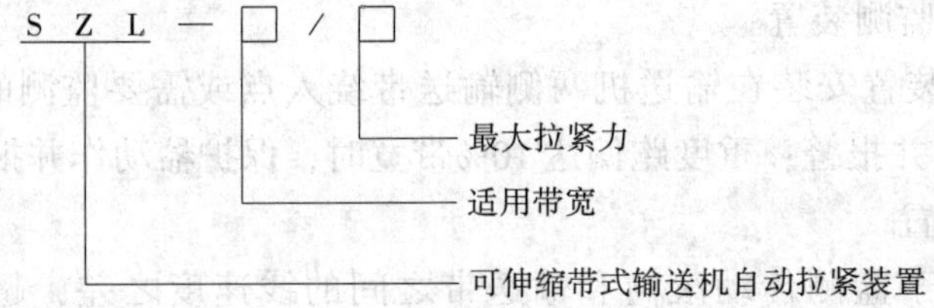

3. 技术特点

(1) 输送机的胶带由拉紧绞车拉紧，与拉紧油缸结合，从而实现拉紧力任意调节。

(2) 输送机启动时，带式输送机处于非稳定工况，胶带松边会突然松弛伸长。此时，拉紧装置通过拉紧油缸及时补偿胶带的伸长量，保证胶带张力恒定，从而使输送机启动时平衡、可靠，避免“飘带”和“断带”事故的发生。

(3) 当机尾移动时，胶带发生松弛，张紧力下降。此时，拉紧装置可按预定程序自动工作，及时拉紧胶带，从而确保带式输送机正常工作。

4. 主要结构

SZL 型液压自动拉紧装置主要由乳化液泵站、拉紧油缸、慢速绞车、隔爆电控箱、蓄能站及附件等部分组成。使用时可根据可伸缩带式输送机的型号、拉紧小车的最大拉紧力、拉紧力调节范围等进行适当选用。乳化液泵站、蓄能站及隔爆电控箱不需要做地基，仅要求安放地点靠拉紧油缸附近，且安放地点不落煤水。

如图 3—49 所示为可伸缩带式输送机胶带缠绕及拉紧装置示意图，表 3—9 为拉紧力规格参数。

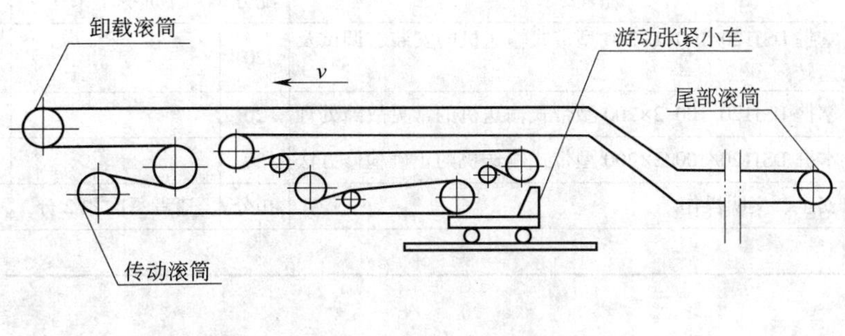

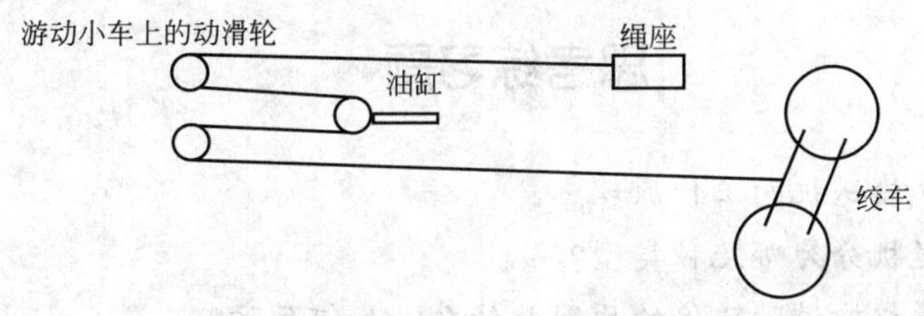

图 3—49 可伸缩带式输送机胶带缠绕及拉紧装置

表 3—9 拉紧力规格参数

拉紧小车最大拉紧力(kN)	输送机胶带宽度 $B=1\ 000$ mm				输送机胶带宽度 $B=1\ 200$ mm				
	100	130	160	200	130	160	200	250	320
拉紧力最大调节范围(kN)	35~100	45~130	65~160	90~200	45~130	65~160	90~200	100~250	135~320
推荐钢丝绳直径(mm)	15.5	15.5	15.5	20	15.5	15.5	20	20	23
慢速绞车电动机功率(kW)	5.5	5.5	7.5	7.5	5.5	7.5	7.5	7.5	11

三、技能训练评价标准

技能训练评价标准见表 3—10。

表 3—10 技能训练评价标准

姓名		班级		学号		成绩	
训练名称	DSJ120/100/2×200 型带式输送机安装、调试和故障处理					训练时间	
序号	训练要求			配分	训练结果		得分
1	熟悉 DSJ120/100/2×200 型带式输送机的整体结构			20			
2	掌握 DSJ120/100/2×200 型带式输送机的安装、拆卸步骤			20			

续表

姓名		班级		学号		成绩	
训练名称	DSJ120/100/2×200 型带式输送机安装、调试和故障处理					训练时间	
序号	训练要求				配分	训练结果	得分
3	掌握 DSJ120/100/2×200 型带式输送机的安装、调试及试运转				20		
4	掌握 DSJ120/100/2×200 型带式输送机的常见故障处理				20		
5	掌握 DSJ120/100/2×200 型带式输送机的正确检修方法				20		
6	安全、文明操作				扣分	违者每次扣 2 分	
备注							

思考练习题

1. 简述可伸缩带式输送机的工作原理。
2. 可伸缩带式输送机分为哪几种类型？
3. 可伸缩带式输送机输送带跑偏的原因是什么？如何预防？
4. 可伸缩带式输送机正常运转期间如何维护？
5. 可伸缩带式输送机有哪些常见故障？如何处理？
6. 可伸缩带式输送机必须采用哪些保护装置？

第四章 限矩型液力偶合器

学习目标

1. 了解液力偶合器的工作原理。
2. 了解限矩型液力偶合器的功能和用途。
3. 掌握限矩型液力偶合器的结构。
4. 能正确安装和拆卸液力偶合器。
5. 能判断和维修限矩型液力偶合器的常见故障。
6. 能正确使用液力偶合器。

液力偶合器是以液体为工作介质的一种非刚性联轴器，又称液力联轴器。液力偶合器主要由泵轮和涡轮组成，泵轮和涡轮之间形成了一个使液体循环流动的密闭工作腔，泵轮装在输入轴上，涡轮装在输出轴上。动力机（内燃机、电动机等）带动输入轴旋转时，液体被离心式泵轮甩出。这种高速液体进入涡轮后即推动涡轮旋转，将从泵轮获得的能量传递给输出轴，最后液体返回泵轮，形成周而复始的流动。液力偶合器靠液体与泵轮、涡轮的叶片相互作用产生动量矩的变化来传递转矩。液力偶合器输入轴与输出轴间靠液体联系，工作构件间不存在刚性连接，具有良好的传动性能和保护性能。在输送机和减速器之间使用液力偶合器，可实现电动机空载启动和负载平缓启动，从而保护了电动机和整个传动系统。所以，液力偶合器在综合机械化采煤工作面的可弯曲刮板输送机、巷道转载机、可伸缩带式输送机中广泛应用，安装在电动机和减速器之间，是煤矿运输设备不可缺少的传递装置。

第一节　液力偶合器结构特点和工作原理

一、液力偶合器的结构特点

根据用途的不同，液力偶合器分为普通型液力偶合器、限矩型液力偶合器和调速型液力偶合器。其中限矩型液力偶合器主要用于对电动机减速器的启动保护和运行中的冲击保护，以及位置补偿和能量缓冲；调速型液力偶合器主要用于调整输入输出转速比，其他的功能与限矩型液力偶合器基本一样。本书主要以限矩型液力偶合器为例进行讲解。

限矩型液力偶合器也称为安全型液力偶合器，安装在电动机和减速器之间。它主要由输入轴、输出轴、泵轮、涡轮、外壳、易熔塞等构件组成，如图 4—1 所示。输入轴一端与电动机相连，另一端与泵轮相连。输出轴一端与涡轮相连，另一端与工作机相连。泵轮与涡轮对称布置，都是具有径向直叶片的叶轮，叶轮工作腔的最大直径称为有效直径，是规格大小的标志。外壳与泵轮相连成密封腔，供工作介质在其中做螺旋环流运动，以传递转矩。

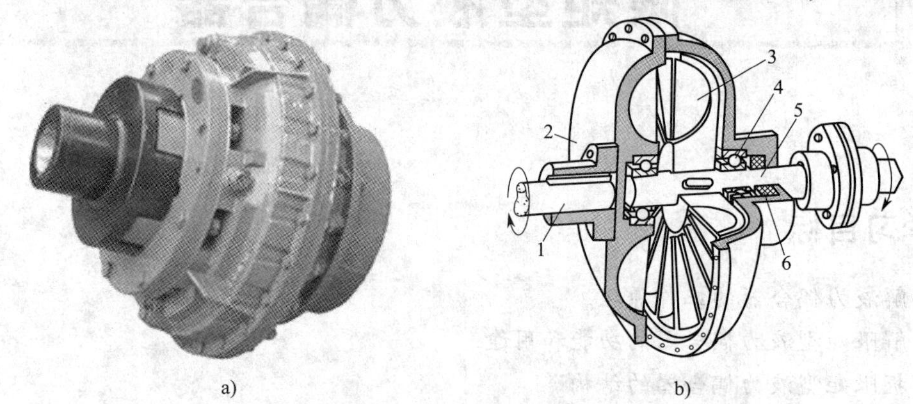

图 4—1　限矩型液力偶合器

a）限矩型液力偶合器实物图　b）限矩型液力偶合器结构图

1—输入轴　2—泵轮　3—涡轮　4—轴承　5—输出轴　6—密封

二、液力偶合器的工作原理

液力偶合器结构形式较多，不同液力偶合器的结构和原理略有不同，但是其基本原理是相同的，都是利用液力传动原理，通过泵轮将机械能转化为液体的动能，再由流动的液体冲击涡轮，实现液体动能向机械能的转化，向外输出动力，如图 4—2 所示。

当电动机通过输入轴带动液力偶合器泵轮旋转时，泵轮工作腔内的工作液体受惯性力的作用，由半径较小的泵轮入口被加速、加压，抛向半径较大的泵轮出口处，同时液体的动量矩产生增量，即泵轮将输入的机械能转化成液体动能。当携带液体动能的工作液体从泵轮出口冲向对面的涡轮时，液流便沿涡轮叶片所形成的流道做向心流动，同时将释放的液体动能转化为机械能，驱动涡轮并带负载旋转做功。于是，输入与输出在没有直接机械连接的情况下，仅靠液体动能便柔性地连接起来了。这就是液力偶合器的基本工作原理。

液力偶合器的特点是：能消除冲击和振动，输出转速低于输入转速，两轴的转速差随载荷的增大而增加；过载保护性能和启动性能好，载荷过大而停转时输入轴仍可转动，不致造成动力机的损坏；当载荷减小时，输出轴转速增加到接近于输入轴的转速，使传递转矩趋于零。液力偶合器的传动效率等于输出轴转速与输入轴转速之比。一般液力偶合器正常工况的转速比在 0.95 以上时可获得较高的效率。液力偶合器的特性因工作腔与泵轮、涡轮的形状不同而有差异。它一般靠壳体自然散热，不需要外部冷却的供油系统。如将液力偶合器的油放空，它就处于脱开状态，能起离合器的作用。

三、液力偶合器的类型

液力偶合器按其应用特性可分为 3 个基本类型，普通型液力偶合器如图 4—3 所示，限矩型液力偶合器如图 4—4 所示，调速型液力偶合器如图 4—5 所示。

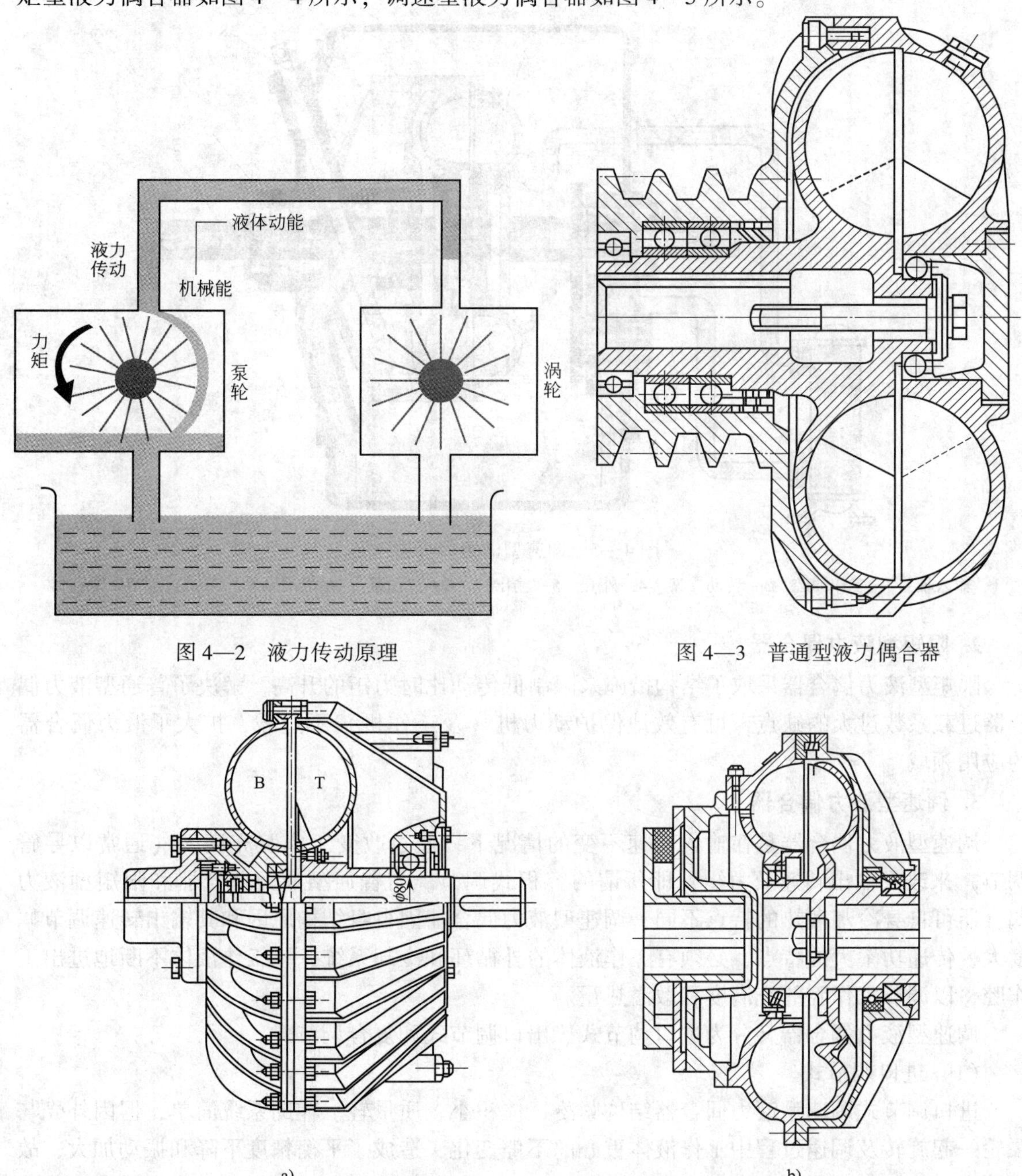

图 4—2　液力传动原理

图 4—3　普通型液力偶合器

a)

b)

图 4—4　限矩型液力偶合器

a）静压泄液式　b）动压泄液式

1. 普通型液力偶合器

普通型液力偶合器结构相对简单，但腔体有效容积大，传动效率高。其零速力矩可达额定力矩的 6~7 倍，有时甚至达 20 倍。因其过载系数大，过载保护性能很差，多用于不需要过载保护与调速的传动系统中，起隔离扭振和缓冲作用。

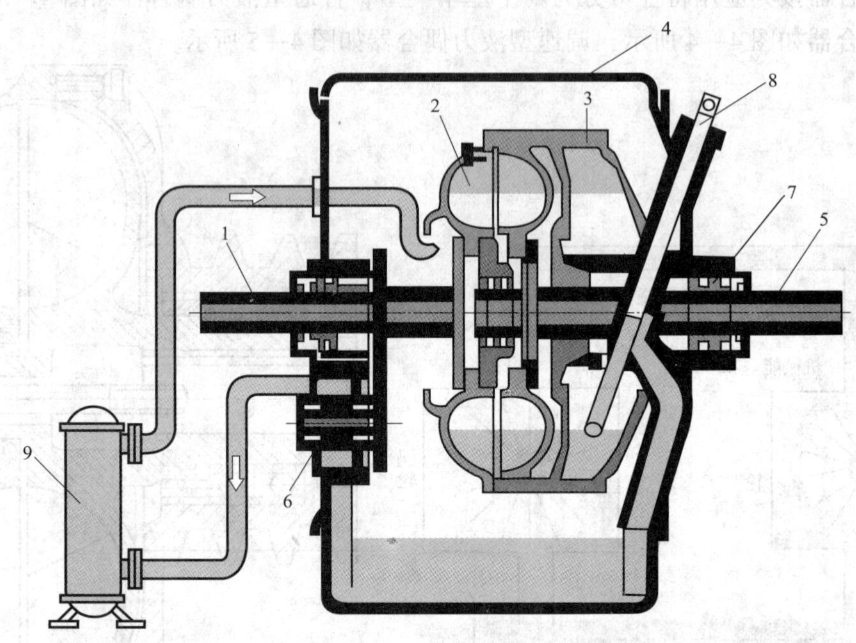

图 4—5　调速型液力偶合器

1—输入轴　2—工作油腔　3—转动支架　4—外壳　5—输出轴　6—充油泵　7—滚动轴承　8—勺管　9—冷油器

2. 限矩型液力偶合器

限矩型液力偶合器采取了结构措施来限制低传动比时力矩的升高，解决了普通型液力偶合器过载系数过大的缺点，可有效地保护动力机（及工作机）不过载，扩大了液力偶合器的应用领域。

3. 调速型液力偶合器

调速型液力偶合器是在输入转速不变的情况下，通过改变工作腔充满度（通常以导管调节）来改变输出转速及力矩，即所谓的容积式调节。与普通型液力偶合器和限矩型液力偶合器可自身冷却散热的特点不同，调速型液力偶合器因自身结构原因和其输出转速调节幅度大、传递功率大的特点，必须有工作液体的外循环和冷却系统，使工作液体不断地进出工作腔，以调节工作腔的充满度和散溢热量。

调速型液力偶合器又分为进口调节式、出口调节式和复合调节式。

（1）进口调节式

进口调节式调速型液力偶合器结构紧凑、体积小、质量轻、辅助系统简单，但因外壳与泵轮一起旋转及调速过程中工作液体重心的不停变化，造成了平衡精度下降和振动加大，故不宜在高速情况下使用，多用于转速不超过 1 500 r/min 的中、小功率场合。又因为这种液力偶合器安装调试困难、调速响应慢、故障率高等原因，其生产与应用日见减少。

（2）出口调节式

出口调节式调速型液力偶合器工作腔进口由定量泵供油，流量不变，出口流量随导管开度的调节而变化，导致工作腔充满度和输出转速的变化。由于这种液力偶合器调速响应快（十几秒钟)，故又称快速调节偶合器。一般认为双支梁结构较为先进，其特点是结构紧凑，质量轻，运动精度高，调速反应快，适用于高转速和要求快速调速的场合，广泛应用于风机等设备上。

（3）复合调节式

复合调节式液力偶合器工作腔的进、出口流量可同时调节，虽然结构较为复杂，但可降低供油泵流量需求且能更好地控制工作液体温度。

四、液力偶合器的应用特点

1. 无级调速

对设备进行调速可以节能。加装液力偶合器后，可以方便地通过手动或电动遥控进行速度调节，以满足工况的流量需求，从而可大量节约电能。

2. 空载启动

液力偶合器主动轴和被动轴之间没有机械连接，将流道中的油排空，可以以接近空载的形式迅速启动电动机，然后逐步增加液力偶合器的充油量，使其逐步进入正常运行。液力偶合器保证了大功率设备的安全启动，还可降低电动机启动时的电能消耗。

3. 过载保护

液力偶合器主动轴和被动轴之间属于有滑差的柔性连接，可以阻断负载转矩突然增加或衰减负载的扭振对电动机的冲击，防止闷车或传动部件损坏等事故发生。

4. 无谐波影响

液力偶合器在与不同等级的高、低电压和中、大容量电动机配套使用时，可保证电动机始终在额定转速下运行，电动机效率高，功率因数高，无谐波影响。

5. 寿命周期长

液力偶合器除轴承外无磨损元件，能长期无检修安全运行，投资使用效益得到提高。

6. 有转差损耗

液力偶合器是有附加转差的调速装置，不能使负载达到电动机额定转速，调速的转差损耗以发热的形式升高油温，必须予以散发或反馈利用。

第二节　限矩型液力偶合器的类型

一、限矩型液力偶合器的分类

限矩型液压偶合器的特性是：随着传动比的降低，力矩传递能力受到一定的限制，一般不超过电动机额定力矩的2~2.5倍，因此可有效保护电动机的传动系统，同时还能改变启动性能，均衡多电动机负荷分配。限矩型液力偶合器分为静压泄液式、动压泄液式和阀控延充式三种。

1. 静压泄液式限矩液力偶合器

这种液力偶合器的主要结构特点是在涡轮背侧与外壳内侧之间有一个侧辅助室，在涡轮内缘有一块挡板。低转速比时，利用侧辅助室和工作腔的静压差，液体由工作腔倾入侧辅助室，使工作腔内冲液量减少，进而限制力矩的传递。这种液力偶合器结构较简单，但在突然过载时，工作腔的液体倾入辅助室的速度不够快，过载动态性能较差，不宜用在井下工作面上，主要用于地面负荷变化不大的设备的传动系统中。

2. 动压泄液式限矩型液力偶合器

这种液力偶合器的结构较静压泄液式复杂，除具有侧辅助室外，在泵轮心部还设有前辅助室，泵轮背侧设有后辅助室，经过流孔分别与前辅助室和工作腔沟通。低转速比时，液体靠动压由涡轮泄入前辅助室并部分进入后辅助室。进入后辅助室的液体量大于后辅助室返回工作腔的液体量，工作腔充液量减少，进而限制了传递的力矩。这种液力偶合器动态性能好，动作灵敏度高，传动功率范围较宽，是一种应用广泛的液力传动元件，主要用于刮板输送机、带式输送机等要求对动力机和工作机进行有效保护和要求有一定负载均衡功能的设备。

3. 阀控延充式限矩型液力偶合器

这种液力偶合器的特点是在前辅助室和后辅助室之间的过流孔上安装离心式滑阀，以改善液力偶合器的延充性能，进而改善电动机的启动状况。这种液力偶合器特别适合与异步电动机匹配，可使电动机迅速启动及延长负载启动时间，因此特别适用于大惯性设备，如破碎机、刮板输送机等的平稳启动。

二、限矩型液力偶合器的型号含义

限矩型液力偶合器的型号含义如下。

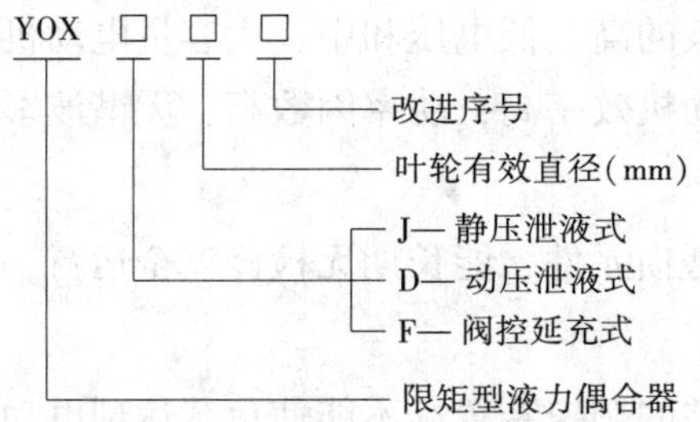

三、限矩型液力偶合器的功能和用途

1. 功能

（1）具有柔性传动功能，能有效地减缓冲击，隔离扭振，提高转动品质。

（2）具有电动机轻载启动功能，当电动机启动时，力矩甚微，接近于空载启动，从而降低启动电流，缩短启动时间，启动过程平衡、顺利。

（3）具有过载保护功能，有效地保护电动机和工作机，在启动或超载时不受损坏，降低机器故障率，延长使用寿命，降低维护保养费用和减少停工时间。

（4）具有协调多机同步启动功能，在多机启动系统，能够达到电动机顺序启动，协调各电动机同步、平稳启动。

2. 用途

限矩型液力偶合器适用于一切需要解决启动困难、过载保护、减缓冲击振动和隔离扭振、协调多机驱动的机械设备上，广泛用于矿山带式输送机、刮板输送机等各式输送机，以及斗式提升机、球磨机、卷扬机、破碎机、挖掘机、搅拌机、矫直机、起重机等各种机械。因液力偶合器是靠液体传动的可减轻机械冲击的连轴装置，当运行阻力过大，超过液力偶合器的传动力矩时，液力偶合器便空转打滑，从而起到过载保护的作用。双速电动机的作用是在启动时和正常运转时采用不同的回路，以避免由于满载启动造成启动电流过大，毁坏电动机，所以电动机与运输机之间必须要用液力偶合器连接。

第三节　限矩型液力偶合器的结构

一、普通限矩型液力偶合器

如图 4—6 所示为 YOXD 系列普通限矩液力偶合器的典型结构。它的特点是在涡轮内缘

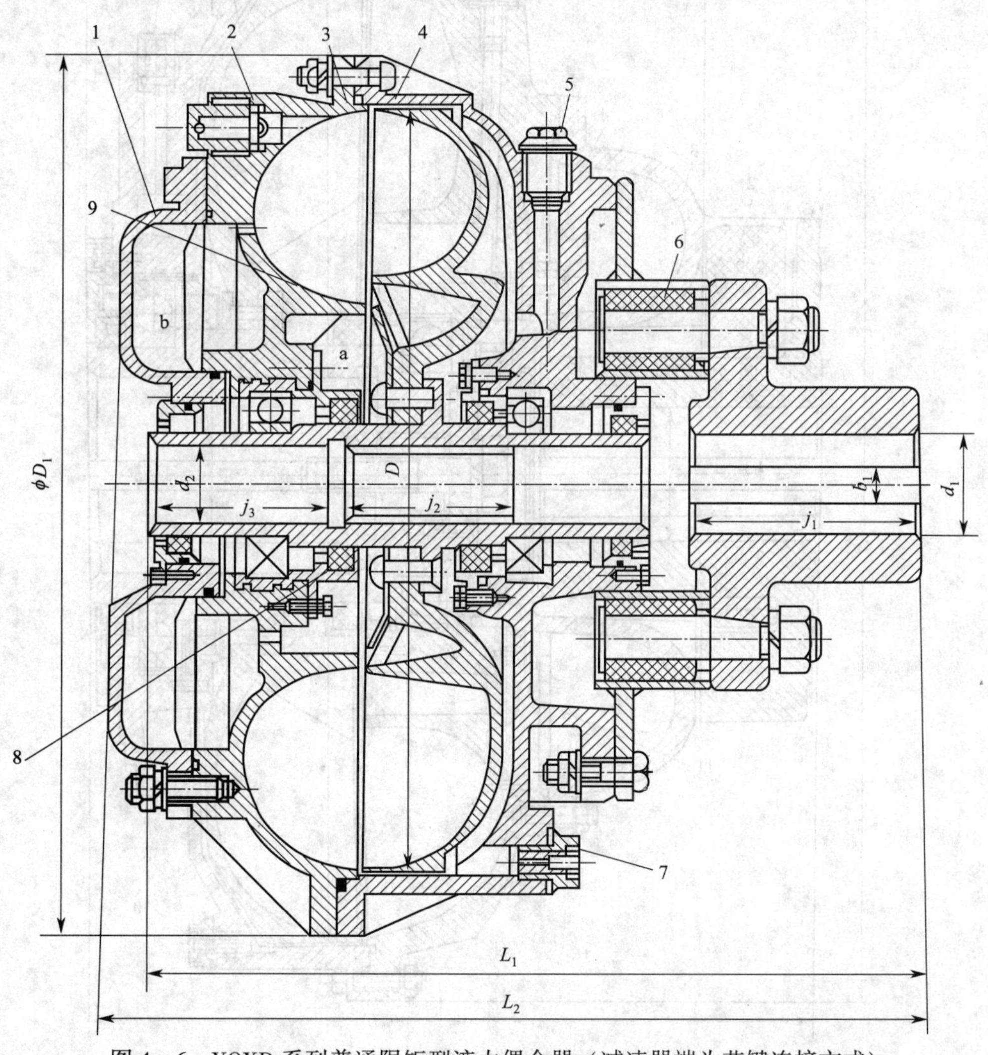

图 4—6　YOXD 系列普通限矩型液力偶合器（减速器端为花键连接方式）

1—后辅助室外壳　2—易爆塞　3—泵轮　4—涡轮　5—注液塞　6—弹性联轴器
7—易熔塞　8—油封　9—挡板　a—前辅助室　b—后辅助室

装有带孔的挡板 10，以减缓向前辅助室 a 内倾泄工作液的速度，防止由于工作液突然倾泄入前辅助室而使力矩跌落太大。另外，后辅助室 b 的容积比前辅助室 a 大得多。这种带孔挡板及前辅助室配合的后辅助室，可以较好地改善液力偶合器的低速及制动工况的特性。这类液力偶合器与减速器输入轴端为花键连接。为了防止介质水浸入轴承，在两个轴承内侧装有油封 9。

二、带转阀的限矩型液力偶合器

这种液力偶合器的结构特点是在前、后辅助室的过流孔处安装了 1 个旋转式过流阀 4，简称转阀如图 4—7 所示。

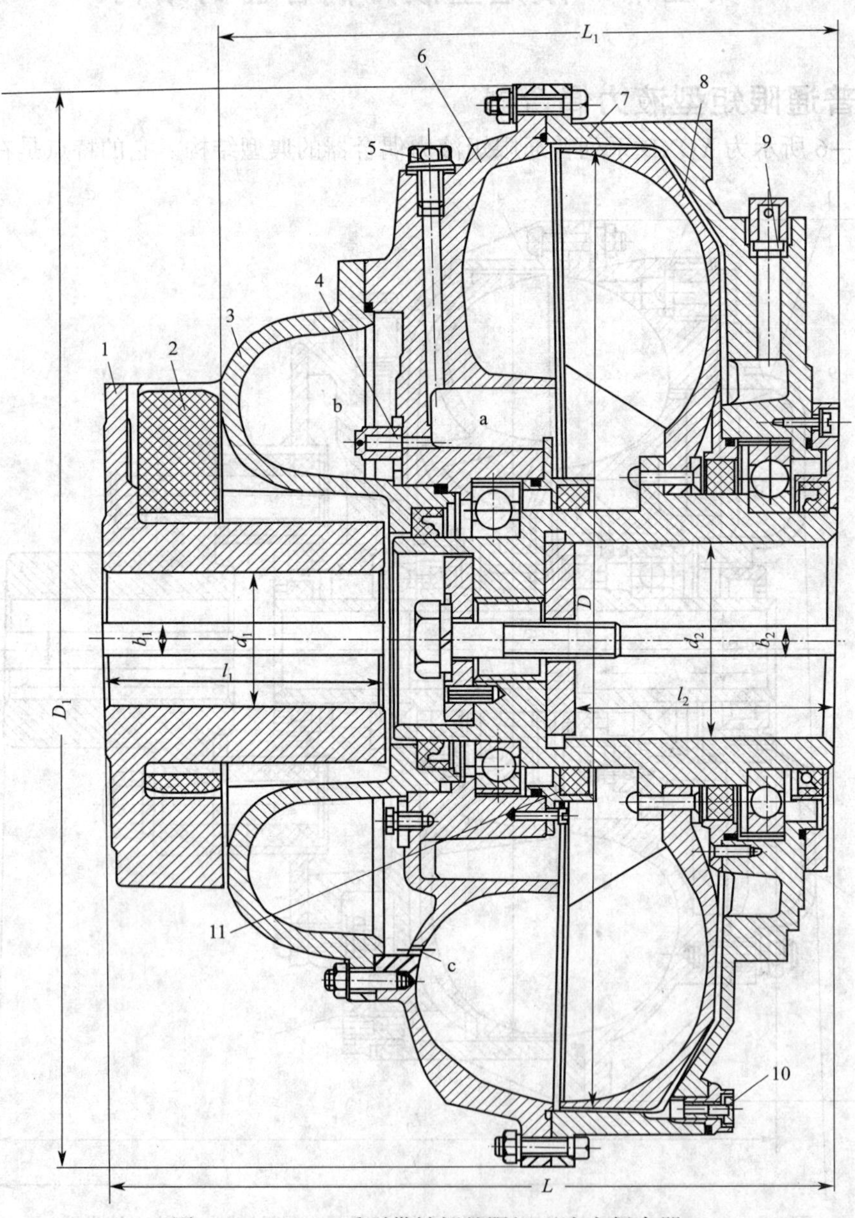

图 4—7 YOXD 系列带转阀的限矩型液力偶合器

1、2—弹性联轴器 3—后辅助室壳 4—旋转式过流阀 5—注液塞 6—泵轮 7—外壳 8—涡轮 9—易爆塞 10—易熔塞 11—油封 a—前辅助室 b—后辅助室 c—孔

转阀是用来控制后辅助室 b 的开启和关闭的。开始启动时，电动机（泵轮）转速较低，转阀是敞开的，在环流动压的作用下，工作液体通过转阀倾入后辅助室；与此同时，在惯性力的作用下，后辅助室中的工作液体通过 c 孔流入工作室。由于转阀的流量较大，而 c 孔的流量较小，因此，后辅助室在开始启动后便被迅速充满，而工作室可清空到最低限度。这时，液力偶合器仅能传递很小的转矩，电动机便在轻载下迅速启动。当电动机的转速升高到预定值（约为电动机额定转速的 97%）后，转阀关闭，此时后辅助室中工作液体继续涌过 c 孔流入工作室，使工作室中冲液量逐渐增加，所以液力偶合器在启动时转矩很小，从而获得良好的启动性能。在低速工况下，转阀能及时打开，又可获得安全的保护性能。这种特性最适合刮板输送机。

一台液力偶合器上安装 3 个转阀，其结构如图 4—8 所示。阀壳 7 与重锤连接在一起。在泵轮静止或低速旋转时，扭力弹簧 3 将阀壳 7 压在逆时针方向的极限位置上，这时阀壳 7 上的螺旋槽孔与阀体 6 上的螺旋槽孔正好对中，即转阀是开放的。泵轮在高速转动时，重锤在惯性力的作用下使阀壳 7 顺时针转动，它与阀体 6 的螺旋槽孔相互错开，即转阀关闭。为了防止介质水浸入轴承，在轴承内侧装有油封。

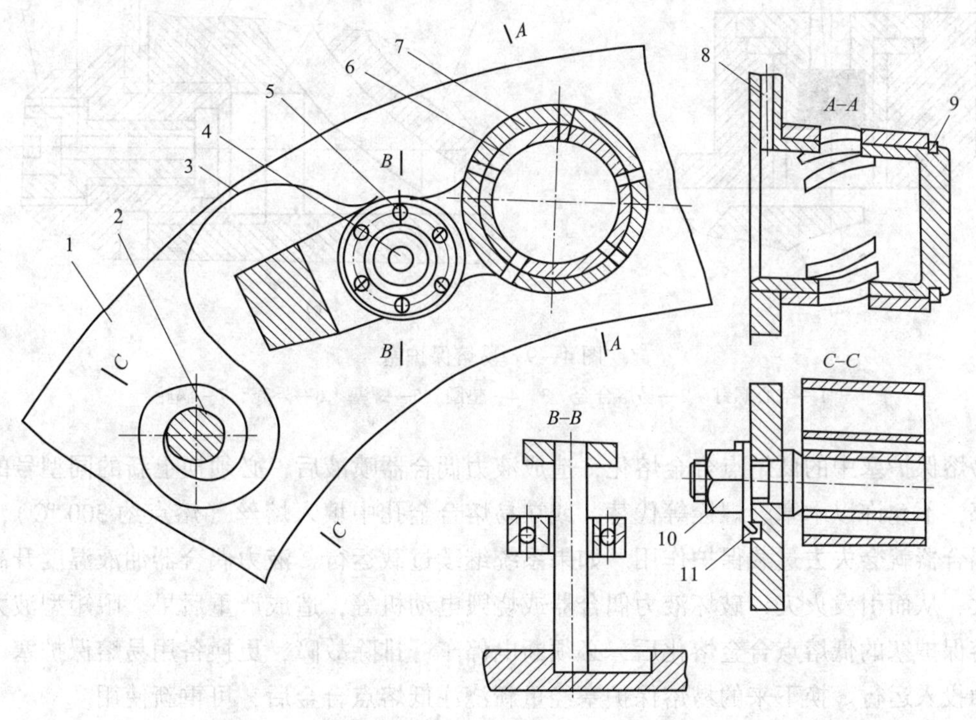

图 4—8　转阀结构

1—阀座　2—心轴　3—扭力弹簧　4、8—弹性销　5—轴承　6—阀体
7—阀壳　9—弹性挡圈　10—螺母　11—止退垫圈

三、易熔保护塞

易熔保护塞是限矩型液力偶合器的过载保护装置，安装在液力偶合器壳体外缘的螺孔中。如图 4—9a 所示的易熔保护塞用于 YOX 系列液力偶合器，如图 4—9b 所示的易熔保护

塞用于 YOXD 系列液力偶合器。液力偶合器在过载或制动时的损失功率为额定功率的 2~2.5 倍或更高，这样大的发热功率会使工作油液的温度急剧升高，并接近工作油液的闪点，可能引起工作油液的燃烧，同时会使液力偶合器产生剧烈振动，甚至造成液力偶合器损坏。在安装了易熔保护塞后，只要液力偶合器中的油液温度达到易熔塞中低熔点合金（铅、铋、锑合金）的熔点（110~140 ℃），塞孔中的合金即被熔化甩出。工作油液在液力偶合器旋转惯性力的作用下，从易熔塞的孔中喷出。液力偶合器工作腔中没有工作油液的涡轮运动，则不再传递转矩，涡轮及工作结构停转，泵轮及电动机空载运行，从而保护了电动机、液力偶合器和工作机机械免遭损坏。

出现上述情况后，必须立即停电停机，检查和排除故障，并向液力偶合器按定量注入新油，换上备用易熔保护塞。采用如图 4—9a 所示结构的易熔保护塞，在更换时，必须将易熔保护塞拧下来，这样易损坏液力偶合器铝制外壳螺孔的螺纹；对于如图 4—9b 所示结构的易熔塞，更换时不必取下整个易熔保护塞，只需拧下其中的空心螺钉。

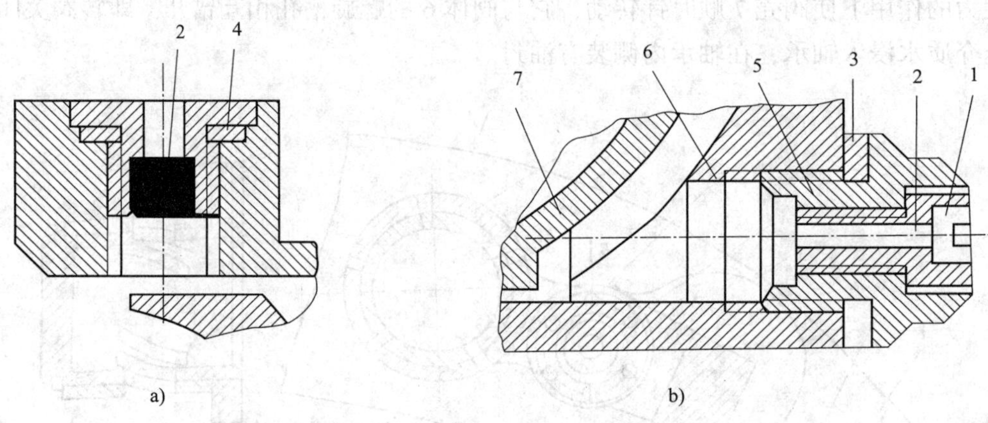

图 4—9　易熔保护塞

1—空心螺钉　2—易熔合金　3、4—垫圈　5—螺塞　6—外壳　7—涡轮

易熔保护塞中的低熔点合金熔化，造成液力偶合器喷液后，必须换上新的同型号的易熔保护塞，不允许以木塞、螺栓等代替，或在易熔合金孔中填入熔丝（熔点约 300 ℃），否则液力偶合器就会失去过载保护作用。如果系统继续过载运行，液力偶合器油液温度升高，压力很大，从而引发火灾、破坏液力偶合器或烧毁电动机等，造成严重后果。限矩型液力偶合器易熔保护塞的低熔点合金熔化后，必须断电停车，排除故障，更换备用易熔保护塞，方可再注油投入运行。换下来的易熔保护塞经重新浇注低熔点合金后，可重新使用。

第四节　液力偶合器拆装、使用和维修

一、液力偶合器的安装

1. 液力偶合器安装时应在工作机和动力机的轴上涂润滑油脂。

2. 安装时，不允许用压板或铁锤敲打液力偶合器铝制壳体，也不可热装，以免损坏密封元件。可在工作机上轴上铰螺纹孔，并在其上旋入螺杆，通过旋转螺杆上的螺母将套在螺杆上的液力偶合器主轴（连带液力偶合器）平衡带入，并将其安装在工作设备上。

3. 将直线传动式（直联式）液力偶合器安装在原动机及工作机轴上后一定要精心找正，原动机及工作机轴的同轴度允差不大于 0. 25 mm，角度误差不大于 30′。可用千分表检测同轴度误差及角度误差，也可用平行尺和塞尺检测，一般采用千分表精确找正，以免安装误差引起振动及断轴事故。找正时，可用垫片或弹簧板调整原动机及工作机底座，调整完毕的原动机及工作机底座应考虑相应定位紧固措施。平行传动式（带轮式）液力偶合器必须按随机带的拉紧螺栓的螺纹尺寸在原动机（电动机）轴上铰 40 mm 深的螺纹孔，用拉紧螺栓将液力偶合器可靠地拉紧在原动机上。除规定原动机轴旋转方向外，不提供原动机轴旋转方向时液力偶合器配的拉紧螺栓一律为右向。

4. 液力偶合器外部应设有稳固的防护罩，防护罩应有利于通风散热，露天场所应考虑防雨措施。设防护罩时还应考虑液力偶合器喷液时的防护。

二、液力偶合器安装注意事项

为了保证液力偶合器的正常运行并延长其使用寿命，应严格把好安装质量关。一般应注意以下几个问题：

1. 以工作机为安装基准，电动机和液力偶合器吊装、定位、粗调后，在操作前应精调基准。

2. 精调时，以工作机为基准找正液力偶合器，再以液力偶合器为基准找正电动机。

3. 严格调整顺序可以提高找正效率，保证找正精度。如果工作机、液力偶合器、电动机之间同轴度精度不良，将会造成联轴器的弹性元件迅速损坏，并产生振动而损坏轴承，甚至还会引起机轴的弯曲或断裂。

4. 液力偶合器的安装轴线应低于电动机和工作机的轴线。这是为液力偶合器热状态工作时预留的中心高膨胀量，以保证液力偶合器热态工作时能够有较高的同轴度，提高运转效率。

三、液力偶合器拆卸

1. 先将原动机（电动机）底板紧固螺栓松开后，再移动电动机使联轴节左右分离，用液力（螺纹）拆卸器卸下电动机轴上的半联轴节，最后用拆卸螺杆旋入液力偶合器主轴的拆卸螺纹孔，将液力偶合器主体拆下。拆卸时，不可敲击液力偶合器铝制外壳。

拆卸工具为专用工具，未经专业维修人员同意之前，不得随意拆卸液力偶合器主体，以免发生破坏密封和平衡精度等问题。

2. 液力偶合器与相关设备的连接形式一般由弹性圈柱销联轴器、梅花形弹性联轴器，以及用传动带轮连接或带制动轮毂连接等，也可以根据相关设备的具体要求配用其他形式的联轴器。不同的连接形式或联轴器有不一样的特点，一般地，弹性圈柱销联轴器连接具有安装、调试、拆卸、维修比较方便的特点，而梅花形弹性联轴器连接具有轴向尺寸最小的特点。

四、液力偶合器的使用、注意事项及检修

1. 工作油的使用方法

（1）工作油的作用

工作油是液力偶合器传递转矩的介质。充油量多少对液力偶合器的转矩传递有较大的影响，利用不同的充油量，可使一个液力偶合器能够同相应的不同功率的电动机匹配，以适应不同的工作要求。

（2）工作油的性能

工作油的性能直接影响液力偶合器传递转矩的能力，要求工作油黏度低、密度大、腐蚀性小且耐老化。

（3）充油和充油检查

1）工作油必须经过滤网过滤后才能充入液力偶合器。

2）正确的油位对液力偶合器的安全运转是很重要的，要定期进行油位检查。

3）液力偶合器最大充油量为工作腔容量的 80%，不允许充油过多，更不能充满，否则，工作油会在运转中引起升温，产生压力使液力偶合器损坏。液力偶合器的最小充油量为工作腔容量的 40%，充油过少会使轴承得不到充分的润滑，缩短液力偶合器的使用寿命。

2. 限矩型液力偶合器使用注意事项及检修

（1）限矩型液力偶合器使用注意事项

1）液力偶合器正、反方向都能转动，当安装完毕并进行第一次试车时，必须检查液力偶合器是否符合要求的运转方向，不得急剧反转。

2）在液力偶合器上安装网状防护罩。

3）当电动机达到额定转速时，从动机必须开始运转。若从动机不动，必须马上停机，检查负载是否有制动现象。

4）运转时，液力偶合器不允许漏油。

5）连续运转时，工作油温不得超过 90 ℃。

6）运转 3 000 h 后，应对工作油进行老化检查，若油已老化，则需换油。

7）应随工作机检修周期定期检查联轴节弹性盘磨损情况，定期检查电动机和工作机轴（如减速器）同轴度并进行校正，保证运行平稳。

8）不允许随意拆卸液力偶合器，以免破坏密封及装配精度。非专业人员不允许随意打开液力偶合器。

9）易熔塞、易熔合金的熔点为 120 ℃，如果由于故障导致工作油温度升高，使易熔合金熔化，工作油喷出，此时应排除故障，重新充油。注意，切不可用金属螺塞取代易熔塞。

10）不得频繁启动，以防工作油超温。

11）应有良好的通风条件，防止阳光直接照射。

（2）液力偶合器检修

液力偶合器在运行 20 000 h 或 5 年以后应进行大修，对其解体和重新组装的基本步骤如下：

1）排空工作油后的步骤

①打开润滑油滤网并检查和清洗。

②拆下联轴器并检查。

③检查输入轴、输出轴的径向跳动。

④从箱体上拆下滑动调节器及传动杠杆。

⑤拆下辅助润滑油泵及电动机。

⑥拆下辅助工作油泵及电动机。

2）拆下并吊开箱盖后，检查齿轮的啮合情况。

3）拆下并解体输入轴及转子部件以后的步骤

①检查泵轮和涡轮（叶片共振试验）。

②检查轴承情况，测量轴承间隙。

③检查勺管机构的磨损情况。

④检查易熔塞，必要时更换新件。

⑤重新研刮轴瓦后回装（必要时研磨轴径）。

⑥清理转动外壳内的积油及污垢。

4）将整个密封面涂上密封胶（耐温 130 ℃）。

5）重新组装转子部件。

6）清理油箱、箱座及箱盖。

7）将输入轴及转子部件装回箱座上。

8）装上并紧固好箱盖后的步骤

①回装好辅助润滑油泵及电动机。

②回装辅助工作油泵及电动机。

9）装上滑动调节器并加油润滑。

10）检查液力偶合器与驱动电动机、泵的对中，并做好记录。

11）清洗并检查冷油器后进行耐压试验。

12）向油箱及冷油器注油至要求的位置。

13）完成上述工作并检查仪表，确认正常后，即可进行试运转，在试运转前应进行如下检查

①启动备用工作油泵，看能否正常工作。

②当工作油压高于 0.25 MPa 时，工作油排到冷油器，备用工作油泵应断开。

③启动备用润滑油泵，看润滑油压能否达到规定的 0.25 MPa。

14）在试运转过程中应进行如下检查

①听诊齿轮传动装置是否有不正常的撞击、杂音或振动。

②检查各轴承温度不得超过 70 ℃。

③检查各轴承、齿轮的润滑油的入口温度不得超过 50 ℃。

④检查液力偶合器工作油温度不得超过 75 ℃。在冷油器的冷却水温度很高且滑差较大时，允许在运行中短时间内的工作油温度达到 110 ℃。

⑤检查油箱，油温不得超过 55 ℃。

⑥每隔 4 h 将液力偶合器的负载提高额定值的 25%，直至液力偶合器满负荷工作后，将驱动电动机电源切断，检查液力偶合器的齿轮啮合情况并记下齿在长、宽上的啮合印记所占的百分比。

⑦清理油过滤器，检查沉积在过滤器中的沉淀物的性质。

⑧在试运行完成后，全部更换油箱中的油。

⑨发现齿轮传动装置运行异常时，必须找出故障原因并予以排除。

五、限矩型液力偶合器常见故障及排除方法

限矩型液力偶合器常见故障及排除方法见表 4—1。

表 4—1　　限矩型液力偶合器常见故障及排除方法

故障现象	故障原因	排除方法
达不到额定转速	1. 电动机故障或连接不正确 2. 工作机卡死 3. 工作机消耗功率过大 4. 充液量过大，电动机无法达到额定功率 5. 充液量过少 6. 液力偶合器漏油	1. 检查电动机的电流、转速和消耗的功率 2. 检查工作机，消除卡死原因 3. 检查功率消耗，并核算是否超过标准数值 4. 检查充液量，放出适量的油 5. 检查充液量，按规定量充液 6. 按规定量充液，更换密封，拧紧螺栓
易熔塞经常熔化	1. 充液量太少 2. 液力偶合器漏油 3. 工作机消耗功率过高 4. 启动时间过长 5. 工作机制动时间过长 6. 液力偶合器启动频繁 7. 易熔合金熔点过低 8. 液力偶合器选型不当	1. 按规定量充液 2. 按规定量充液，更换密封，拧紧螺栓 3. 核实功率是否超过规定值 4. 加速时电动机切换为三角形接线 5. 排除工作机长时间制动故障 6. 适当选用大规格、低充油量液力偶合器 7. 选用合适的易熔塞 8. 选配规格合适的液力偶合器
运行不平稳	1. 安装不当，不同轴 2. 基础刚度差，松动 3. 液力偶合器或电动机或工作机轴承损坏 4. 弹性块或弹性盘磨损	1. 重新找正 2. 检查并拧紧基础螺栓，增强刚度 3. 根据噪声和振动判断，若损坏则更换 4. 更换失效的弹性块或弹性盘
漏液	1. 橡胶垫密封圈老化或损坏 2. 注液塞或易熔塞松动	1. 更换密封圈 2. 拧紧注液塞或易熔塞
电动机过热或损坏	1. 注液量过多 2. 没有使用易熔塞，液力偶合器失去了保护作用	1. 放出多余的工作液 2. 安上易熔塞，不能用其他东西代替
电动机工作正常，但液力偶合器过热	通风散热不良	清理通风网眼，清理堆在外罩上的煤粉
电动机（泵轮）转动，而涡轮不转，输送机链轮不动	1. 液力偶合器内无工作液 2. 工作液量过少，负荷过大 3. 易熔塞喷液	1. 注液到规定值 2. 调整负载，适当注液 3. 更换易熔塞，注液
液力偶合器打滑	1. 充液量过大 2. 严重超载	1. 放出多余的工作液 2. 减轻负载

第五节 典型液力偶合器

一、SH-55 型液力偶合器

如图 4—10 所示为 SH-55 型液力偶合器，它主要由泵轮、涡轮、外壳、轴套及后辅助室外壳等组成。其中，除轴套是钢制件外，其他部件均为高强度铝合金铸件。它的结构比较简单，工作轮直径为 445 mm。它的后辅助室与前辅助室及工作室均有过流孔相通。由于涡轮叶片在近轴处截去很多，所以前辅助室的容积要比后辅助室大一些。这种液力偶合器的过载保护特性好，但力矩跌落较大。

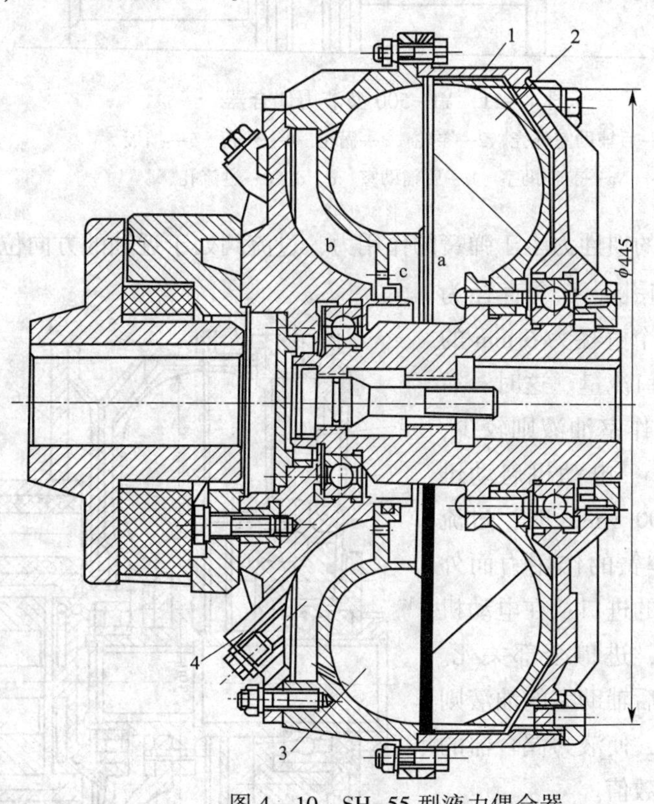

图 4—10 SH-55 型液力偶合器

1—外壳 2—涡轮 3—泵轮 4—后辅助室外壳

a—前辅助室 b—后辅助室 c—过流孔

二、YL-500 型液力偶合器

如图 4—11 所示是为 SGW-200 型可弯曲刮板输送机配套设计的 YL-500 型液力偶合器。

YL-500 型液力偶合器的特点是在液力偶合器的涡轮内缘装有带过流孔 e 的挡板，以减弱向前辅助室 a 内倾泄工作液的速度，防止由于工作液突然倾入前辅助室而使力矩跌落太大。这种液力偶合器为保证后辅助室中油液具有可靠的延充作用，在后辅助室的进口处装有六组滑阀式过流阀，它们被装在泵轮内缘的隔开前、后辅助室的圆盘上。在液力偶合器启动

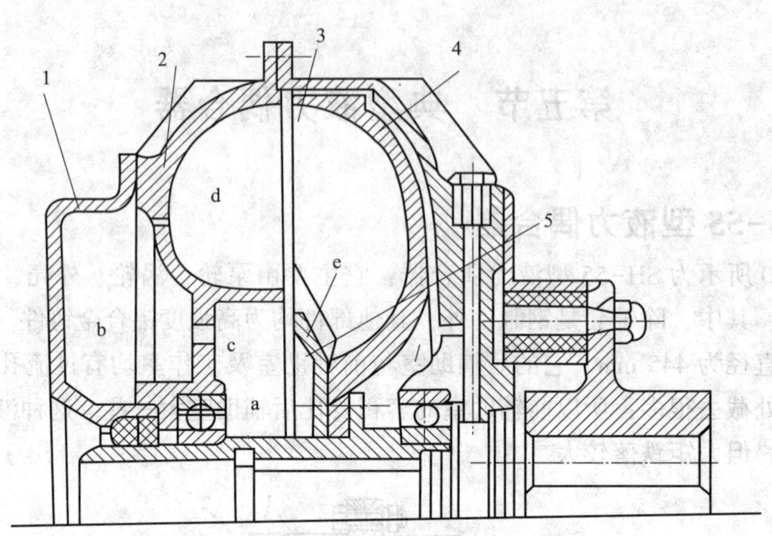

图 4—11　YL-500 型液力偶合器

1—后辅助室外壳　2—泵轮　3—涡轮　4—外壳　5—挡板

a—前辅助室　b—后辅助室　c、d、e—过流孔

时，因转速较低，过流阀的惯性力小于弹簧的作用力，过流阀处于近轴的方向位置，这时进口通道是开的。由于进口孔是 6 个直径为 10 mm 的孔，出口孔是 6 个直径为 6 mm 的孔，所以进口流量大于出口流量。这时，后辅助室被迅速充满，而工作室油液则较少，液力偶合器的传动力矩小，电动机启动迅速。当电动机转速达到 800 r/min 时，过流阀的惯性力开始要克服弹簧的作用力而外移，并逐渐关闭后辅助室的进口；在电动机转速达到 1 350 r/min 时，进口全部关死。这时，进口流量为零，而后辅助室的油液则经出口逐渐流入工作室中，使液力偶合器的传动转矩逐渐增大到正常数值。

三、英国 STC 型钢壳液力偶合器

由英国道梯公司引进的输送机均使用 STC 型钢壳液力偶合器，其工作轮有效直径有390 mm、475 mm 和 500 mm 三种。如图 4—12 所示为 STC-390 型液力偶合器。

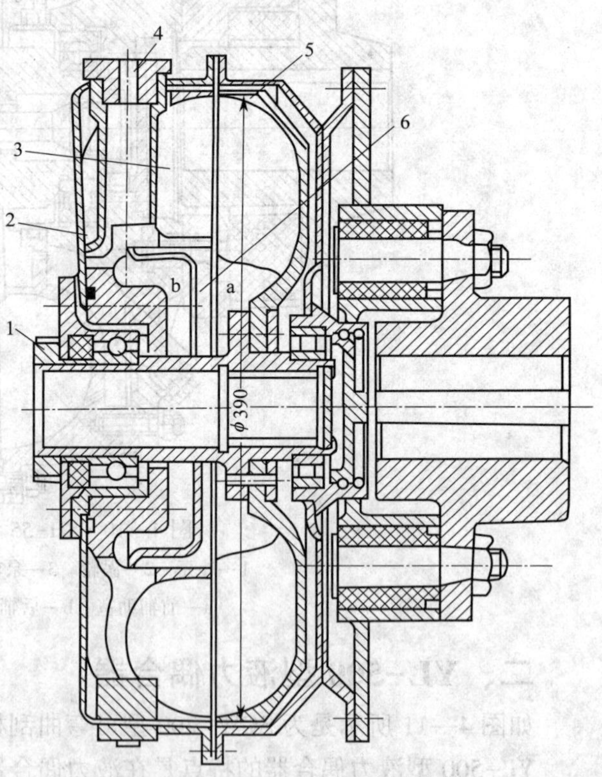

图 4—12　STC-390 型液力偶合器

1—轴端机械密封　2—外壳　3—泵轮

4—易熔塞　5—涡轮　6—隔板

a—前辅助室　b—后辅助室

它的特点是除泵轮、涡轮为铸铝件外，外壳全部由钢材料制成，强度较高。在泵轮

内缘装有一碗状隔板，将前、后辅助室隔开。后辅助室在泵轮内缘，容积较小，结构比较紧凑。轴端采用耐高温及耐压性能较好的机械密封，密封效果较好。注油管从泵轮背面的切口深入泵轮内部。后辅助室中的工作液也是通过泵轮叶片间的切口进入工作室的。涡轮内缘与前辅助室是畅通的，因此过载时工作液可迅速倾入前辅助室，其动特性较好，但力矩跌落较大。

四、487Tfa 型液力偶合器

487Tfa 型液力偶合器用在由原联邦德国引进的工作面刮板输送机上，结构如图 4—13 所示。它的特点是在后辅助室进口处和前、后辅助室之间装有两个旋转式过流阀。

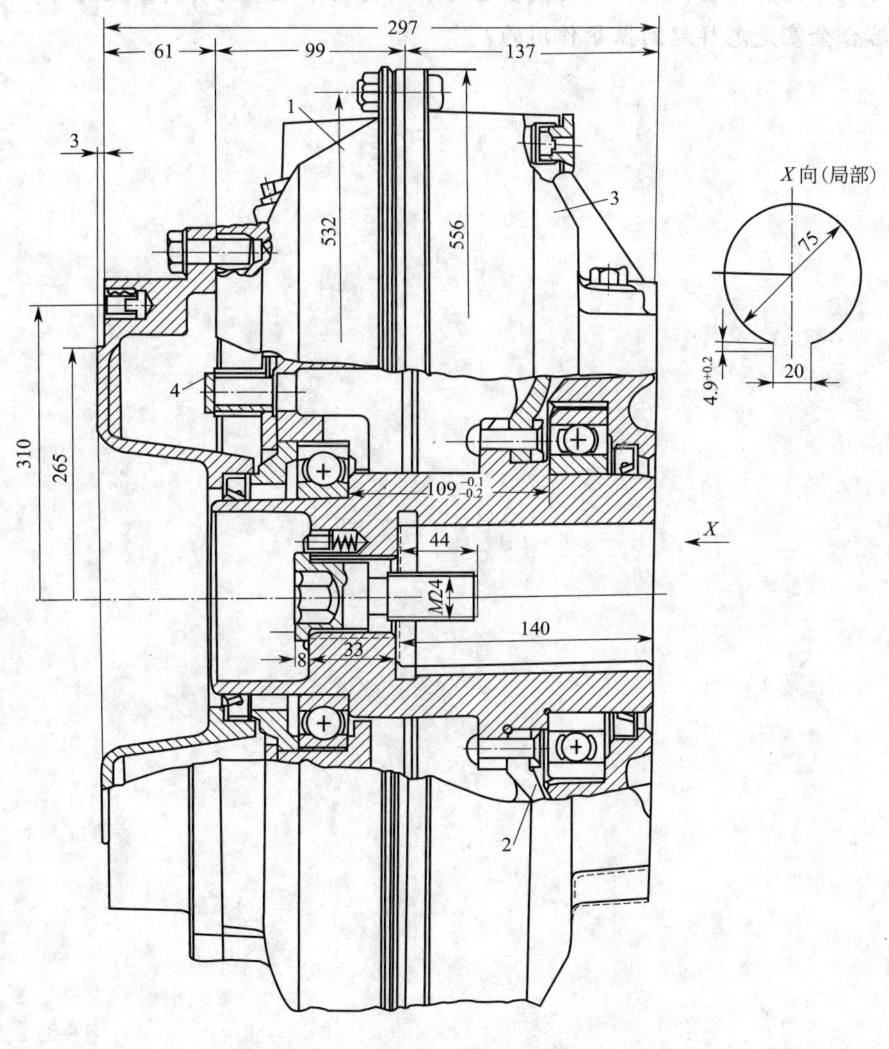

图 4—13　487Tfa 型液力偶合器

1—泵轮　2—涡轮　3—涡轮外壳　4—阀组件

旋转式过流阀的结构如图 4—8 所示。这种带转阀的液力偶合器与带滑阀的液力偶合器的工作原理是相同的，但由于转阀动作灵敏，工作可靠，所以它对改善启动性能及过载保护性能都很有效。

思考练习题

1. 液力偶合器主要由哪几部分组成?
2. 试说明液力偶合器的工作原理。
3. 液力偶合器传递转矩的大小与哪些因素有关?
4. 液力偶合器的能量是如何转换的?
5. 液力偶合器有哪些优点?如何使多台电动机传动系统中的负荷分配均匀?
6. 易熔合金塞是怎样起到保护作用的?

第五章 锤式破碎机

学习目标

1. 了解锤式破碎机的结构和工作原理。
2. 掌握锤式破碎机的安装方法和步骤。
3. 掌握锤式破碎机的调试方法。
4. 能正确使用锤式破碎机。
5. 能正确处理锤式破碎机的常见故障。

破碎机主要用来破碎大块煤及矸石，以防大块煤砸坏胶带或卡在溜煤眼，从而保证可伸缩带式输送机的正常运转和溜煤眼的畅通。它和桥式转载机联为一体并配套使用。常用的破碎机主要有颚式破碎机和锤式破碎机两种。

颚式破碎机结构比较复杂，破碎能力较低，只适宜中等硬度的煤块。在综合机械化采煤工作面运输巷道与桥式转载机配套使用的一般为锤式破碎机，其生产能力大，可破碎普氏硬度系数不大于4.5的硬煤。其主要结构特点是：

1. 破碎机由进料腔、破碎底槽、出料腔、传动装置、锤轴总成等部分组成。
2. 破碎机采用带传动、锤式破碎。
3. 冲击转子均经过平衡试验，结构坚固，冲击动能大，冲击元件可更换。
4. 破碎输出块度可按需要调整。如图5—1所示为PCM型锤式破碎机的实物图。如图5—2所示为桥式转载机和锤式破碎机配合实物图。

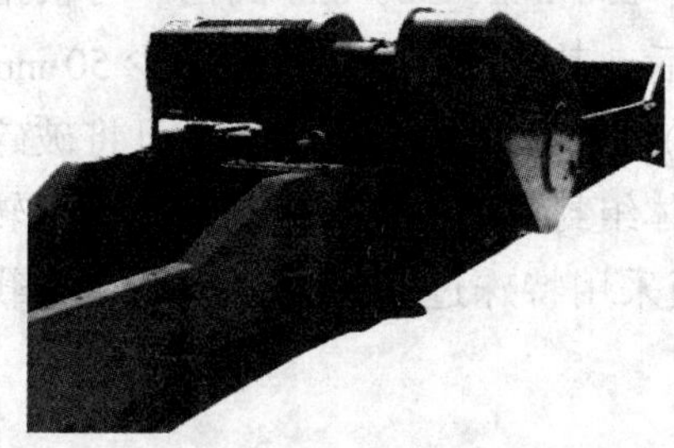

图5—1　PCM型锤式破碎机实物图

图5—2　桥式转载机和锤式破碎机配合实物图

第一节　锤式破碎机概述

本节以 PCM250 型锤式破碎机为例，介绍锤式破碎机的基本知识。

一、锤式破碎机的结构特征

1. 用途和使用范围

PCM250 型锤式破碎机与内槽宽度为 1 000 mm 的转载机配套使用，并与配套的可伸缩带式输送机、工作面刮板输送机、采煤机及液压支架配套作业，实现综合机械化采煤的破碎工作。PCM250 型锤式破碎机可调整出煤间隙为 150～300 mm，将普式硬度系数不大于 4. 5 的大块煤炭破碎到所需的块度。

2. 结构特征

PCM250 型锤式破碎机主要由传动装置、左挡板、右挡板、入口架、破碎底槽、破碎腔盖板、主架、锤轴总成、润滑系统、液压系统、出口盖板、喷雾装置、窄 V 带、带保护罩、带轮防护罩、润滑系统、液压系统（张紧 V 带装置）等组成，实物如图 5—1 所示，结构如图 5—3 所示。

（1）传动系统

PCM250 型锤式破碎机的传动系统由电动机、液力偶合器、减速器和弹性联轴器组成，如图 5—4 所示。减速器为单级圆锥齿轮传动减速器，传动简单，润滑油为 N460 型中负荷工业齿轮油，全部采用 SKF 型轴承及进口密封件，性能可靠。弹性联轴器为两半轴弹性盘组成的对轮联轴器，拆装方便。

（2）机架

PCM250 型锤式破碎机的机架由破碎架、主架（见图 5—5）、破碎底槽和调高装置等部分组成。

各部件通过螺栓紧固连接，构成破碎机总体。机架内部形成破碎腔体，主架左、右侧均可安装破碎机传动装置；入料端和出料端分别安装有喷雾灭尘装置；破碎机顶部设有拆装方便的检查窗；锤轴总成嵌装在机架两侧的架板中，大带轮通过带与电动机输出端小带轮相连。垫板式调高装置的调高挡位为 150 mm、200 mm、250 mm、300 mm 四挡。可根据所需要的煤块度，确定安装垫板的件数，每减少一块垫板后，其最大输出煤块度减少 50 mm。为方便调高，该破碎机增设了 4 个起重螺栓（每侧两个）。同时转动起重螺栓，可将破碎机和主架抬起，即可进行装拆垫板的操作。破碎底槽为整体组封底溜槽，两端通过哑铃与转载机连接。破碎板为厚 60 mm 的高强度耐磨板。两端中板采用特殊过渡结构，保证与转载机中板连接的链道平滑过渡。

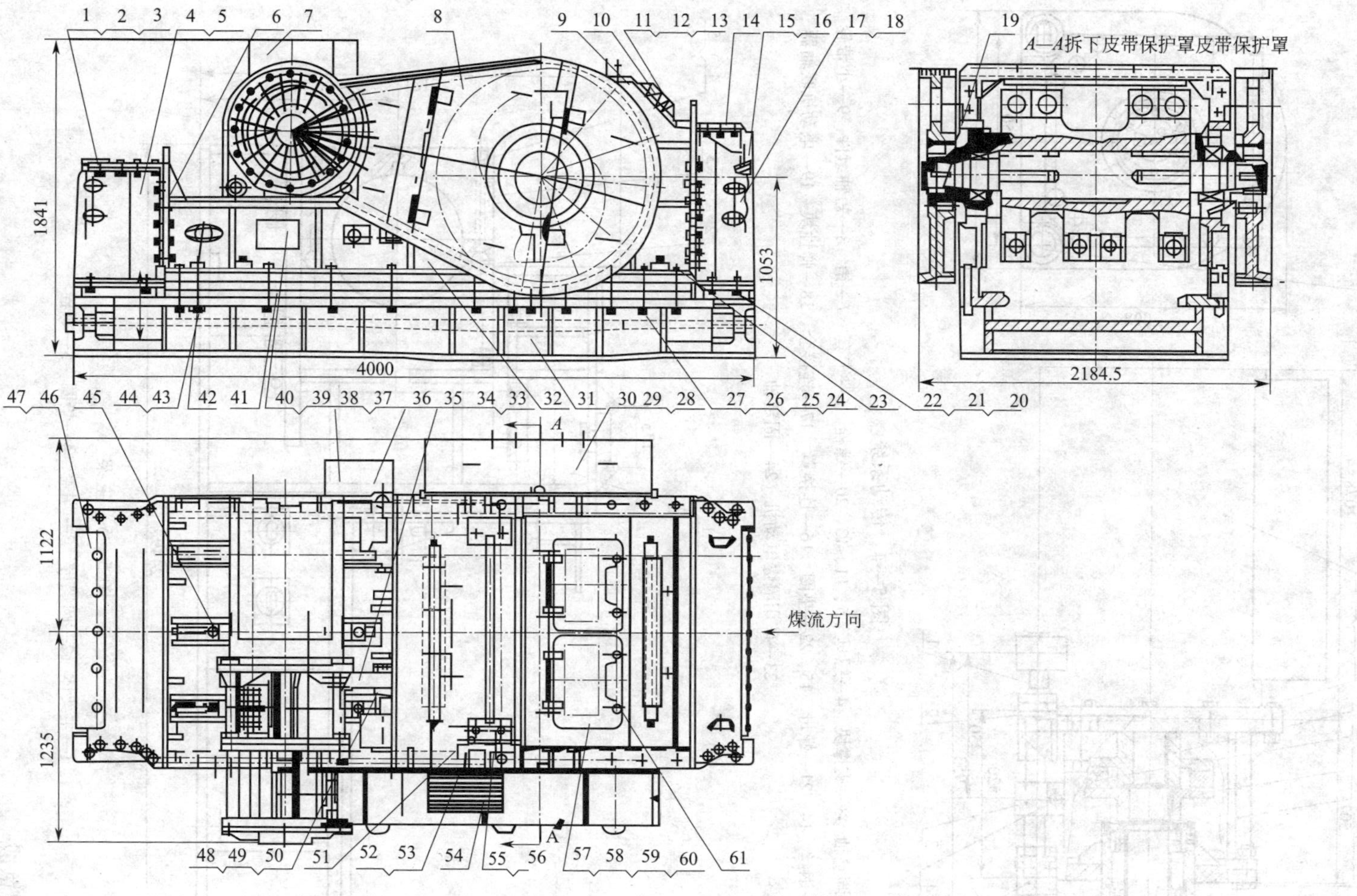

图 5—3 PCM250 型锤式破碎机结构图

1、6、11、22、24~28、38、45、49、53—螺栓 2、12、21、52—螺母 3、13、20、50—垫圈 4—出口左挡板 5—出口右挡板 7—系统 8—带保护罩 9—破碎架体 10—喷雾装置 14—盖板组件 15—压板 16、46—挡帘 17—入口左挡板 18—入口右挡板 19—锤轴总成 23—起重螺栓 29—扳手 30—带轮防护罩 31—破碎底槽 32—主架 33、34、43、56、58—销 35—液控系统 36—润滑系统 37—卡板 39—螺钉 40—铭牌 41—垫 42—产品标志牌 44—销轴 47—出口盖板 48—板 51—支架 54—窄 V 带 55、57—轴 59—铰链座 60—盖板 61—插销链

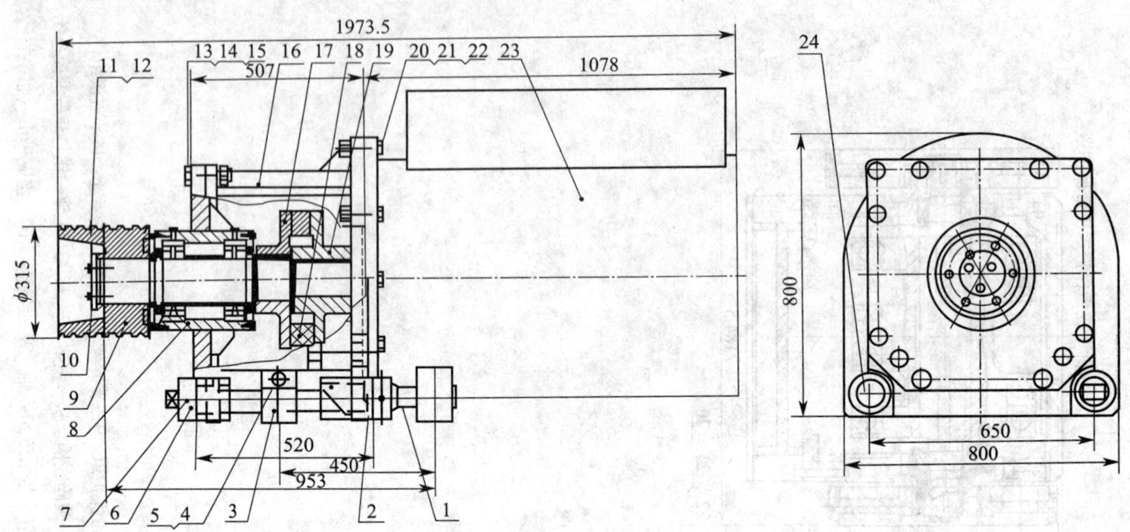

图 5—4 传动系统

1—调整块 2—调整轴 3—支撑块 4—螺母 5、11、13、20—螺栓 6—卡套 7—销 8—短轴组件 9—小带轮 10—挡盖 12—钢丝 14、21—螺母 15、22—垫圈 16—连接罩 17—连接套 18—弹性块 19—电动机联轴器 23—矿用隔爆电动机 24—固定轴

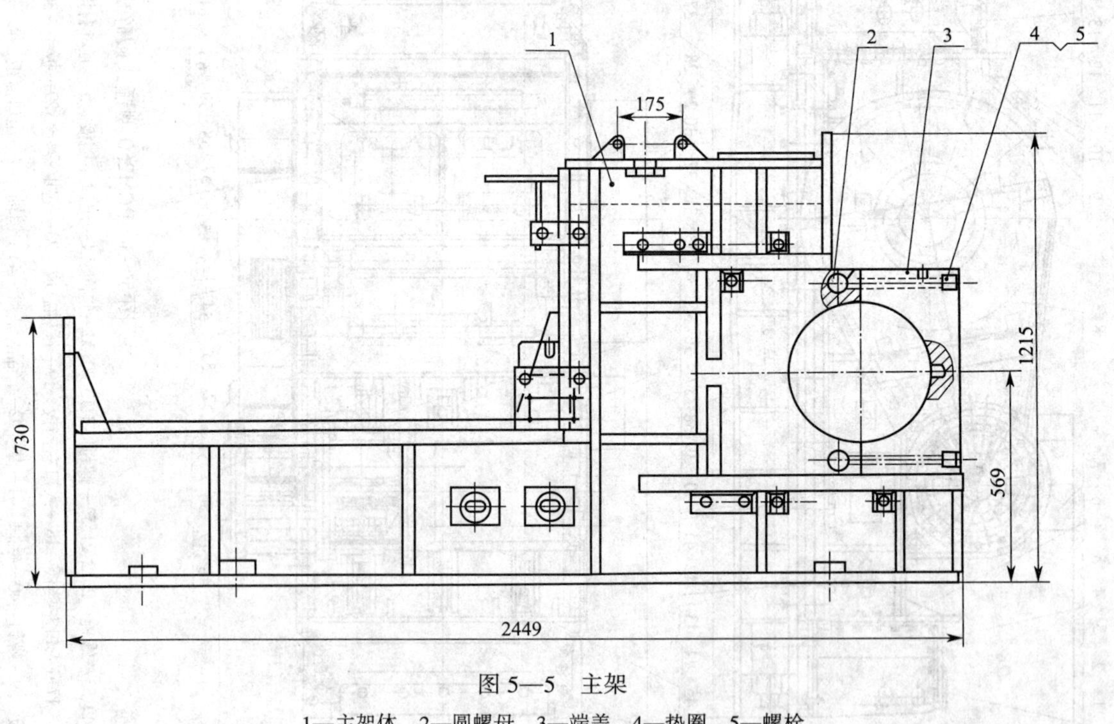

图 5—5 主架

1—主架体 2—圆螺母 3—端盖 4—垫圈 5—螺栓

（3）锤轴总成

锤轴总成是破碎煤块的执行机构，如图 5—6 所示。它主要由主轴、破碎锤、轴承、轴承座、吊杆、摩擦离合器、带轮、连接件等组成。破碎轴和锤体用 4 个楔形键连接和定位。锤体为整体铸造成型，锤头为锻造成型，表面堆焊，并配用了特殊的防松装置。

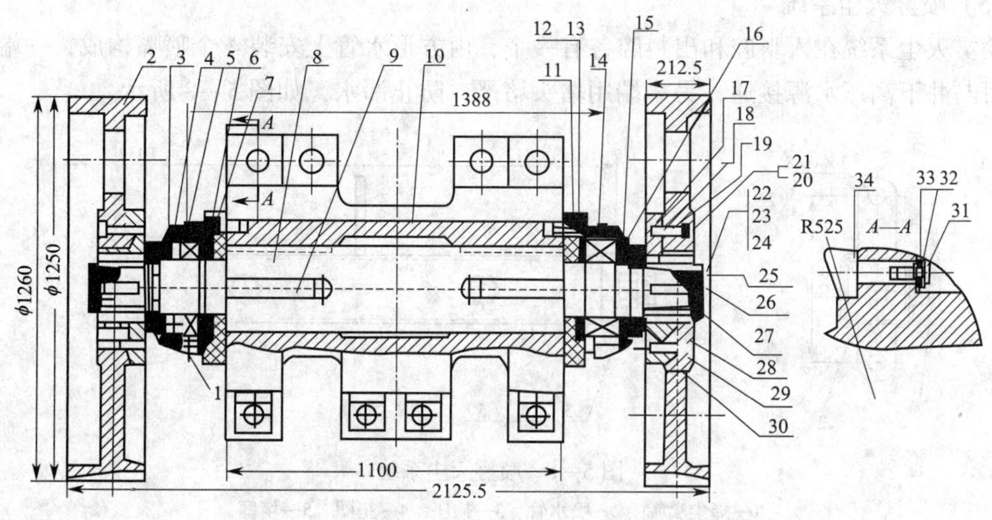

图 5—6 锤轴总成

1、12、19、29—螺钉 2—大带轮 3—固定端轴承盖 4—外隔套 5—固定端轴承座 6—密封 7—内隔套 8—轴 9、25—键 10—锤体 11—迷宫压板 13、21、23、32—垫圈 14—轴承座 15—轴承盖 16—轴承 17—平衡轮 18—紧固螺母 20、22、31—螺栓 24—钢丝 26—固定板 27—锥套 28、30—销 33—压板 34—锤头

（4）润滑系统

润滑系统由配油板和输油管组成，如图 5—7 所示。破碎机用润滑脂均为锂基润滑脂，加油时，要把加油位置清理干净，防止杂物侵入润滑表面而影响零件性能。

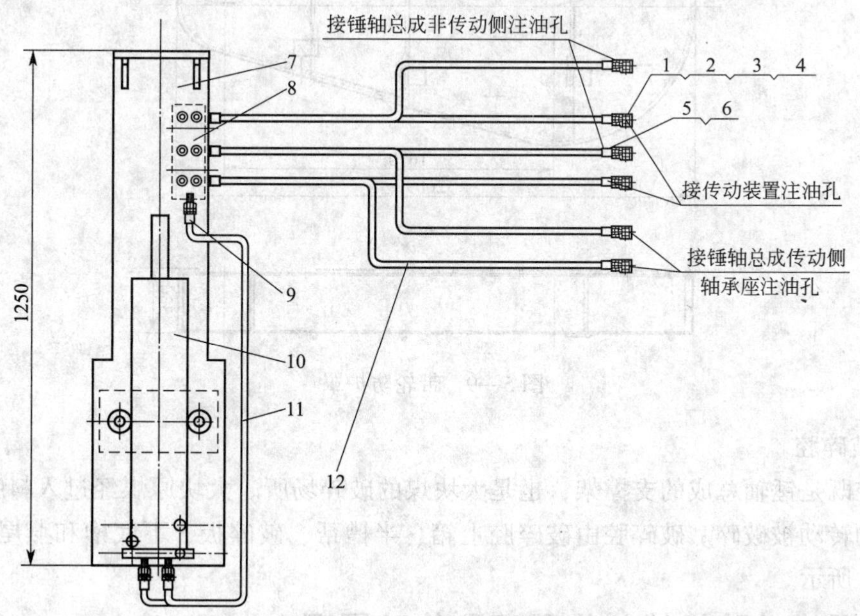

图 5—7 润滑系统

1—螺栓 2—垫圈 3、9—接头 4—套 5—U 形卡 6、11、12—高压软管 7—防护罩 8—双线给油器 10—手动润滑泵

(5) 喷雾灭尘系统

喷雾灭尘系统在入料腔和出料腔各有一个，由方形水管上安装 4 个喷嘴构成，一端有接头，可与井下高压水源接通，另一端用堵头堵严，防止漏水，如图 5—8 所示。

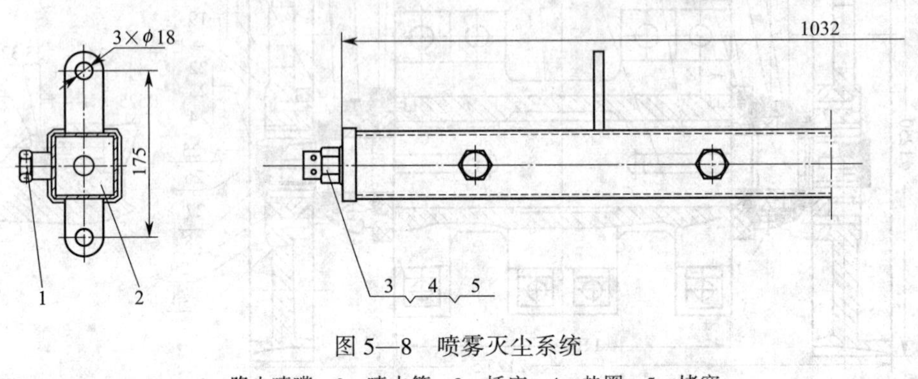

图 5—8　喷雾灭尘系统

1—降尘喷嘴　2—喷水管　3—插座　4—垫圈　5—堵塞

(6) 带轮防护罩

带轮防护罩主要起防止杂物和煤粉进入带轮影响正常传动和人身安全的作用，如图 5—9所示。

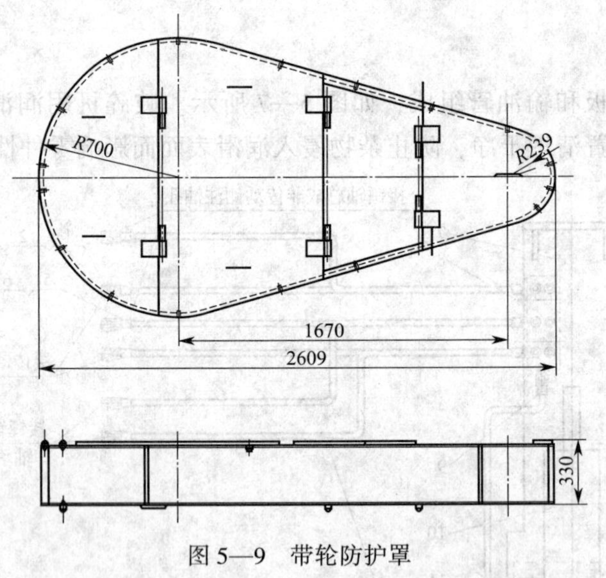

图 5—9　带轮防护罩

(7) 破碎腔

破碎腔既是锤轴总成的支撑架，也是大块煤的破碎场所。大块原煤经过入料腔在破碎腔通过锤头的转动被破碎。破碎腔由破碎腔上箱、半槽帮、破碎板、下底槽和燕尾块等组成，如图 5—10 所示。

二、锤式破碎机的工作原理和传动原理

1. 工作原理

PCM250 型锤式破碎机安装在 SZZ900/250 型桥式转载机主体落地段和机尾部之间。其

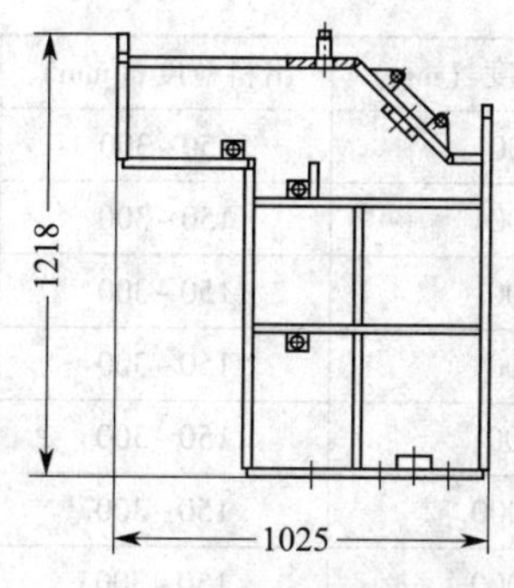

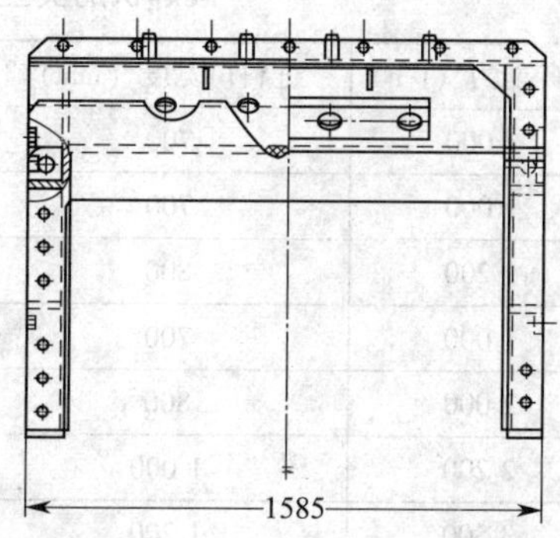

图 5—10 破碎腔

工作过程为：转载机输送煤炭通过破碎机，破碎机的锤轴带着破碎锤头高速旋转，把大块煤冲击破碎成所需的块度，再经箅形口流入溜槽或溜煤口，进入下一个运输系统。破碎机传动路线为：动力由电动机经液力偶合器、减速器和弹性联轴器传到锤轴。其工作原理如图 5—11 所示。

2. 传动原理

如图 5—12 所示，当电动机 4 通电旋转后带动 V 带 3 转动，同时飞轮 2 在 V 带 3 的带动下也开始转动，此时破碎锤刀 1 在飞轮 2 转动的同时一起转动，破碎机运转正常后即开始破碎工作。

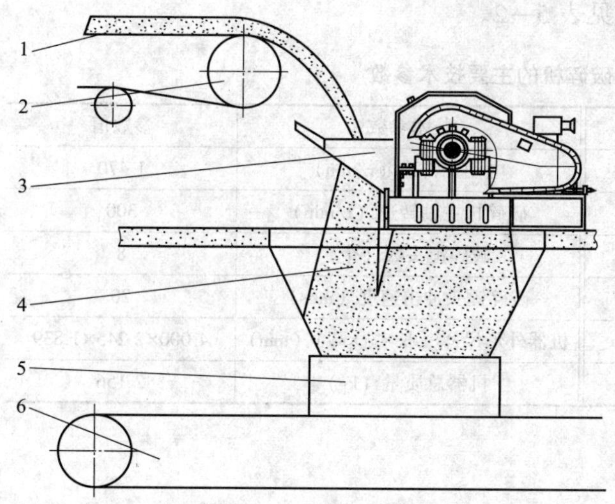

图 5—11 锤式破碎机工作原理

1—原煤 2—输送机 3—破碎机 4—溜槽（溜煤口） 5—导料机 6—输送机（给煤机）

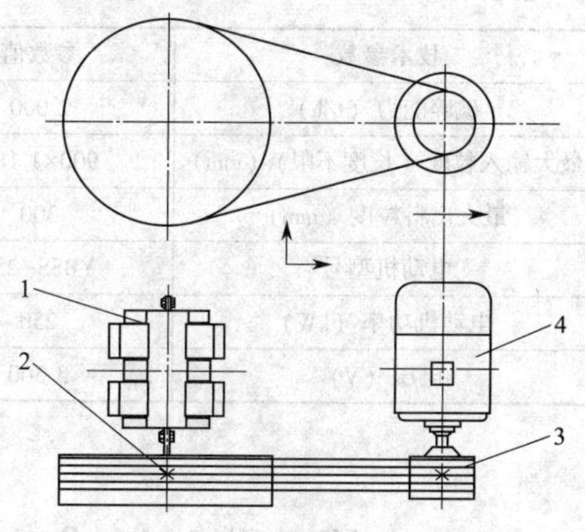

图 5—12 锤式破碎机传动原理

1—破碎锤刀 2—飞轮 3—V 带 4—电动机

三、锤式破碎机的类型及主要技术特征

锤式破碎机的类型及主要技术特征见表 5—1。

表 5—1　　破碎机的类型及主要技术特征

型号	破碎能力（t/h）	进料口宽度（mm）	出料口宽度（mm）	出料粒度（mm）	质量（t）
PCM110	1 000	700	700	150~300	14.2
PCM110Ⅱ	1 000	700	700	150~300	14.3
PCM132	1 200	800	800	150~300	14.8
PCM132Ⅱ	1 000	700	700	150~300	15.7
PCM160	2 000	800	800	150~300	16.8
PCM200	2 200	1 000	1 000	150~300	17
PCM250	3 500	1 200	1 000	150~300	21.4

四、锤式破碎机型号表示方法及含义

PCM250 型锤式破碎机的型号表示方法及含义如下所示。

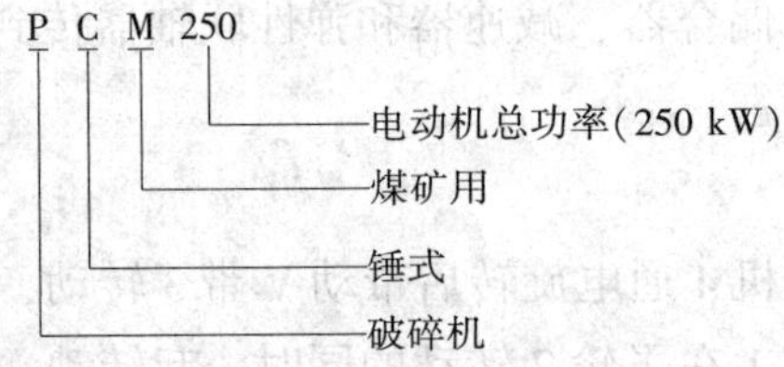

五、锤式破碎机的主要技术参数

PCM250 型锤式破碎机的主要技术参数见表 5—2。

表 5—2　　PCM250 型锤式破碎机的主要技术参数

技术参数	参数值	技术参数	参数值
破碎能力（t/h）	2 000	电动机转速（r/min）	1 470
最大输入粒度（长度不限）（mm）	900×1 180	破碎机主轴转速（r/min）	300
最大出料粒度（mm）	300	破碎锤头数（个）	8
电动机型号	YBSS-250	破碎锤头冲击速度（m/s）	20
电动机功率（kW）	250	机器外形尺寸（长×宽×高）（mm）	4 000×2 245×1 839
电压（V）	3 300	机器总质量（kg）	2 156

第二节　锤式破碎机安装、调整和试运转

一、锤式破碎机安装前的准备工作

1. 参加安装的工作人员必须熟悉设备的结构、工作原理、安装程序和安全提示。
2. 检查各零部件、附件及工具，应完好无损，能整体装运的尽量一体装运。
3. 检查工作场地是否安全，安装空间是否符合要求。

4. 准备好锂基润滑脂和工具。

二、锤式破碎机的安装

1. 各部件装配步骤

(1) 在破碎底槽两侧，按过煤空间在底槽体上安装调整垫板（0~3）层。

(2) 在垫板上方安装主架、锤轴总成和破碎腔体。

(3) 按工作位置，在主架体一侧安装传动装置，调整传动装置下的调整轴，使大、小带轮槽分别对应在同一平面内。

(4) 破碎机主架侧板上安装润滑系统，合理布置润滑油管，将 6 根油管分别安装在锤轴总成两端轴承座油管接头处和传动装置上，并与双线给油器接通。

(5) 安装入口处左右挡板、破碎腔盖和入口架。

(6) 安装联组 V 带，2 组（5 根/组）V 带应满足配组公差不大于±5 mm。

(7) 液压张紧 V 带，紧固传动装置下的螺栓。

(8) 安装带保护罩和带轮防护罩。

(9) 安装出口盖板和电缆槽。

(10) 安装喷雾灭尘装置，与综合监控装置连接。

(11) 安装检查维修窗口盖板及其他附属零件。

2. 安装注意事项

(1) 安装带时，应按照如图 5—13 所示的方法进行。

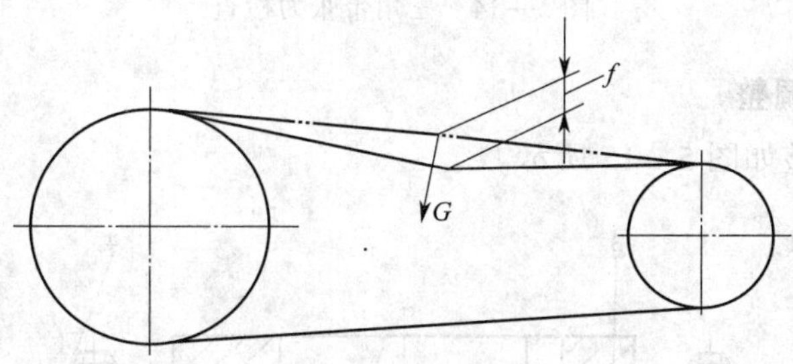

图 5—13 带安装

(2) 在安装带保护罩和带轮防护罩前必须进行试运转。

(3) 锤头与锤体安装必须正确，不许省略任何防松装置；将垫圈包紧螺栓头及压板，使螺栓可靠防松。

(4) 润滑系统的每根油管，装配前要充满 1 号锂基润滑脂。

(5) 液压张紧 V 带后，在联组 V 带的中间部位施加 5×68 N 的力（68 N/根），其挠度值不得大于 23 mm。

三、锤式破碎机的调整

1. 煤的破碎块度调整

可以通过转动 4 个起重螺栓，将破碎机和主架抬起，然后调整垫板式调高装置。可根据所需要煤的块度，确定安装垫板的块数，每减少一块垫板后，其最大输出煤块度减少

50 mm，即可进行装拆垫板的操作。

2. 带与带轮的调整

(1) 两带轮必须正确对正，以便调整到与胶带轮槽在一个平面上。当初的部位发生变化时，各部位必须重新调整。

(2) 需要调整煤的破碎粒度大小时，应首先使带放松，带调整完毕后，再重新张紧胶带。

(3) 检查带张紧度时，在每根带上加 160 N 的力，带挠度约为 28 mm 时张紧度最合适，如图 5—14 所示。

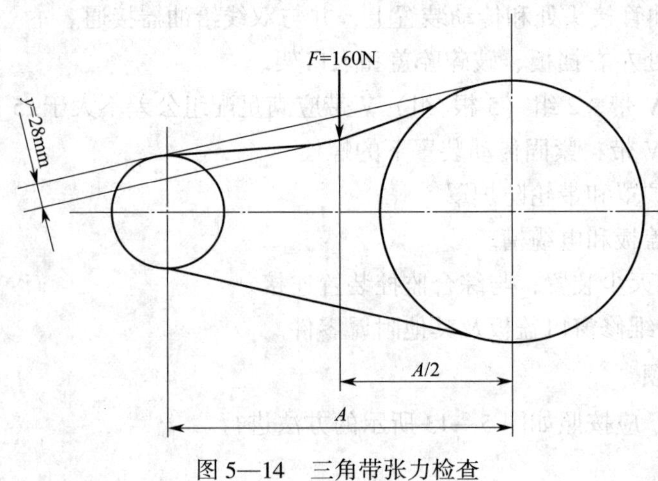

图 5—14　三角带张力检查

3. 摩擦离合器的调整

摩擦离合器的调整如图 5—15 所示。

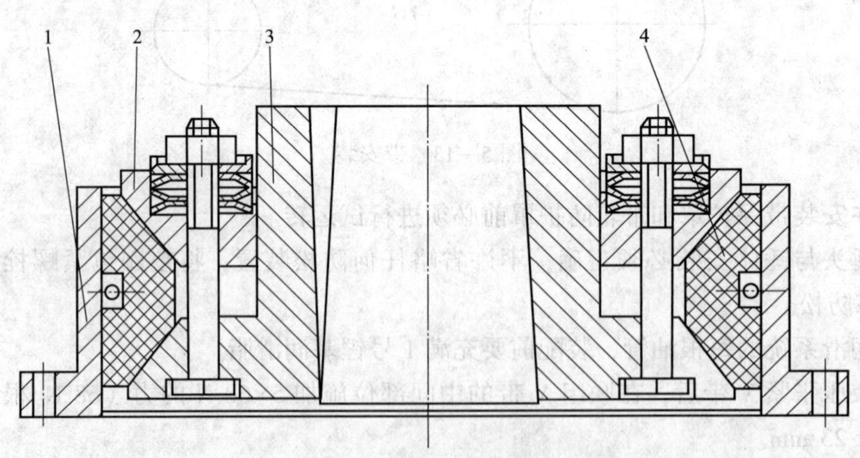

图 5—15　摩擦离合器的调整

1—离合器罩　2—离合器右块　3—离合器左块　4—摩擦环总成

(1) 由于摩擦因数取决于摩擦面的表面粗糙度和使用条件（空气湿度、温度、速度等），所以要使摩擦离合器调整到滑动时所需的摩擦力矩，只能在实际使用中根据经验调整，滑动时所需要的摩擦力矩要比额定力矩 2 548 N · m 高一些，但不允许超过 3 038 N · m。

（2）拧相对的两个六角螺母，使每对螺栓都平稳地把摩擦块压在摩擦离合器壳上。此时摩擦力矩值应调整到额定力矩以下，然后使摩擦离合器相对滑动，但滑动时间不宜过长，应确保离合器不致过热（250 ℃以下），摩擦离合器接触平稳。

（3）继续平稳地拧紧相对应的每一对螺栓，使离合器在试运转时能可靠地传递工作力矩并在最大力矩时不打滑，要求每个螺栓用力矩扳手取得相同的数值。在调整离合器时，绝不允许先将碟形弹簧压平。

四、锤式破碎机的试运转

1. 试运转注意事项

（1）各部连接件不应有松动现象。

（2）锤轴组件转动应灵活，无卡阻现象。

（3）检查电动机接线，确保锤轴组件运行方向与转载机的刮板运行方向一致。

2. 空载运转

空载运转 2 h，应无不正常噪声，轴承处温升不得超过 30 ℃，转动灵活，油封处无渗漏现象。

3. 负载运转

（1）把破碎机安装在转载机上，同转载机一起进行试运转。

（2）摩擦离合器要工作可靠。

第三节　锤式破碎机使用和常见故障处理

一、锤式破碎机的使用

1. 锤式破碎机必须在无负载条件的情况下启动，正常工作时应首先启动转载机，然后启动锤式破碎机。

2. 每天经常检查锤头的连接，不允许有松动或丢失现象。

3. 定时检查轴承温度，不允许在高于 120 ℃的情况下工作。在温度高于 80 ℃时需要检查轴承径向游隙，若超过规定游隙值 10%~17%，就需要通过调整螺母来调整轴承游隙，使其获得正确数值。

4. 每日在润滑系统内注 1 号锂基润滑脂一次。

5. 每次每个注油点来回推拉手动润滑泵手柄 1~2 次。

6. 每天检查锤头磨损程度一次，当严重磨损时，应整套更换或相对位置成对更换，保证锤轴运转平衡。

7. 运转第一周每天检查 V 带的张紧程度，以后每周检查两次，达不到要求时及时调整。

8. 定期检查电气系统的绝缘及接线头的连接情况，防爆面要保持清洁；电缆破损时必须更换；接线头松动时必须重新紧固。

9. 所有操作与检修应符合煤矿安全生产的有关规定。

二、锤式破碎机的维护保养

1. 一般要求

为了确保锤式破碎机安全运行，必须定期检查、维护、更换锤式破碎机损坏的零部件，对各润滑部位进行定期润滑。

2. 一般外部检查

以下关于锤式破碎机的全面检查适用于所有零部件，并且应与检查表中提及的特定任务结合起来执行。

（1）不拆卸设备，验证设备处于有效及安全工作状态，功能正常。

（2）所有的零部件都完整无缺，没有过度磨损带来的缺陷。

（3）无非正常噪声、振动和发热。

（4）无漏油或漏液。

（5）灭火装置随手可及，并贴有法定警示。

（6）设备保持清洁，无煤尘等聚集物。

3. 每班检查

除了上述检查，每班开始应进行下列检查，有些检查可以在设备运转时进行，但要小心。

（1）目测检查锤式破碎机刮板链条、刮板、螺栓、螺母、接链环是否损坏或丢失，如有损坏或丢失，应及时更换补齐，紧固螺栓、螺母如有松动，及时拧紧。

（2）检查冷却水管和高压软管有无损坏，是否有漏液、漏油现象。

（3）检查电动机和冷却水管是否畅通。

4. 每日检查

（1）进行每班检查的各项内容。

（2）检查各传动装置是否过热，有无异常振动。

5. 每周检查

（1）进行每日检查的各项内容。

（2）检查锤轴总成的油位，并从锤轴内提取油样。

（3）检查传动装置是否安全，有无损坏，松动的紧固件要拧紧。

（4）检查电动机接线端是否清洁，电缆、插销、插座是否完好。

6. 每月检查

（1）进行每周检查的各项内容。

（2）检查减速器及锤轴总成的油位，必要时更换。

（3）取锤式破碎机一段刮板链，共两条，测量其长度，检查伸长量是否一致，如果伸长量达到或超过原始长度的 2.5%，则必须更换，每段刮板链组件由一对链条组成，如果有必要拆卸和更换链条时，必须成对更换。

7. 每季检查

（1）进行每月检查的各项内容。

（2）清除减速器内的油，按要求加足新油。

8. 每半年检查

（1）进行每季检查的各项内容。

（2）打开减速器观察孔盖，目测检查齿轮和轴承有无损坏，更换损坏零件。

（3）检查电动机轴承等零件有无损坏。

9. 维护检查表

（1）检查表的目的

检查表提供了一个时间安排计划，在这些时间内，所有机械部件必须得检查和测试。因为它不可能包含所有损害设备效率和安全的因素，所以不能认为检查表是包罗万象的。检查表仅为检查性质和范围的指南，可帮助检查者执行有计划的检查。进行检查的目的是为了保证设备处于安全和有效状态。检查人员应寻找所有可能存在的损害设备安全与效率的因素（无论是否包含于检查表中），只要有可行性，将这些找到的问题作为检查的一部分并及时纠正。

（2）检查表的解释

标题栏列有不同类型的检查项目，某些检查项目要在设备正常运转时进行，但应对检查人员无危险，如果危险存在，必须在检查前关机，并切断电源。

（3）常规工作指导计划

常规工作指导计划必须完全恰当地表示出测试与检查的结果，并做上记号，“√”代表设备状态良好，“×”代表设备存在问题。必须记下发现问题的零部件或部位。

（4）工作报告

每天工作结束后都要完成工作报告，发现的缺陷细节及采取的措施都应记录在上面。这个报告的内容应足够详细，确保所采取的措施得以实施。

三、锤式破碎机的常见故障处理

锤式破碎机常见故障现象、原因和处理方法见表5—3。

表5—3　锤式破碎机常见故障现象、原因和处理方法

序号	故障现象	故障原因	处理方法
1	传动带脱落	1. 安全罩内进煤 2. 带安装不紧 3. 带老化	1. 清除煤粉 2. 调紧带 3. 更换新带
2	传动带断裂	1. 带过紧，发热损坏 2. 带磨损严重	1. 调整并更换 2. 更换传动带
3	破碎锤头丢失	固定销脱落	换锤头，安装固定销并紧固
4	锤头断裂	1. 锤头自身存在缺陷 2. 安装或使用不当	1. 更换锤头 2. 调整安装，正确使用
5	锤头磨损严重	正常磨损	更换锤头

续表

序号	故障现象	故障原因	处理方法
6	大轴轴承损坏	1. 正常机械磨损 2. 缺润滑油	1. 更换轴承 2. 搞好日检及注油工作

四、安全注意事项

1. 锤式破碎机运行时，任何人不得站在入料口和出料口，不得横跨或越过锤式破碎机，否则将导致受伤或死亡。锤式破碎机正常运行时不要打开检修观察盖板。

2. 锤式破碎机运行时，人员不要靠近锤轴及带轮，在锤式破碎机运行中检查时，应保证不穿宽松的衣物，否则将导致受伤或死亡。

3. 除了破碎煤炭和少量矸石外，锤式破碎机不得携运和破碎任何其他物品，否则将造成设备损坏及人员的严重伤亡。

4. 锤式破碎机为电动机驱动，在进行任何维护工作时，要确定已切断电源。所谓“切断”，意思是维护人员挂牌、锁定，并从供电中心切断电源。检查并确认所有零部件都已正确安装后，方可启动锤式破碎机。

5. 泵运转时，不要拆卸液压零部件，当需要拆卸或更换液压零部件时，要确定压力已被隔离，液体被排回乳化液箱或大气中，否则，将导致人身伤害或其他危害。

6. 确保传动装置、连接罩、带轮保护罩、带保护罩和电动机上无煤、岩石和其他杂物，否则可能由于设备过热点燃煤和其他可燃性材料。

7. 锤式破碎机的所有安装、维修工作要按照安装、维修规程操作。关于锤式破碎机电动机的使用和维护，请参阅电动机使用维护规程。锤式破碎机工作一段时间后，要对可能出现问题的零部件进行检查和维修。

技能训练 6　PCM200 型锤式破碎机安装、调试和故障处理

一、技能训练要求

1. 掌握 PCM200 型锤式破碎机的结构及工作原理。

2. 熟悉 PCM200 型锤式破碎机的常见故障及处理方法。

二、技能训练内容

1. PCM200 型锤式破碎机与 PCM160 型锤式破碎机的特点及技术参数比较

（1）主要结构特点

1）由进料腔、破碎底槽、出料腔、传动装置、锤轴总成等部分组成。

2）采用带传动、锤式破碎。

3）冲击转子均经过平衡试验，结构坚固，冲击功大，冲击元件可更换。

4）破碎输出块度可按需要调整。

(2) 主要技术参数

PCM200 型锤式破碎机和 PCM160 型锤式破碎机主要技术参数见表 5—4。

表 5—4　PCM200 型锤式破碎机和 PCM160 型锤式破碎机主要技术参数

技术参数	参数值	技术参数	参数值
破碎能力（t/h）	2 200（3 000）	破碎主轴转数（r/min）	370
进口尺寸（mm）	1 000×1 000	破碎锤冲击速度（m/s）	20
出口尺寸（mm）	1 000×400	破碎锤头数	8
出料块度（mm）	300/250/200/150	V 带型号	SPC-5300
装机功率（kW）	160（200）	机器外形尺寸（长×宽×高）（mm）	3 613×2 141×1 710
额定电压（V）	1 140		

注：括号内数据为 PCM200 型锤式破碎机参数。

2. 熟悉 PCM200 型锤式破碎机的结构

PCM200 型锤式破碎机是由破碎底槽、主架、破碎架体、传动装置、锤轴总成、窄 V 带、带保护罩、带轮防护罩、润滑系统、液压张紧窄 V 带装置、喷雾装置等组成，如图 5—16所示。排出块度使用垫板式调高装置，调高挡位为 300 mm、250 mm、200 mm、150 mm，共 4 挡。可根据所需要的块度，确定安装垫板的数量。主架每侧有 3 块垫板，减少一块垫板，最大排出煤块度减少 50 mm。

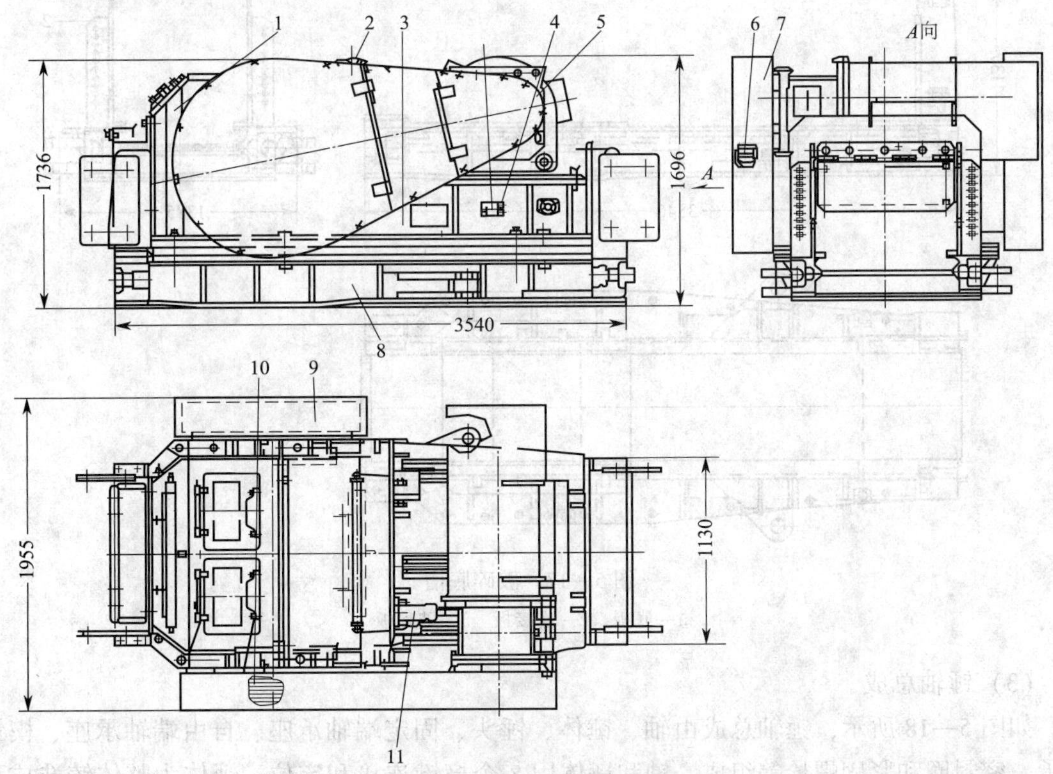

图 5—16　PCM200 型锤式破碎机结构

1—破碎机架　2—喷雾装置　3—主架　4—润滑系统　5—传动系统　6—锤轴总成　7—带保护罩　8—破碎槽体　9—带轮防护罩　10—窄 V 带　11—液控装置

（1）破碎腔

破碎腔是支撑和安装主轴—轮体组件进行破煤工作的箱体，主要由底槽、破碎板、上箱及燕尾块等组成，转载机的刮板链在溜槽中牵引煤流经过破碎腔，主轴—轮体组件中的轮锤部分旋转冲击破碎大煤块。燕尾槽作为主轴轴承箱（滑体）的滑道，可调节主轴—轮锤组件的高度及破碎板之间的间隙大小，从而改变破碎后的块度。调整间隔以 50 mm 为一挡，破碎后的煤块度可根据需要分别控制在 150 mm、200 mm、250 mm 和 300 mm 以内。主轴升降后，装上锁紧销，并压紧楔条定位紧固。

破碎腔盖由盖架、门板、窥视孔盖板及调节架等组成。可通过门孔及窥视孔检查破碎轮运转情况及更换锤头；调节架用于调节煤流间隙时吊挂主轴—轮锤组件，主轴吊挂杆可沿调节架上、下移动，以销轴定位。

（2）入料腔

入料腔由入料腔盖、防尘帘、底槽等组成，用来与转载机底水平段机身连接，使煤流顺利进入破碎腔，并为喷水装置和挡帘提高安装基础，实现降尘，防止煤尘扩散，污染环境。

如图 5—17 所示，破碎底槽为整体组焊封底溜槽，两端通过哑铃与转载机连接。破碎板为厚 60 mm 的高强度耐磨板，两端中板采用特殊过渡结构，保证与转载机中板连接的链道平滑过渡。破碎底槽两侧设拉移耳，可利用拉移装置移动转载机和破碎机。

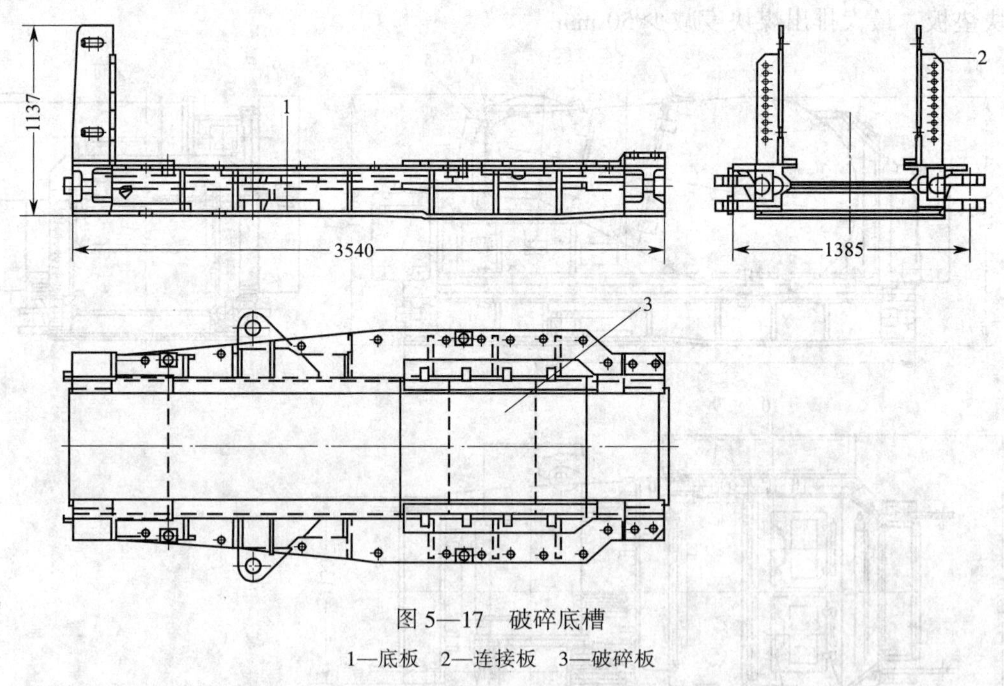

图 5—17 破碎底槽

1—底板 2—连接板 3—破碎板

（3）锤轴总成

如图 5—18 所示，锤轴总成由轴、锤体、锤头、固定端轴承座、自由端轴承座、楔键、轴承、密封圈和紧固螺栓等组成。轴和锤体用 8 个楔键连接和定位，锤体为整体铸造成型，锤头为锻件，二者用特制的防松紧固组件连接。

（4）出料腔

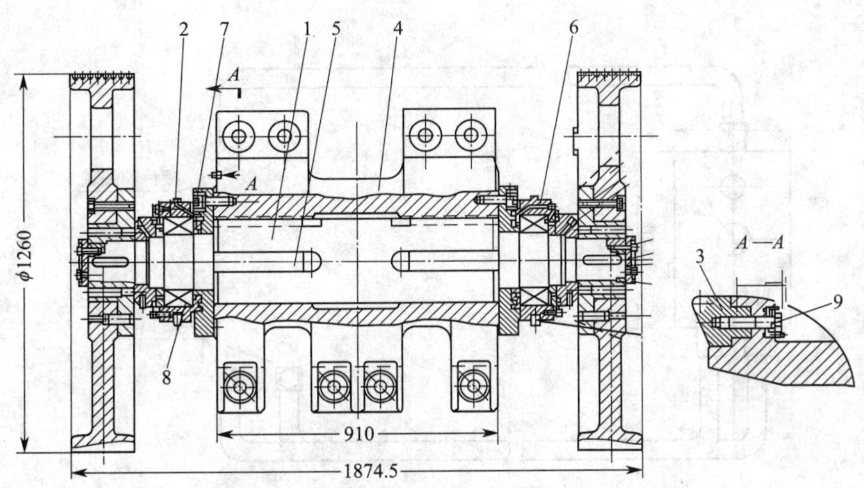

图 5—18 锤轴总成

1—轴 2—固定端轴承座 3—锤头 4—锤体 5—楔键 6—自由端轴承座 7—密封圈 8—轴承 9—紧固螺栓

出料腔由出料腔盖和底槽等组成，主要用于与转载机机身连接。出料腔盖顶部安装传动装置及喷水装置，可实现 V 带传动的张紧及降尘。出料腔底槽两侧有连接耳板，用来连接液压推移装置或绞车钢丝绳，实现锤式破碎机和转载机的推移或拉移。

（5）传动装置

在转载机输送煤炭过程中，破碎轴的旋转是由电动机、传动装置、小带轮、窄 V 带和大带轮传动而实现的，破碎轴带动破碎锤头高速旋转，冲击和截割大块煤炭，使大块煤破碎成所需的块度，如图 5—19 所示。

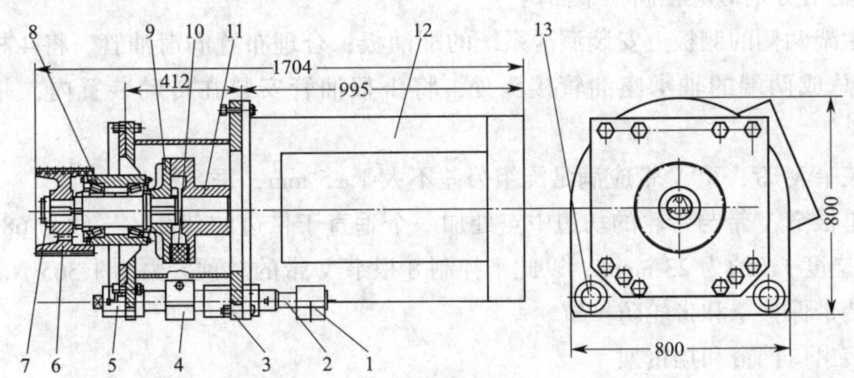

图 5—19 传动装置

1—调整块 2—调整轴 3—连接罩 4—支撑块 5—卡块 6—小带轮 7—挡板 8—短轴组件 9—连接套 10—弹性套 11—联轴器 12—电动机 13—固定轴

（6）润滑系统

润滑系统主要由油杯、胶管和接头组成，用来向传动装置和锤轴总成的轴承及密封处加注锂基润滑脂，如图 5—20 所示。

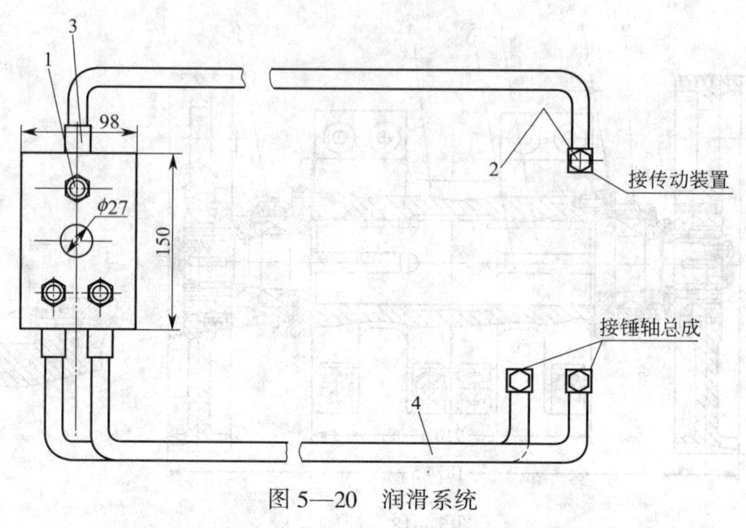

图 5—20　润滑系统

1—油杯　2—螺栓　3—接头　4—高压油管

3. 掌握锤式破碎机安装、调整和试运转的方法

锤式破碎机安装前，参加安装的工作人员必须熟悉本机的结构、工作原理、安装程序和安全提示，检查各零部件、附件及工具，应完好无损，准备通用锂基润滑脂和工具。

（1）安装步骤

1）在破碎槽两侧，按所需的排出块度安装调整垫板（0~3）层。

2）在垫板上方安装主架、锤轴总成和破碎架。

3）按采煤工作面方向，在主架体一侧安装传动装置，调整传动装置下的调整轴，使大、小带轮轮槽分别对应在同一平面内。

4）在主架两侧的侧板上安装润滑系统的配油板，合理布置润滑油管，将 4 根油管分别安装在锤轴总成两端的轴承座油管接头处，将 1 根油管安装在传动装置内，并与配油板接通。

5）安装窄 V 带，窄 V 带应满足配组公差不大于±5 mm，每 8 根为一组。

6）在单根窄 V 带与带轮的切边中点处加一个垂直于带边的载荷 G（约为 68 N），使其产生规定的挠度 f（约为 23 mm），以此来控制 8 根窄 V 带的总预紧力为 1 365 N。

7）安装带保护罩和带轮防护罩。

8）安装出口挡帘和挡帘架。

9）安装左、右挡板。

10）安装喷雾装置。

11）安装顶部检查维修窗口盖板及其他附属零件。

（2）安装注意事项

1）试运转前必须打开带保护罩和带轮防护罩上的盖板，以检测窄 V 带的张紧程度和带轮的运行状况。

2）锤头与锤体接触面必须清洁，按规定力矩拧紧锤头紧固螺栓、按方向要求安装碟簧。

3）润滑系统的每根油管，装配前必须充满通用锂基润滑脂。

4）严禁使用锤式破碎机上的各类孔吊装锤式破碎机。

（3）试运转注意事项

1）各部位连接件不应有松动现象。

2）转动锤轴组件，应灵活无卡阻现象。

3）检查电动机接线，确保锤轴总成的运行方向与转载机的刮板链运行方向一致。空负载运转 2 h，应无异常噪声，无明显振动，各轴承处温升不超过 30 ℃，油封处无渗漏现象。

（4）使用与保养

1）锤式破碎机必须在无负载下启动，首先启动锤式破碎机，然后启动转载机。

2）每日检查锤头与锤体的连接，在工作时不允许有松动或零件丢失现象。定时检查轴承温度，不允许在高于 120 ℃情况下工作，温度高于 80 ℃时应检修轴承等零部件。在润滑系统内每日注通用锂基润滑脂一次。

3）每日检查一次锤头磨损程度，当严重磨损时，应整套或相对位置成对更换，保证锤轴运转平衡。

4）运转第一周每天检查窄 V 带的张紧程度，以后每周检查两次，达不到要求时及时调整。

5）定期检查电气系统的绝缘及接线头的连接情况，防爆面要求清洁。电缆破损时必须更换，接线头松动时必须重新拧紧。

6）所有操作与检修应符合相关规定的要求。

三、技能训练评价标准

PCM200 型锤式破碎机安装、调试和故障处理技能训练评价标准见表 5—5。

表 5—5　PCM200 型锤式破碎机安装、调试和故障处理技能训练评价标准

姓名		班级		学号		成绩	
训练名称	PCM200 型锤式破碎机安装、调试和故障处理				训练时间		
序号	训练要求			配分	训练结果		得分
1	熟悉 PCM200 型锤式破碎机的结构			20			
2	掌握 PCM200 型锤式破碎机的安装拆卸步骤			20			
3	熟悉 PCM200 型锤式破碎机的试运转及正常运转			20			
4	熟练掌握 PCM200 型锤式破碎机的常见故障及处理方法			20			
5	掌握 PCM200 型锤式破碎机的正确维护内容			20			
6	安全文明操作			扣分	违者每次扣 2 分		
备注							

思考练习题

1. 锤式破碎机的功能是什么？

2. 简述 PCM 系列锤式破碎机的传动原理。
3. 叙述 PCM 系列锤式破碎机的结构特点。
4. PCM250 型锤式破碎机由哪几部分组成？其结构有何特点？
5. 锤式破碎机怎样进行安装、调试和试运转？
6. 锤式破碎机使用和保养时应注意哪些事项？